高端科技专著丛书

大数据挖掘技术与应用

周中元 王 菁 著

電子工業出版社
Publishing House of Electronics Industry
北京·BEIJING

内 容 简 介

本书系统介绍大数据技术的原理、数据挖掘与应用，主要内容包括基本概念、数据收集、数据存储、数据处理、数据可视化、信息检索、数据挖掘和效能评估。本书以简单易懂的语言、生动有趣的实例和图形展示知识点，将概念、原理与应用融会贯通，并对大数据工具软件进行了细致的梳理。

本书适合从事大数据挖掘与应用的技术人员阅读使用，也可作为高等学校相关专业的教学用书。

图书在版编目（CIP）数据

大数据挖掘技术与应用/周中元，王菁著．—北京：电子工业出版社，2019.6
（高端科技专著丛书）
ISBN 978-7-121-36773-1

Ⅰ．①大…　Ⅱ．①周…　②王…　Ⅲ．①数据采集-研究　Ⅳ．①TP274

中国版本图书馆 CIP 数据核字（2019）第 106652 号

责任编辑：张　剑（zhang@phei.com.cn）
印　　刷：涿州市般润文化传播有限公司
装　　订：涿州市般润文化传播有限公司
出版发行：电子工业出版社
　　　　　北京市海淀区万寿路 173 信箱　邮编 100036
开　　本：787×1 092　1/16　印张：13.5　字数：346 千字
版　　次：2019 年 6 月第 1 版
印　　次：2024 年 2 月第 6 次印刷
定　　价：58.00 元

凡所购买电子工业出版社图书有缺损问题，请向购买书店调换。若书店售缺，请与本社发行部联系，联系及邮购电话：（010）88254888，88258888。

质量投诉请发邮件至 zlts@phei.com.cn，盗版侵权举报请发邮件至 dbqq@phei.com.cn。

本书咨询联系方式：zhang@phei.com.cn。

前　言

从 20 世纪 80 年代中期开始，我一直在做数据分析工作——最初是做数据库管理信息系统的研发工作，接着从事数据建模工作，后来又做数据仓库系统研发，以及数据共享与交换平台构建的工作。从 2015 年起，我又开始从事行业大数据分析与数据挖掘工作。2017 年年底，因为年龄的原因，我不再从事一线的研发工作，转而扮演技术顾问的角色，并应邀开办大数据技术讲座。出乎意料的是，讲座的反响非常热烈，并陆续接到各种讲课的邀请：有科普性质的，也有专业研讨性质的；既有二三十人的课堂讨论式讲座，也有三四百人的礼堂演讲式讲座，还有听众更广泛的中国电子科技集团内部视频会议方式的讲座。一年来，共开办了 20 多场大数据技术专题讲座，制作的讲课用幻灯片多达 600 多张。

2018 年 5 月，我的老领导，也是中国电科首席科学家、大数据与人工智能方面的知名专家，看了我的幻灯片后，建议我以此为素材，结合自己多年的工作经验，写一本大数据技术方面的专著。在领导和同事们的鼓励下，从 2018 年 6 月份开始，我一头扎进写作中，经过 4 个月的努力，终于完成了初稿。由于是第一次写书，很多方面没有经验，遇到了很多困难。幸得中国电子科技集团公司第二十八研究所 C4ISR 技术国防科技重点实验室主任丁峰研究员鼎力相助，他指派王菁博士协助我整理书稿。王菁博士不仅重新绘制了书中的图、表，补充编写了逻辑回归算法，还为每章增加了思考与练习题，并负责书稿出版的所有事务性工作。

目前，国家正在大力倡导和鼓励大数据技术和产业的发展。但一年多来，通过与关心大数据技术的各个层次人员接触，我发现在具体承担技术决策、管理和研发任务的人员中，有些人对大数据技术的实现途径、能力与限定、关键环节的认识不够透彻，这很容易造成技术决策和方向选择出现偏差。因此，在编写本书时，我不仅要通俗易懂地介绍大数据挖掘技术全貌，还要讲解技术细节和技术难点，以免把这本书写成纯粹的科普读物。书中既要有通俗的比喻，也涉及严谨的数学公式推导；所参考的书籍既有经典、严谨的《数据挖掘　概念与技术》和《信息检索导论》，也有通俗易懂的《世界是随机的　大数据时代的概率统计学》和《图解机器学习》。这是一项十分艰巨的任务，希望这种尝试能够为各个层次的读者都带来帮助。

最后还要感谢我的家人对我的理解和支持，他们免除了我所有的家庭杂务，以使我有充足的时间和精力潜心写作。

周中元
2018 年 11 月于南京

目　　录

第 1 章　大数据概述

1.1　从 AlphaGo 说起

2016 年 3 月 9 日，发生了一件轰动全球的故事——Google 的围棋计算机 AlphaGo 与李世石之间的世纪大战开始了！最终结果出乎绝大多数人的预料，AlphaGo 以 4:1 的压倒性优势获得胜利。

计算机之所以能战胜人类围棋选手，是因为机器思考的方式与人类的不同，它不是靠逻辑推理，而是靠大数据和智能算法。

在数据方面，Google 使用了数十万局围棋高手之间对弈的数据来训练 AlphaGo。算法方面有两个关键技术，一个是将棋盘上的状态变成一个获胜概率模型，另一个是启发式搜索算法（保证搜索限制在非常有限的范围内）。

近年来，各种媒体（包括微信这样的自媒体）热衷于报道类似 AlphaGo 的大数据方面的消息，大数据技术和大数据应用引起了大众的普遍关注。由于政府的积极倡导、实力公司的大量投入和大众的热捧，针对大数据应用的投资大幅度增加。大量资金的涌入，使得大数据专业队伍迅速扩大，业已形成全世界范围的、形形色色的大数据技术生态圈。圈中的人们乐此不疲地分享着自己的最新技术创造和发明，已经越来越忽视先前奉为圭臬的技术专利保护。在互联网上经常可以看到一些非常精巧的设计被公布出来，原创者只要求使用者注明出处便分文不取，有时甚至只需点赞即可。在这样宽松的环境中，各种各样的大数据新技术自然如雨后春笋般地层出不穷，于是幸福的烦恼不期而至——初涉者感到无所适从。本书尝试对时下常见的大数据技术和产品工具进行较为全面的梳理和点评，希望能够为工程管理者、大数据技术初涉者提供帮助。

1.2　大数据定义

大数据技术是伴随着近 20 年信息技术的高速发展而出现的。究其原因，其一是互联网、物联网和传感器技术的飞速发展，正在以前所未有的速度源源不断地产生着海量数据，原有的各种信息系统的稳定发展所累积的数据也起到了推波助澜的作用；其二是互联网和移动业务系统催生了如海量信息联机检索等新型应用，这需要有别于传统技术的支持；其三是信息技术的发展使其能够对海量数据进行联机分析，对纷乱的历史数据进行脱机分析处理，以发现其中蕴含的价值。

如今，大数据技术的发展已势不可挡。那么，到底什么是大数据呢？与大多数新兴技术类似，在其发展初期，尚无一个权威的“大数据”定义。由此可见，大数据技术还在不断发展和成熟的过程中，各方尚未达成一致的观点。全球闻名的维基百科对大数据的定义是，所涉及的数据量规模巨大到无法通过惯用的人工和技术，在合理的时间内完成截取、管理、处理，并整理成为人类能够解读的信息。这样的解释忽视了大数据中一个极为重要的因素——大数据技术。

鉴于此，本书给出大数据的一个描述性定义。大数据是指一个海量、异构、快速增长中的数据集，已经难以用原有的技术去存储和处理这些数据，必须研发新的技术来应对这样的应用场景，这些新的技术就是大数据技术。因此，大数据通常是“大数据集+大数据技术”。

大数据技术描述了一种新的技术和构架，用集群、并行处理的方式存储、处理大规模数据，借助批处理、流式处理、图处理等多种数据处理模型，从大规模的数据中提取价值。

另外，经常有人无法厘清云计算、大数据、人工智能之间的关系。简单地说，物联网和互联网产生大量的数据，这些数据需要存储和处理，这就需要有云计算了。云计算的作用就是对海量数据进行集中存储和处理。海量数据上传到云计算平台后，需要对其进行分析和挖掘，这就是大数据研究的内容。大数据是基于海量数据进行分析从而发现一些隐藏的规律、现象、原理等。而人工智能是建立在大数据基础上的，人工智能不仅要分析数据，还要根据分析的结果做出行动，如无人驾驶、自动医学诊断等。云计算、大数据、人工智能之间的关系如图 1-1 所示。

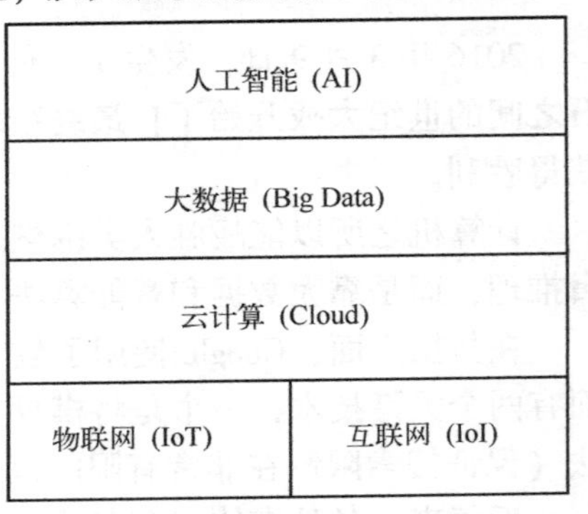

图 1-1 云计算、大数据、人工智能之间的关系

1.3 大数据产生的原因

从字面上看，大数据就是数量巨大的数据，或者称为海量数据。实际上，大数据是一个较为抽象的概念，数量巨大只是其中的一个表面的特性。大数据是网络信息时代的客观存在，其产生的意义并不在于掌握庞大的数据量，而在于对这些数据进行专业存储和处理，并从中挖掘和提取所需要的知识和信息。技术突破来源于实际的产品需求，如果将大数据比作一种产业，那么降低存储成本，提升运行速度和计算速度，以及对数据进行多维度的分析加工，实现并提升数据的价值，这是大数据这种产业实现盈利的关键，也是大数据产生的真正原因。

1. 存储成本的大幅下降

以往存储数据的成本非常高，许多大型的互联网公司各自为政，为了保证数据的存储安全性和传输通畅性，需要进行定期维护和数据清理，机房部署和人力成本昂贵。新型的数据存储服务出现后，衍生了很多新的商业模式，集中建设数据中心，大大降低了单位计算和存储的成本。现在建造网站已经不需要购买服务器，也不需要聘用管理人员，通过大数据云计算的商业模式即可获得资源，而存储成本的下降，也改变了人们对数据的看法，更愿意将久远的历史数据保存下来。有了这些数据的沉淀，人们才会想着如何加以利用，通过时间对比，发现其价值与关联。

2. 运行、计算速度的提升

20 世纪 90 年代，传输一个 20MB 的文件需要花费约一天的时间，如今仅需数秒即可完成传输。分布式系统框架 Hadoop、Spark、Storm，并行运行机制 HDFS、MapReduce，为海量数据提供了计算的便利性，大大提升了对原始数据进行清洗、挖掘、分析的运行效率，使得数据的价值得到进一步提升。

3. 脑力劳动的解放

今天我们看到的 AlphaGo 的获胜，以及 Siri、微软小冰等智能对话，其背后都有大数据的支撑。也就是说，大数据让计算机变得更加智慧，大数据为计算机灌输了人类的思想，大数据带来了智慧的价值，从而有效解放了人类的脑力劳动。

1.4　大数据发展历程

至今，人类社会经历过两次“数据爆炸”。东汉元兴元年（公元 105 年）宦官蔡伦改进造纸术，以及北宋庆历时期（1041—1048 年）民间艺人毕昇发明活字印刷术，使得图书进入了普通百姓家，从而引发了第一次“数据爆炸”，其在世界文明发展进程中所起的作用不可估量。今天，大数据技术引发了更大规模的第二次“数据爆炸”，它正在悄然影响和改变着社会的方方面面。

20 多年的大数据发展可以划分成如下 3 个阶段。

1. 萌芽阶段

20 世纪 90 年代，随着数据挖掘理论和数据库技术的逐步成熟，一批商业智能工具和知识管理技术开始应用，如数据仓库、专家系统、知识管理系统等。这个阶段的数据基本上是系统营运数据。

2. 成熟阶段

21 世纪的最初 10 年，Web2. 0 应用迅猛发展，非结构化数据大量产生，传统处理方法难以应对，从而带动了大数据技术的快速发展，Hadoop 平台开始大行其道。这个阶段的数据基本上是用户输入数据。

3. 大规模应用阶段

2010 年至今，大数据应用渗透到各行各业，数据驱动决策，信息社会智能化程度大幅度提高。这个阶段的数据增加了大量的传感器数据。

目前，人类社会已进入大数据时代，数据资源已经与物资资源、人力资源平起平坐，成为三大国家战略资源之一。2012 年，美国政府发布《大数据研究和发展计划》；2015 年，中国国务院发布《促进大数据发展行动纲要》。

1.5　大数据的特征

大数据处理与以往的数据处理有很多明显的区别。

从数据收集方式看，传统数据的收集通常带有明确的目的，因此数据的价值高、质量好；在大数据时代，数据收集通常没有明确的任务，待数据收集完成后，再通过数据分析得出结论，即“先有数据，后找其价值”。

从数据本身看，大数据具有以往数据所没有的一些特征。

关于大数据的特征，业内从不同的视角提出了很多特征。2001 年，道格·莱尼（Doug Laney）提出了大数据的 3V 模型，包括数量（Volume）、速度（Velocity）和种类（Variety）。后来，在 3V 模型的基础上又补充了一些特征，其中得到公认的有价值（Value）和真实性（Veracity），由此形成了大数据的 5V 模型，如图 1-2 所示。基于大数据 5V 模型的大数据特征如图 1-3 所示。

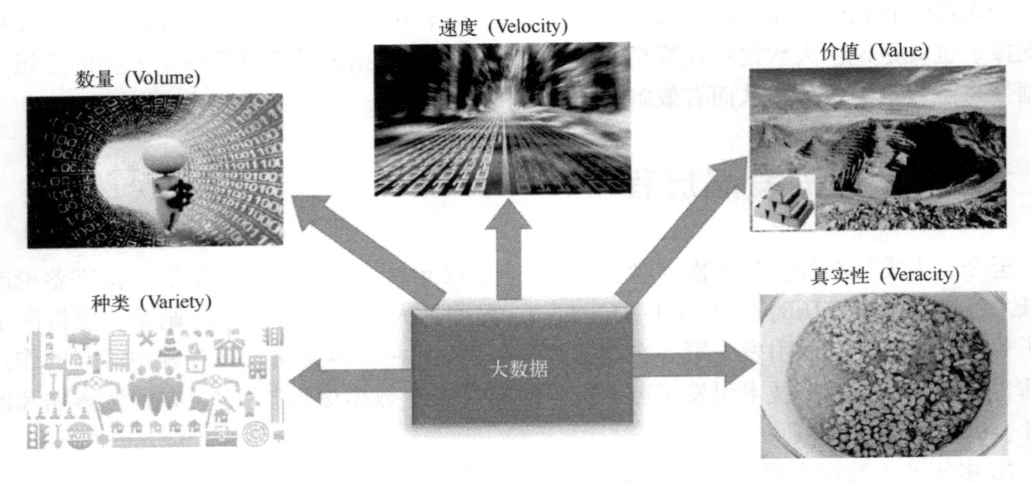

图 1-2　大数据的 5V 模型

大数据量是指超大的数据量，如此巨大的数据量已经超出了传统数据处理的能力，由此引发各种大数据处理技术；高速度是指数据产生速度如此之快，以致传统人工参与处理的方式已不适用；多样化是指数据种类繁多，使擅长处理结构化数据的关系型数据库显得力不从心；价值密度低是指从大数据中发掘其中的价值如同沙里淘金，弥足珍贵；数据质量差是指大数据的质量通常比想象的要糟糕很多，必须进行大量的数据预处理。

除大数据量这个特征外，大数据并不一定同时具备其他特征。在采用新的数据处理方法后，可以发现大数据中深藏的规律、知识或价值，但这需要数据量积累到足够大时才能实现。

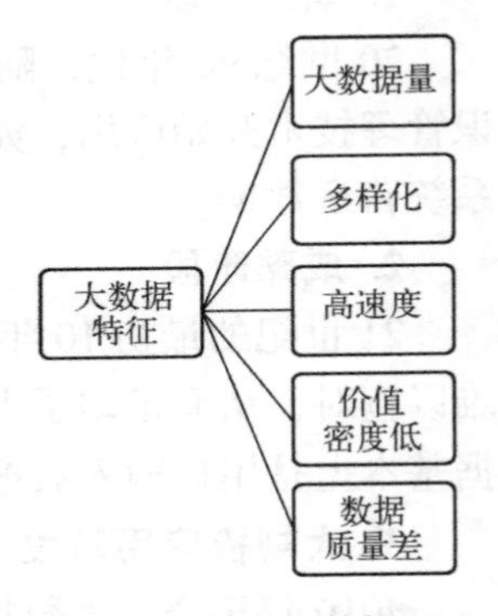

图 1-3　基于大数据 5V 模型的大数据特征

1.6　数据的度量

大数据最根本的特征是超大的数据量。那么，多大的量才能称为大数据呢？这就要涉及数据度量的问题。

数据度量的基本单位是字节（byte，B）。通常，1B 有 8 位（bit），一个英文字母占 1B，一个汉字占 2B。常用数据度量单位是 KB、MB、GB、TB、PB、EB、ZB 等，每一级相差 1K（1K=1024）。大数据的数据量通常是指 PB 及以上级别的数据量，即 2^{50}B 以上的数据量。

同任何度量一样，当数值大到一定程度时，人们很难直观判断其大小，往往需要借助某些已知的事物作为参照物。例如，存储一部《红楼梦》约需 1.7MB，存储一部高清晰度的电影约需1GB，那么1PB存储容量就可以存储约100万部高清晰度的电影。

2017年，IDC在其发布的*Data Age* 2025中预测，到2025年，全球大数据总量将达到163ZB，且呈现如下特征：全球数据总量的近20%将成为影响日常生活的关键数据；全球每天每个人与联网设备互动的次数约为4800次；全球数据分析总量将增至5.2ZB；超过25%的数据将成为实时数据，物联网实时数据将占其中的95%；生产力推动型和嵌入式数据、非娱乐性图片和视频将成为推动数据量增长的新动力。

1.7　大数据思维

近几年，智能手机正在悄然改变着人们的生活习惯，购物、理财、社交、娱乐、健身、学习、查阅，智能手机似乎无所不能。有些人甚至可以连续数日宅在家里独自与手机为伴，似乎一机在手，别无他求。这些巨大且深刻的变化如润物细无声般改变着人类社会，也因此带来了一些观念上的改变。

事实上，大数据时代确实给数据处理理念带来巨大冲击，主要表现在如下三个方面。

1. 要全体不要抽样

以往因为数据采集能力不足，通信流量受限，数据存储和处理能力低下，进行大数据分析时通常只能采用抽样分析的方法，因此很难全面、准确地反映全体数据的特征。如今，数字通信技术和计算机技术的飞速发展，使得数据处理能力发生翻天覆地的变化，已经有能力处理全体数据了。

2. 要效率不要绝对精确

小量的样本数据因为需要代表全体成员，所以样本数据的细微误差可能演变成不可容忍的错误。相比之下，海量数据比采样数据更有能力容纳不精确的数据。事实上，来自现实世界的各种数据本身不可能是完美无缺的，大量数据中一定包含一些错误的数据。在大数据处理中，很多问题的答案并不是只有一个，但要求能够及时给出答案。例如，利用互联网搜索引擎查询资料，用户希望能够快速查到想要的结果，查到的结果往往有多个，用户并不在乎这些结果多么精确，因为用户自己有鉴别能力。

3. 要相关不要因果

以往我们的学习研究要求是“知其然且知其所以然”。这样究其根源的学问态度使得学习成果更加牢固，研究成果更加深刻。但是，在大数据时代，因为数据源源不断地产生，很多情况下及时处理数据已经应接不暇，深究数据之间的因果关系实在是难以完成的任务。事实上，在数据之间的相关关系中蕴含了很多非常有价值的东西，有些甚至是我们从来没有意识到的。这方面的例子在如今的电商个性化推荐系统中可以说是屡见不鲜的。了解相关关系比深究因果关系简单得多，而找出数据之间的相关关系正是大数据处理的强项。在大数据时代，我们可以改变认识世界的方式，让数据说话，更多地通过数据之间的相关关系（而不是因果关系）了解世界。而且在很多场景中，了解相关关系就足够了。例如，旅行者往往知道什么时候订机票可以拿到好的折扣，他不一定知道航空公司的机票销售策略，但这没有关系。

中国古代的很多谚语就是这种只知相关不知因果的思维方式所形成的。古时人们通过大量、长期观测和观察，总结出了很多相关的规律，但他们并不知道其中的原理，如气象谚语“早霞不出门，晚霞行千里”，哲理谚语“放虎归山，必有后患”等。当然也有一些谚语因为当年的样本不够，总结出来就成了歪理，甚至是迷信，如“左眼跳灾，右眼跳财”。

1.8 科学研究范式的发展

若上升到科学研究探索规律的方式，可以说大数据技术引发了一种全新的科学研究范式。

数千年来，人类对科学研究形成了 4 种研究范式。

1. 经验范式

人类早期的科学研究多以观测和实验记录为基础，从记录中发现科学规律，这称为经验范式或实验范式，即第一科学研究范式。经验范式的杰出代表人物是欧几里得、托勒密等，他们是通过观察获得数学模型的雏形，然后利用数据来细化模型，这当然需要长期积累数据记录和研究经验。经验范式实际上是归纳总结的思维方式。

2. 理论范式

由于受到实验条件限制，经验范式难以完成对所有自然现象的精确理解。因此，科学家尝试尽量简化实验模型，去掉一些复杂的干扰因素，只留下关键因素，然后通过演算进行归纳总结，这就是理论范式，即第二科学研究范式。理论范式的杰出代表人物是笛卡儿、牛顿等，他们采用大胆假设、小心求证的方法，用较为系统的数学、物理等科学原理而不再是经验来认识世界，因此凡事都要掌握其因果关系，其研究结果往往是非常完美的公式。理论范式实际上融入了演绎推理的思维方式。

3. 计算范式

在发明了第一台电子计算机 ENIAC 后，人类社会进入了电子计算时代。科学家们发现，利用计算机可以对复杂现象进行模拟仿真，从而推演出越来越多复杂的现象，如模拟核试验、天气预报等。随着计算机仿真越来越多地取代实验，逐渐成为科研的常规方法，这称为计算范式，即第三科学研究范式。计算范式具有“大众共同创造历史”的特点，不再只靠科学巨星引领整个世界的发展。在信息时代，人们发现，并非所有规律都可以用简单的原理来描述，而且要找到其因果关系是非常困难的。另外，随着人们对世界的认识越来越清晰，发现世界本身存在很大的不确定性。不确定性使得以往的思维方式不再适用，于是对难以用公式或规律表示的不确定性改用概率模型来表示。

4. 数据密集范式

近年来，随着互联网、物联网的高速发展，数据量出现了爆炸性增长。如今人们发现，计算机不仅能进行模拟仿真，还能对巨量的数据进行分析总结，从而得到以往无法发现的科学规律，这称为数据密集范式，即第四科学研究范式。数据密集范式的核心是大数据思维，就是从大量数据中直接找到答案，即使不知道原因，我们也愿意接受这个答案。

计算范式与数据密集范式的区别：在计算范式中，数据是配角，人们先提出理论，再收集数据，然后通过计算来验证；在数据密集范式中，数据是主角，人们先收集大量数据，然后通过计算得出之前未知的结论。

1.9 大数据的影响及应用

现今，大数据技术的应用领域越来越多，如人们熟知的电子商务和智能交通，政府热衷的电子政务和智慧城市，科学研究领域的生物医学，安防领域的智能识别和舆情监测，普通大众喜爱的体育和娱乐业，以及商务领域的金融、汽车、餐饮、电信、能源、物流等。

例如，在生物医学领域，大数据可以帮助人们实现流行病预测、智慧医疗、健康管理，还可以帮助人们解读 DNA，了解更多的生命奥秘；在市场营销方面，人们利用大数据技术对海量数据进行分析和挖掘，实现对用户精准化、个性化的营销；在政府工作中，人们获取、组织、分析和决策大数据，利用大数据技术提供建模、规划、预测和研判，帮助政府进行决策；在军事应用方面，参谋指挥员可以对相关的海量信息进行整合，从而获取有用情报等。

在国外，较为著名的公司均已开展大数据应用方面的相关研究，较为典型的应用领域包括在线搜索、社交网络、电子商务、医疗、交通等。同时，各大互联网公司及 IT 解决方案提供商也纷纷利用已有的海量历史数据开展相关的应用研究工作。具有代表性的专业领域应用包括，Google 公司基于大数据技术优化文本/语音/视频/图像的在线搜索方法，实现了书写纠错、机器翻译、基于社会热点理解的趋势图应用、客户情绪分析、交易风险等大数据应用；百度利用大数据技术改进了多媒体搜索及智能搜索方法，并实现了品牌的商业推广、互联网舆情分析等大数据应用；Facebook、Amazon、阿里巴巴、京东基于大数据技术实现了面向用户的个性化推荐、产品的设计优化、物流配送等。

综上所述，大数据技术起源于商业、互联网和金融，广泛发展并应用于社会管理、智慧城市、智能交通、疾病预防、国防军事等领域，并已渗透到社会的各行各业中，正在改变着人类的生活方式。它就像一股浪潮汹涌澎湃而来，掀起了新时代的狂潮。我们唯有顺应时代发展的潮流，才能在激烈的技术变革中争取主动。

1.10　大数据计算模式及产品

大数据计算模式是指依据大数据的不同数据特征和计算特征，从多样性的计算问题和需求中提炼、归纳出各种抽象概念、方法与模型。在现实世界中，大数据处理的问题复杂多样，难以通过一种单一的计算模式涵盖一切不同的应用需求，而不同计算模式的发展与呈现，给予了大数据技术和应用的强大驱动力。近年来，学术界和业界研究并推出了多种不同的大数据计算模式。

1. 批处理计算模式

批处理计算模式是通过并行计算方式实现针对大规模数据的批量计算的，其典型产品有 MapReduce、Spark 等，这些产品均提供庞大且设计精良的并行计算软件框架，可以自动完成计算任务的并行化处理，以及计算数据和任务的自动划分，从而大大减轻了软件开发人员的负担。

2. 流式计算模式

流式计算模式是针对流数据的高实时性计算模式。在一些应用中，数据价值随时间的流逝而降低，因此最好在事件出现时便立即对其进行处理，而不是缓存起来进行批处理。2011 年，Storm 系统带着“流式计算”的标签华丽登场，它依靠其分布式、简单运维、高度容错、无数据丢失等特点，成为业界的大数据明星，弥补了 Hadoop 延迟大、响应缓慢、运维复杂的缺点。随后，S4、Streams、Puma、Flume、SuperMario 等流数据实时计算模式相继诞生，成为了瞬间建模或计算处理的典型产品。

3. 图计算模式

图计算模式是以图论为基础，用图结构表述现实世界，基于大规模图结构的计算模式。大数据运算中的许多应用核心是关联性计算，图计算模式能够良好地表达数据之间的这种关联性。现在已经出现了许多图计算平台和引擎，如专注于图结构化存储分析的图数据库Neo4j、InfiniteGraph等，Google推出的新计算框架Pregel，CMU发布的开源版本GraphLab，以及Spark的支持图计算的GraphX模块。另外，Giraph、PowerGraph、Hama等产品均可以实现复杂的图数据挖掘。

4. 查询分析计算模式

查询分析计算模式是为了解决对大规模数据的关联与查询分析问题而产生的。传统的数据查询分析以结构化数据为主，因此关系型的数据库系统可以一统天下。但是，大数据时代往往是半结构化和非结构化数据为主，结构化数据为辅，且大数据应用通常是对不同类型的数据进行内容检索、交叉对比、深度挖掘和综合分析。面对多种多样的应用需求，多家公司相继开发了分布式查询计算模式产品，代表产品包括Dremel、Hive、Cassandra、Impala等。

综上所述，依据大数据处理的多样性需求，学术界和业界推出了多种典型和重要的计算模式，也研发了对应的计算系统和工具，读者可以通过后续的深入学习，在大数据应用实践中选择适宜的计算模式和系统工具，完成自己的大数据应用工作。

思考与练习

(1) ________是一种高实时性的计算模式。

(A) 批处理计算　　(B) 流式计算

(C) 查询分析计算　　(D) 图计算

答案：(B) 流式计算

(2) 请简要说明云计算、大数据、人工智能三者之间的关系。

答案：简单地说，物联网和互联网产生大量的数据，这些数据需要存储和处理，这就需要云计算。云计算的作用就是将海量数据集中存储和处理。海量数据上传到云计算平台后，需要对数据进行分析和挖掘，这就是大数据研究的内容。大数据是对海量数据进行分析，从而发现一些隐藏的规律、现象、原理等；而人工智能是在大数据的基础上更进一步，人工智能会分析数据，然后根据分析结果做出行动，如无人驾驶、自动医学诊断等。

第2章 数据收集

数据收集是数据处理的第一个步骤。相比以往，大数据时代的数据收集要求能够收集更多的数据，而且通常要求实现数据的自动收集。

按照数据来源区分，数据收集可以分为来自互联网的外部数据收集和来自企业内部网络的内部数据收集两类。

2.1 外部数据收集

互联网上的数据数不胜数，现在网页数量已经超过200亿个，在其中寻找有用的数据有如大海捞针。如今，全世界超过17亿的Web用户使用Google、百度等Web搜索引擎寻找自己想要的信息，所有这一切都要归功于互联网找寻数据的神器——网络爬虫。

2.1.1 网络爬虫原理

互联网的发明催生了互联网站，世界上第一个网站 http://info.cern.ch/是由英国人蒂姆·伯纳斯-李（Tim Berners-Lee）于1991年8月6日建立的，随后出现的越来越多的网站引发了对网站内容搜索的需求。

网络爬虫是按照一定的规则，自动地抓取互联网信息的一种程序或脚本。早在1990年，加拿大麦基尔大学（McGill University）的三名学生 Alan Emtage、Peter Deutsch 和 Bill Wheelan 编写了程序 Archie，它利用脚本程序自动搜索网上各个 ftp 主机中的文件，并对其中的有关信息建立索引，然后使用者就可以采用一定的表达式通过这个索引文件进行查询。

美国 Nevada System Computing Services 大学于1993年开发了新的搜索工具，增加了对网页的搜索。搜索工具的核心是搜索文件内容的搜索模块。在工作时，它像爬虫或蜘蛛一样在网络间“爬来爬去”，因此称之为网络爬虫或网络蜘蛛。

网络爬虫的工作原理如图2-1所示。网络爬虫工作时，是从初始网页的地址 URL 开始，找到这些初始网页上用于链接其他网页的 URL 列表，将其存入待“爬”的地址簿，然后对地址簿中的每个地址根据策略（深度、宽度、最佳）逐个搜索，从互联网上下载、保存网页，分析并获取网页中符合条件的新的 URL 链接。对于新获得的 URL，将其存入待“爬”的地址簿；对于已经处理完毕的网页，将其内容存入数据库作为镜像缓存，而其 URL 地址则存入已搜索的集合，以避免重复搜索。这样的过程不断重复，直到满足停止搜索的条件为止。

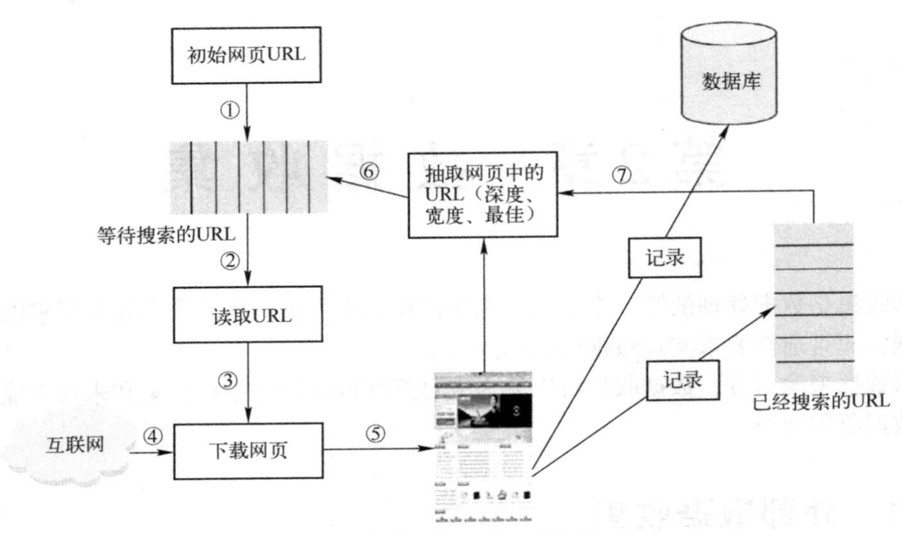

图 2-1　网络爬虫的工作原理

2.1.2　搜索排序策略

地址簿中的地址通常会有许多个，如何确定地址搜索的先后次序就是网页的获取策略问题。不同的策略会对搜索效果产生很大的影响。常用的获取策略有深度优先策略、宽度优先策略、最佳优先策略等。

如果把初始网页看作树根，逐层链接的网页看作各层树节点，链接关系看作树枝，那么地址簿就像是一棵倒置的树。

1. 深度优先策略

深度优先策略使用的是堆栈技术，其具体步骤如下所述。

(1) 将初始网页节点地址压入栈中；

(2) 从栈中依次弹出一个节点地址，搜索其下一级的所有节点；

(3) 将第 (2) 步中新发现的节点压入栈中；

(4) 重复第 (2) 步和第 (3) 步，直到没有发现新的网页节点为止。

图 2-2 所示的是深度优先策略的范例。图中虚线箭头表示网络爬虫爬行的顺序，并附以数字标示。对于同一个主题，门户网站提供的链接往往最具价值，随着每一层的深入，网页的价值会相应地下降，过度深入抓取网页获取的价值不大。因此，深度优先策略容易“钻牛角尖”。

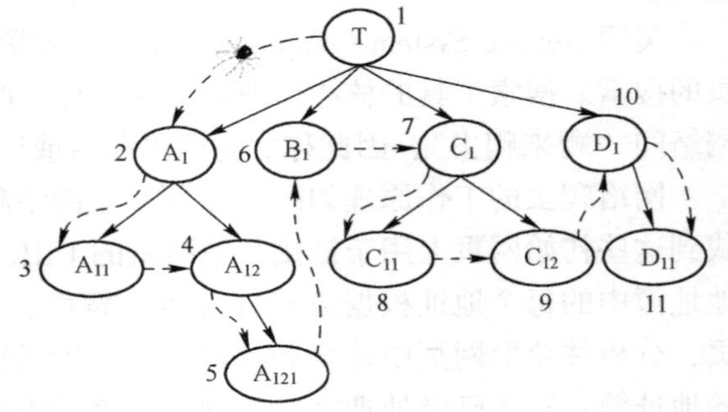

图 2-2　深度优先策略的范例

2. 宽度优先策略

宽度优先策略使用队列技术来实现，其具体步骤如下所述。

(1) 将初始网页节点地址存入队列中；

(2) 每次从队列首位取出一个节点地址，搜索其下一级的所有节点；

(3) 将第 (2) 步中新发现的节点存入队列末尾；

（4）重复第（2）步和第（3）步，直到没有发现新的网页节点为止。

图 2-3 所示的是宽度优先策略的范例。宽度优先策略可以尽可能覆盖范围更广的网页，一般而言较深度优先策略更合理些。但若希望聚焦某些价值更大的网站，宽度优先策略可能会出现偏离主题的情况。宽度优先策略犹如读一本文摘，主题游散，通常只适合消遣。

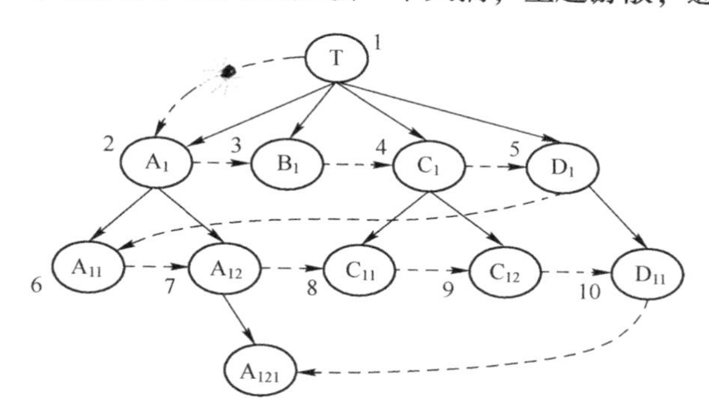

图 2-3　宽度优先策略的范例

不管是深度优先策略还是宽度优先策略，它们都只与位置相关，与网页内容的优劣无关，因此其搜索效果很难令人满意。现在大多数搜索引擎采用最佳优先策略来提高爬虫的效率。

3. 最佳优先策略

所谓最佳优先策略，就是按照网页分析算法，对所有候选地址 URL 中存放的信息进行相关性分析，预测候选 URL 与主题的相关性，然后根据相关性高低次序进行抓取。它只访问经过网页分析算法预测“有用”的网页。

相关度预测分析属于信息检索的相关性分析专题，简而言之就是通过一定的算法模型，预测两个数据对象之间的相似程度。数据对象主要是指文本，常见的算法模型有布尔模型、向量空间模型、概率模型和语言模型等。相关内容将在第 6 章中详细介绍。

2.1.3　Web 网络图

若将网络爬虫在网上爬行的轨迹记录下来，得到的就是一张 Web 网络图。Web 网络图是一张有向图，在这张图中，将网页看作图中的一个节点，网页间的每个链接看作图中的一个有向边。Web 图非常有用，可用于链接分析。

图 2-4 所示的是由图 2-3 所示范例得到的 Web 网络图。

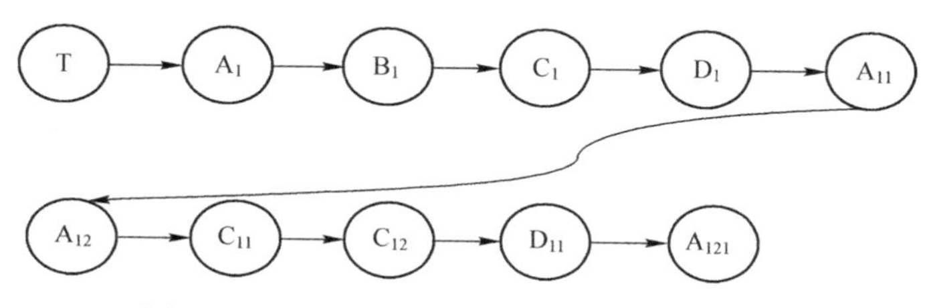

图 2-4　由图 2-3 所示范例得到的 Web 网络图

有了 Web 网络图，就可以对图中的每个链接的价值进行评价分析，这就是链接分析，然后按照分析结果优先搜索价值高的网页，从而改善搜索结果页面的排序。最著名的链接分析算法是 PageRank 和 HITS。

图 2-5 所示的是 50 个网页的 Web 网络图范例。

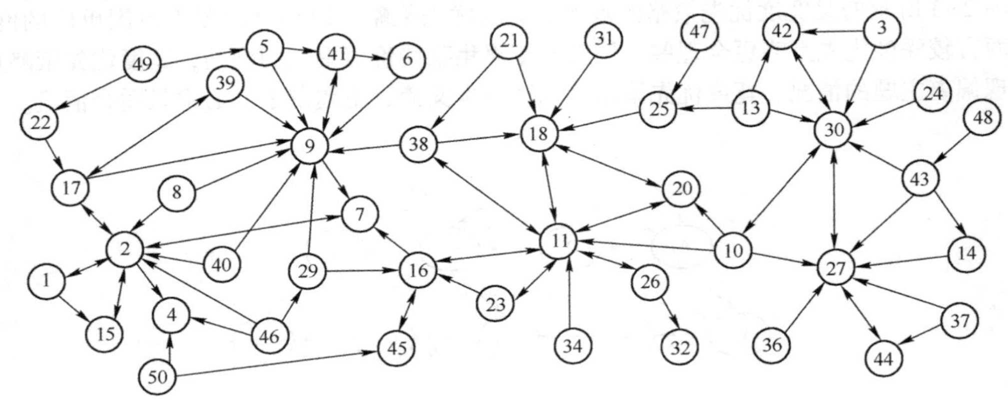

图 2-5　50 个网页的 Web 网络图范例

通常，被更多节点链接的节点是更重要的节点。例如，图 2-5 中的节点 9 比节点 38 更重要，因为前者有 9 个节点与其链接，后者只有 2 个节点与其链接。

另外，对于同一个链接，不同节点的价值也不一样。例如，图 2-5 中的节点 16 有 4 个链入，节点 7 只有 3 个链入，但节点 7 被节点 9 和节点 2 链入，因这两个链入节点分别有 9 个和 7 个链入，节点 9 和节点 2 均属于重要节点，所以节点 7 比节点 16 更重要。

2.1.4　构建爬虫系统

了解爬虫的基本工作原理后，就可以动手开发用于收集互联网数据的爬虫系统了。这似乎不是一件简单的事。幸运的是，在开源生态圈方兴未艾的今天，人们可以借助开源系统容易且快速地构建自己的爬虫系统，Apache Nutch 和 Heritrix 就是两个可以完全满足此类需求的开源系统。

这里的 Apache 指的是 Apache 软件基金会（Apache Software Foundation，ASF，http://www.apache.org/foundation/）。ASF 创建于 1999 年 7 月，它是专门为支持开源软件项目而办的非营利组织。时至今日，ASF 旗下的开源项目众多，应用范围广泛，影响很大。Apache 这个名字源自北美的一个印第安部落的名称，这个部落以高超的军事素养和超人的忍耐力著称，在 19 世纪后半期对侵占他们领土的入侵者进行了反抗。

Apache 是当今世界上最大的开源基金会，共收录了 350 多个开源项目（包括鼎鼎大名的 Apache HTTP Server），现有 730 名个人会员，7000 位 Apache 代码提交者，52 个正在 Apache 孵化器中孵化的项目。

Nutch（http://nutch.apache.org/）是一个开源的、基于 Java 语言的搜索引擎，诞生于 2002 年 8 月。Nutch 支持多种主流底层存储技术，包括 Apache 的 Hadoop、HBase 和 Solr 等。有趣的是，Hadoop 居然是 Nutch 的衍生产品（在 3.1 节中将介绍这一情况）。

Nutch 不仅是一个爬虫系统，它还包含全文检索和搜索，主要由爬虫（Crawler）、索引器（Indexer）、查询器（Searcher）三个部分组成。爬虫主要用于从网络上抓取网页，并为这些网页建立索引。查询器主要利用这些索引，根据用户的查找关键词检索出查找结果。

爬虫主要关心的是数据文件。数据文件主要分三类，即网络数据库（Web Database）、分段（Segment）、索引（Index）。这三类数据文件存储在爬行结果目录下的 db 目录中，分别以 WebDB、segments 和 index 作为子目录名。

WebDB 文件夹中存储的是网页实体和链接实体。网页实体是关于实际网页的特征信息，包括网页内的链接数量、本网页重要度评分、抓取此网页的时间等。链接实体描述的是两个网页实体之间的链接关系。Web 网络图就存放在此!

爬虫在一次抓取循环中抓取的网页存储在一个分段（Segment）文件夹中，分段文件夹是以产生的时间来命名的，以便删除过期的文件。

索引器为所有抓取的网页创建索引。Nutch 利用 Lucene 技术进行索引。Lucene 也是 Apache 的一个开源全文检索引擎程序库。

Heritrix 也是一个开源的、基于 Java 语言的网络爬虫，可以在 SourceForge 开源站点（http://sourceforge.net/projects/archive-crawler/）下载 Heritrix。Heritrix 创建于 2003 年年初，最初用于网上资源的集中管理，建立网络数字图书馆。Heritrix 的工作原理与 Nutch 的大致相同，不同之处如下所述。

（1）Nutch 集成了 Lucene，非常便于对抓取内容进行索引和检索，而Heritrix 则需要用户自己负责文件的格式转换、索引和检索。但 Heritrix 的功能强大，可以专注于网络信息的下载。

（2）Nutch 只获取并保存可索引的内容，且可以对下载的内容进行过滤、修改；而 Heritrix 适用于各种类型的信息，并力求保持网页原貌。另外，Nutch 用新内容替换旧内容，Heritrix 则是不断添加内容。

（3）Nutch 采用命令行运行和控制，而 Heritrix 有 Web 控制管理界面。Nutch 的定制能力一般，而 Heritrix 的参数较多。

其实，在互联网飞速发展的今天，网上页面数量高达数百亿，其中约 30%的页面是重复的，页面间指向相同 Web 信息的 URL 数量巨大，并有动态页面的存在。因此，网络爬虫在给定时间内只能下载少量的网页，即使能够提取全部页面，也没有足够的空间来存储页面信息。

2.2 内部数据收集

互联网上数据包罗万象，通过互联网可以极大地拓宽人们的视野，以便迅速且多方位地了解外面的世界。然而对于一个企业而言，其日常的生产管理活动产生的大量数据对其应该是更具价值的。收集这些内部数据应该比收集外部数据更加重要，否则就有舍本逐末之嫌。

企业中最有价值的数据主要有客户数据、财务数据、生产数据等。内部数据收集方法与外部数据收集方法有很大的不同。如果将互联网数据比喻成大海里的鱼，那么企业数据就像是鱼塘中的鱼，显然两者的捕鱼方式也会不同。事实上，企业对其内部数据的存储方式和位置应该是掌握的，所以内部数据获取工作不需要由网络爬虫来承担，完全可以自己设计相应的程序。而且，由于企业对哪些内部数据更有价值也应该是一清二楚的，所以不需要在链接分析和获取策略上下很大功夫。但是，这并不是说内部数据收集工作就非常简单了，内部数据反映的是企业的运营状况，价值较高，管理者希望随时掌握这些数据，所以内部数据收集更加强调实时性，以便实现快速响应。

随着信息化手段的普及，企业内部产生的数据量也是不小的，而且还在不断增长着，因此同样存在数据收集的实时性与系统开销大这对矛盾。为此，内部数据收集方式分为推送

（Push）和拉取（Pull）两种。推送是指一旦有新的数据产生就立即主动送出，因此具有更高的实时性，但数据传输和处理的工作量较大。拉取则是根据需要读取数据，因此更顾及系统开销，但对数据变化而言会有延迟。

图 2-6 所示的是数据推送方式示意图，图 2-7 所示的是数据拉取方式示意图。

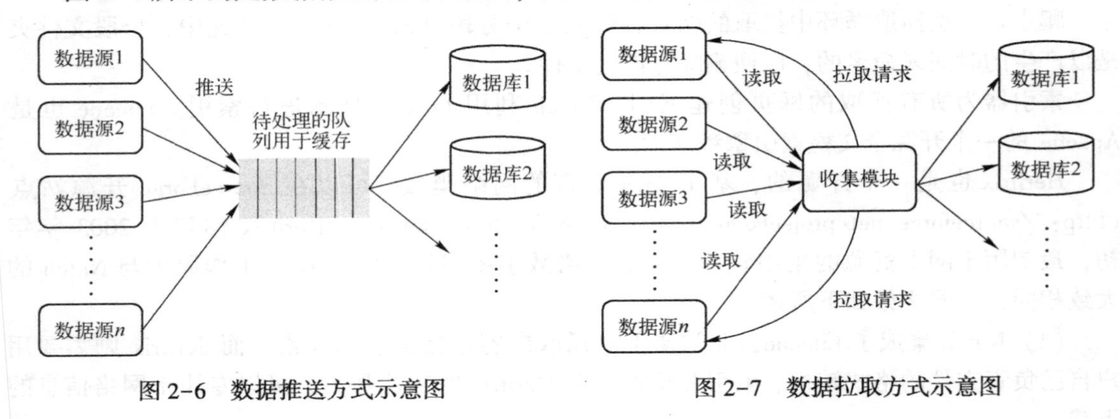

图 2-6　数据推送方式示意图　　　　图 2-7　数据拉取方式示意图

2.2.1　Flume

与构建外部数据收集系统一样，现在也没有必要自己从头开始设计内部数据收集系统了。

可提供帮助的开源系统是 Apache Flume（http://flume.apache.org/）。这是一个分布式的海量数据收集系统，同时具备推送和拉取两种数据收集方式，还可以支持发送方定制数据，并可以对数据进行简单处理。Flume 最早属于 Cloudera 公司，2011 年被纳入 Apache 社区。Flume 的核心模块有三个，即源头、通道和沉淀器。

（1）源头（Source）：负责接收数据，从数据源头接收数据，并将其传递给通道。

（2）通道（Channel）：作为一个管道或队列，连接源头和沉淀器。

（3）沉淀器（Sink）：从通道批量读取数据，并将其存储到指定的位置。

图 2-8 所示的是 Flume 的基本工作原理图。

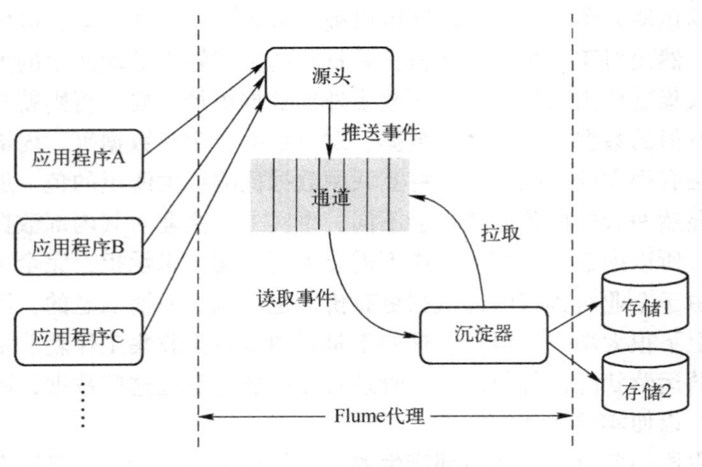

图 2-8　Flume 的基本工作原理图

2.2.2　Chukwa

Chukwa 是另一个开源的内部数据收集系统。Chukwa 最初是 Hadoop 的日志处理系统，现在已经发展成为一个开源的数据收集系统，它非常适合云环境下的商业应用。

作为 Hadoop 软件家族中的一员，Chukwa 依赖于 Hadoop 的其他子项目。例如，通过 HDFS 存储数据，依赖 MapReduce 处理数据，以 Pig 作为高层的数据处理语言等。Chukwa 还包含一个功能强大、设置灵活的工具集，可以用来展示、监控和分析已收集的数据。

在印度神话中，Chukwa 是一只最古老的龟，在它的背上驮着一个名为 Maha-Pudma 的大象，在大象的背上驮着地球。图 2-9 所示的 Chukwa 的 Logo，就是按照这个寓意设计的。

图 2-9　Chukwa 的 Logo

此外，Facebook Scribe 和 Logstash 这两个开源系统也可以用于构建推送模式的内部数据收集系统。Facebook Scribe 可以在 http://github.com/facebookarchive/scribe 上下载，Logstash 的下载地址是 http://www.elastic.co/products/logstash。

思考与练习

(1) 对所有候选地址 URL 进行相关性分析时，根据相关性高低选择爬虫抓取次序的是哪种策略？

(A) 深度优先策略；　(B) 宽度优先策略；　(C) 最佳优先策略；

答案：(C)

(2) 请简要描述主要的内部数据收集方式及其优缺点。

答案：内部数据收集方式主要分为推送（Push）和拉取（Pull）两种。推送是指一旦有新的数据产生就立即主动送出，因此具有更高的实时性，但数据传输和处理的工作量较大。拉取则是根据需要读取数据，因此更顾及系统开销，但对数据变化而言会有延迟。

第3章 数据存储

数据收集后，就应该考虑如何存储数据了。面对大数据的超大容量和快速增长的态势，如何存储是一个大问题。

以前常采用购买专用存储设备的方法来解决数据的存储问题。随着数据量的激增，传统的存储方式会造成扩展存储容量的费用大幅上涨，也存在难以承受的数据并发访问的压力。在大数据时代，集中式存储已经被分布式存储所替代，也就是采用集群化方案，在集群系统中的多台计算机的磁盘上分布式存储数据。

在集群系统中，数据的存储方式分为文件存储和数据库存储两种。

（1）文件存储就是将大数据按文件形式分布式存储在集群系统中供用户访问。采用这种方式的鼻祖是Google公司的分布式文件管理系统GFS，本书主要介绍GFS的开源实现——分布式文件系统（Hadoop Distributed File System，HDFS）。

（2）数据库存储是用数据库的形式将数据分布式存储在集群系统中。由于大数据时代的数据库需要存储多种类型的数据，也因应用已经从原来的事务处理扩展到Web2.0等多样的应用，所以数据库形式已经突破了经典的关系型数据库，发展出列族数据库、文档数据库、键值数据库、图数据库等新型数据库。这些数据库统称NoSQL数据库。

3.1 文件存储

如前所述，在大数据时代，必须用集群化的方案来存储数据。因此，与传统的集中式文件系统相比，大数据时代的数据文件存储加入了分布式存储管理，就技术实现而言要复杂很多。

如何将巨量的数据库分散存储在计算机集群系统中？如何保证这些分散存储的数据在需要时又能自然地聚拢如初以供用户访问？如何高效率地读取这些分布式存储的数据？如何保证所有分散存储数据的安全可靠？这些都是分布式文件存储系统必须解决的问题。

3.1.1 Hadoop简介

在介绍HDFS前，有必要先介绍一下Hadoop。

Hadoop起源于Nutch，它以HDFS和MapReduce为核心，HDFS为海量数据提供存储功能，而MapReduce则为海量数据提供计算功能。利用Hadoop系统可以轻松地架构分布式存储系统，开发大规模的数据处理应用。

Hadoop的创始人和第一功臣是道格·卡廷（Doug Cutting）。1997年年底，卡廷用Java开发了一款搜索产品，这就是后来名噪一时的Lucene。作为第一个提供全文检索的开源函数库，Lucene具有划时代的意义，后来的搜索引擎几乎都是用它来研发的。其实，Lucene是卡廷夫人姓名的中间名字，Nutch源自他的牙牙学语的儿子将吃饭发成“Nutch”音，而

Hadoop 则是他的儿子给一头吃饱了的棕黄色大象起的名字。

Lucene 只是一个函数库，并不是一个独立的搜索引擎。卡廷后来打算以 Lucene 为基础，打造一个完整的 Web 搜索引擎，这就是 Nutch。

Nutch 需要处理数十亿的网页，但如何存储从网页中获取的海量数据呢？正在他一筹莫展时，Google 发表的研究成果给卡廷带来了福音。

2003 年，Google 发表了一篇论文来描述其分布式文件系统 GFS（Google File System）。受此启发，卡廷带领团队开发了 Nutch 的分布式文件系统 HDFS。

解决了海量数据的存储问题后，接下来的问题是如何处理这些海量数据。

2004 年，Google 在“Operating System Design and Implementation”会议上发布了一项研究报告 *MapReduce: Simplified Data Processing on Large Clusters*，介绍了运行在 GFS 上的分布式大规模数据运算框架。卡廷又开始带领团队将这个想法变成开源的大数据计算框架。为了更好地支持这个框架，他们将 HDFS 作为数据存储平台。2006 年 2 月，由于 HDFS 和 MapReduce 显得愈加重要，其作用已经远远超过 Nutch，所以卡廷将它们从 Nutch 中独立出来，成为一套完整、独立的软件，起名 Hadoop。2008 年年初，又将其升格为 Apache 的顶级项目。

由于 Hadoop 中 HDFS 具有很强的数据管理能力，以及 MapReduce 处理任务时的高效率及其开源特性，使其在同类分布式系统中独占鳌头，并在众多行业中得到广泛应用。现在，Hadoop 已经发展成为一个项目集合或生态圈，在其核心 HDFS 和 MapReduce 之外扩展出很多子项目，作为其补充或提供更高层的服务。

3.1.2 HDFS 设计原则

在 HDFS 设计之初，设计者非常有远见，明确地设定了如下设计原则。

（1）存储超大文件：HDFS 要能够管理超大容量的文件，典型的文件容量是从 GB 级别到 TB 级别。

（2）存储多种应用对象：这些大容量文件可以包含很多应用对象，如网页文档、日志记录等。一个文件实际上是由数亿（甚至数十亿）个对象组成的 TB 级的数据集。

（3）离线批处理数据访问：应用场景设定为离线批量数据处理，而不是交互式即时数据访问。

（4）容忍硬件故障：为了尽可能降低集群系统的建设成本，允许系统采用廉价的、故障率较高的 PC 服务器作为集群中的存储和运算节点。

（5）数据读/写操作的限定：HDFS 采用“一次写入、多次读取”的数据读/写方式，文件仅支持在尾部追加式写操作，不允许在其他位置对文件进行任何修改，其目的是尽可能简化数据一致性控制机制，从而提高数据操作效率。

（6）支持多种硬件平台：HDFS 可以运行在不同的平台上，如 Linux 集群、各种云平台等。

（7）就近计算原则：为了减少数据在网络中的传输量，数据计算应尽可能就近进行，通常运算所用的数据就在本节点。这种设计可以明显提高大数据的整体计算效率。

3.1.3 HDFS 的基本术语

HDFS 的基本术语包括数据块、命名节点、数据节点、从命名节点、命名空间、客户端和通信协议。

1. 数据块

文件系统管理数据的最小单位不是字节，而是数据块。在大数据环境下，管理的文件体量大幅度增加，数据块的体量较以往也有大幅度增加，从原来的以 KB 为计量单位，直接跃升到以 MB 为计量单位。Hadoop1. ×的数据块大小是 64MB，Hadoop2. ×的数据块大小为 128MB。这样的数据块体量明显大于普通文件系统中的数据块体量（如 Linux 为 1KB），增加数据块体量的目的是为了减少寻址开销。即使如此，对于 HDFS 管理的最小的 GB 级别文件，一个文件至少也要占数百个数据块。

2. 命名节点和数据节点

在任何一个文件管理系统中，都是将一小部分存储单元用于存储管理信息，而将绝大部分存储单元用于存储数据。在 HDFS 中，存储管理信息的那部分节点称为命名节点（Name Node），存储数据的那部分节点称为数据节点（Data Node）。

命名节点维护着整个文件系统的文件目录树，包括记录文件树信息和记录对文件树的各种操作信息。这两部分信息分别记录在两个文件中，即镜像文件（FsImage）和日志文件（EditLog）。

如图 3-1 所示，镜像文件用于维护文件系统的树形结构，以及文件树中所有的文件和文件夹的元数据；而日志文件记录了对文件所有的新建、删除、重命名等操作。

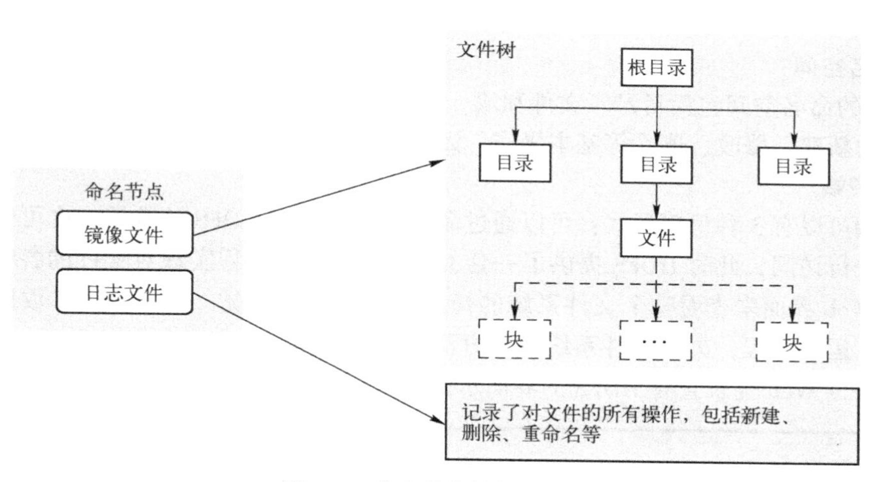

图 3-1 命名节点结构示意图

数据节点是 HDFS 的工作节点，负责数据的存储和读取，可以根据客户端或命名节点的调度来进行数据的存储和检索，并且向命名节点定期发送自己所存储的块的列表。

3. 从命名节点

由于文件很大，导致镜像文件开始时就很大（通常达 GB 级别以上），而日志文件则随着运行时不断记录所发生的文件操作而持续变大。HDFS 的所有更新操作均写入日志文件，而不直接写入镜像文件，因此不能让日志文件太大，否则会影响效率，这是引入从命名节点的原因之一。

怎么防止日志文件过大呢？来看图 3-2 所示的从命名节点的工作过程。

从命名节点（Secondary Name Node）有两个主要作用，一是定时清空命名节点上的日志文件（可以将其理解成命名节点的日志文件后期处理的转运站），二是可以作为命名节点的延期备份（恢复时会丢失检查点之后的数据）。所谓检查点，实际上就是备份时间点，在这个时刻将数据记录下来，如果系统出现故障，可以从这个时刻恢复数据。

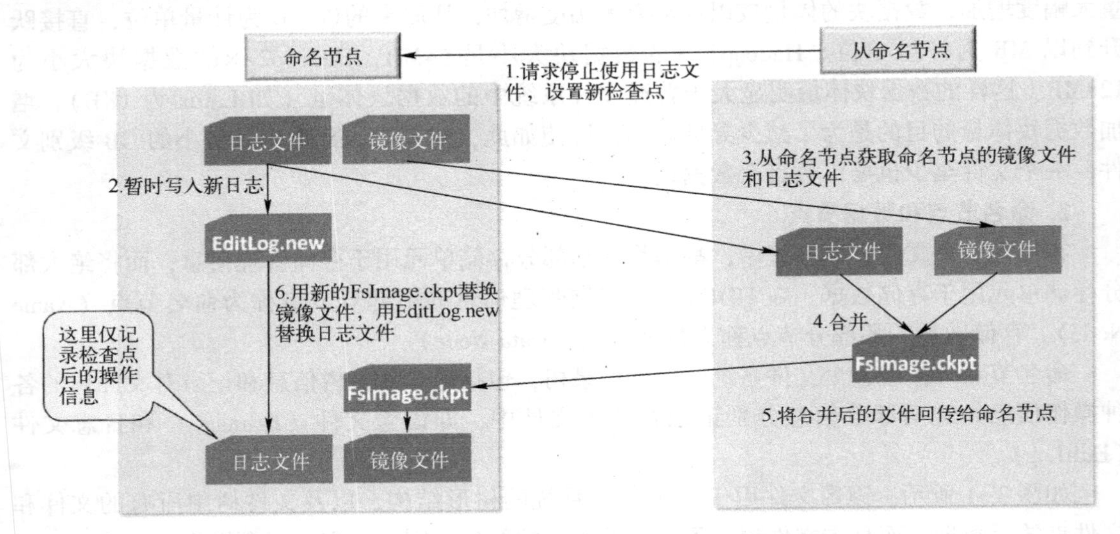

图 3-2　从命名节点帮助清理日志文件过程示意图

4. 命名空间

HDFS 的命名空间包括目录、文件和块。命名空间管理是指对目录、文件和块进行类似文件系统的新建、修改、删除等基本操作。因此，命名空间所管理的资源是有限的。

5. 客户端

客户端可以有 3 种呈现形式：可以通过命令行工具访问 HDFS 的数据；也可以用应用程序的方式进行访问，此时 HDFS 提供了一套 Java API，方便编程实现对文件的各种操作；还可以通过 Web 界面来查看整个文件系统的情况，包括集群概况，命名节点、数据节点的信息、快照、运行进程，浏览文件系统等，方法是登录 http://[NameNodeIP]:50070。图 3-3 所示的是通过 Web 登录查看 HDFS 的界面示例。

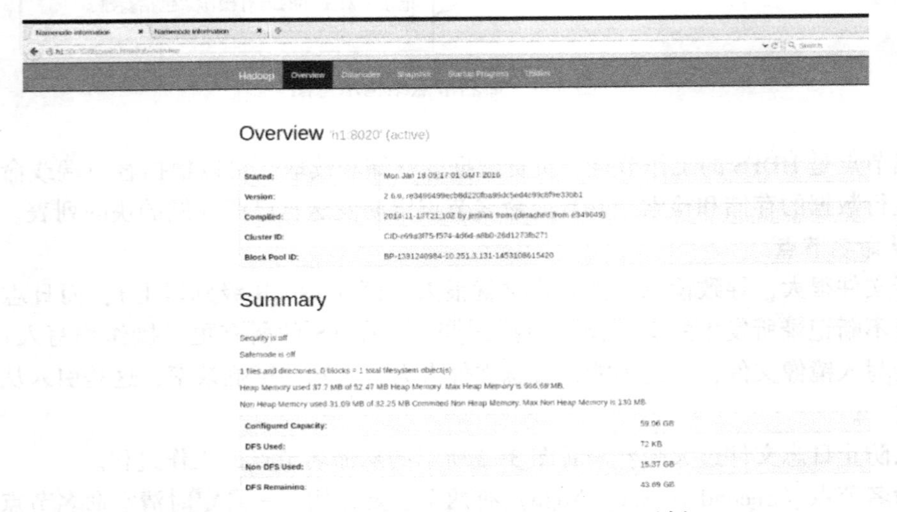

图 3-3　通过 Web 登录查看 HDFS 的界面示例

6. 通信协议

HDFS 部署在集群上，它们之间的通信协议是构建在 TCP/IP 协议基础之上的。客户端通过一个可配置的端口向命名节点主动发起 TCP 链接，并使用客户端协议与命名节点进行交互；命名节点与数据节点之间则使用数据节点协议进行交互；客户端与数据节点的交互是通过远程过程调用（Remote Procedure Call，RPC）来实现的。命名节点不会主动发起 RPC，而是响应来自客户端和数据节点的 RPC 请求。图 3-4 所示的是客户端、命名节点、数据节点之间交互示意图。

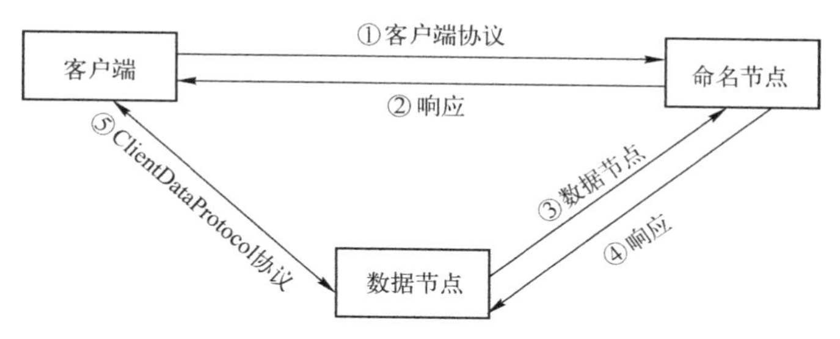

图 3-4　客户端、命名节点、数据节点之间交互示意图

3.1.4　HDFS 运行架构

HDFS 的运行架构示意图如图 3-5 所示。

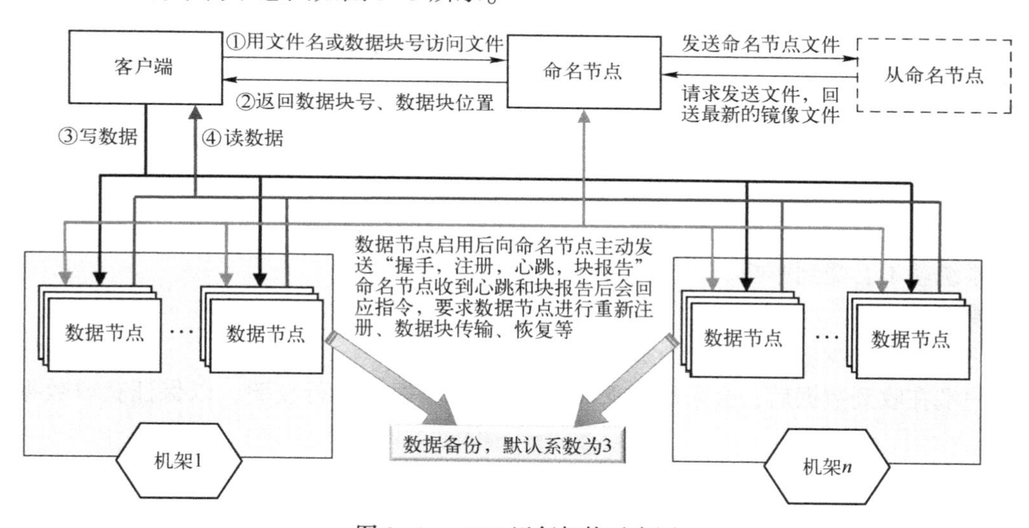

图 3-5　HDFS 运行架构示意图

用户在使用 HDFS 时，可以通过文件名访问文件。而在系统内部，一个文件会被分成若干个数据块（分布存储在若干个数据节点上），在数据访问过程中，命名节点不参与数据的传输。

HDFS 采用主从结构模型，一个 HDFS 集群包括一个主节点（命名节点）和若干个从节点（数据节点）。

命名节点作为集群的管理服务器，负责管理文件系统的命名空间、客户端对文件的访问。

数据节点负责处理文件系统客户端的读/写请求，在命名节点的统一调度下进行数据块的新建、删除和复制等操作。每个数据节点会周期性地向命名节点发送“心跳”信息，报告自己的状态。对于没有及时发送心跳信息的数据节点，命名节点将其标注为“宕机”。

为了改善命名节点的性能，提高可靠性，HDFS 还设置了从命名节点。

为了保证分布式文件系统的容错性和可用性，HDFS 采用了多副本（备份）方式对数据进行冗余存储。默认情况下，每个数据块会有 3 个备份，其中 2 份是同机架备份，另一份是异机架备份。

HDFS 采用 Java 语言开发，因此任何支持 JVM 的计算机都可以部署命名节点和数据节点。

3.1.5　HDFS 安全设计

HDFS 认为硬件出错是一种常态，因此要求文件管理系统有较高的容错性。HDFS 有多种硬件容错办法。下面按命名节点出错、数据节点出错和数据出错 3 种情况介绍各自的故障恢复方式。

1. 命名节点出错

Hadoop 采用如下两种恢复机制来保证命名节点的安全。

（1）将命名节点上的元数据信息同步存储到其他文件系统。恢复时，一般会先从其他文件系统中获取元数据信息，让它在从命名节点上恢复，此时的从命名节点就可以作为命名节点使用。

（2）依靠从命名节点进行恢复。当命名节点宕机时，利用从命名节点的元数据信息进行系统恢复，此时会丢失部分数据。

2. 数据节点出错

每个数据节点定期发送“心跳”信息，向命名节点报告自己的状态。如果命名节点未按时收到心跳信息，就认为该数据节点宕机。

由于有副本存在，所以在出现数据节点宕机时，系统只需要新增副本，保持设定的副本数量，系统就不会受到影响。

3. 数据出错

网络传输和磁盘出错都可能造成数据错误。

客户端在收到数据后，会采用 MD5 和 SHA1 对数据块进行校验，以保证获取数据的正确性。

> 说明　MS5：信息摘要算法 5（Message Digest Algorithm 5），用以保证信息传输的完整性和一致性。
>
> SHA1：安全哈希算法（Secure Hash Algorithm 1），主要用于数据签名，对于长度小于 264bit 的信息，SHA1 会产生一个 160bit 的信息摘要。

另外，客户端在新建文件时会摘录每个文件块信息，将写入同一路径的隐藏文件中。当客户端读取文件时，首先读取该信息文件，然后利用它对每个读取的数据块进行校验。如果校验出错，客户端会请求读取另一个数据节点的该文件块，并向命名节点报告这个文件块有错误。命名节点会定期检查并重新复制这个块。这样可以保证存储的数据块上数据的正确性。

3.1.6　HDFS的弱点

尽管HDFS已经有十分广泛的应用市场，但受限于其最初的设计理念，也由于它毕竟只是一个文件系统，不可避免地存在一些不足之处。

（1）不适合实时性很强的数据访问。由于数据的存储是分布式的，当数据操作涉及多个不同的数据节点时，需要从多个数据节点获取数据，传回结果后还需要进行合并，因此数据操作效率不高。

（2）无法高效存储大量的小文件。如果存在太多的琐碎小文件，命名节点必须记录每个小文件的管理信息，这就意味着有庞大的元数据需要处理，因此命名节点的管理效率不高。

（3）单命名节点形成“单点瓶颈”。单个命名空间限制了文件、数据块的个数；单个命名节点的吞吐量往往决定了整个文件系统的吞吐量；单个命名空间无法对不同应用程序实现隔离；命名节点故障会造成整个集群不可用。

（4）用惯了数据库的技术人员不适应HDFS这样的文件系统的较为原始的操作。

大数据的存储是依靠分布式存储系统（而不是集中式存储系统）来实现的。

分布式存储系统可以采用廉价的硬件设备来构建集群系统。

HDFS管理数据的最小单位是块，而不是字节。数据块的大小与Hadoop的版本有关，Hadoop1.×默认大小是64MB，Hadoop2.×默认大小为128MB。

HDFS采用的是主从结构模型，一个集群设一个命名节点和若干个数据节点。命名节点负责集群存储的管理，数据节点负责数据的存储和读取。

HDFS采用冗余数据存储方式，增强了数据的可靠性。

3.2　数据库存储

3.2.1　NoSQL简介

传统的关系型数据库的基础是关系模型，简单讲就是将数据存储在诸多二维表中。每个表基本上是描述一个实体及其属性的，不同实体之间的关系通过类似指针的外键实现链接。在涉及多个实体（表）的数据操作时，需要对这些表作多表链接操作。这样的做法可以最大限度地节省存储空间，但是数据操作效率不高，因为多数情况下需要进行多表链接。

非关系型数据库（Not Only SQL，NoSQL）大多使用一个大表来存储所有的数据，因此该表会非常巨大，存储的往往是一个稀疏矩阵。这样做的代价是需要大量存储空间，但由于省去了多表链接，所以效率很高。

如图3-6所示，左侧的关系型数据库按实体属性设计了大量的小表，右侧的NoSQL（以HBase为例）将这些小表统归在一个大表中。

由此可见，大表不再遵循关系型数据库的4个特性——原子性（Atomicity）、一致性（Consistency）、隔离性（Isolation）、持久性（Durability）。从大表中还可以看到，大表中的数据呈现稀疏性。

系基本信息表

系号	系名称	系地址	系邮箱	系电话
■	■	■	■	■
■	■	■	■	■
■	■	■	■	■

学生基本信息表

学号	姓名	性别	邮箱	系号
■	■	■	■	■
■	■	■	■	■
■	■	■	■	■

学生成绩表

学号	数学	语文	物理	英语
■	■	■	■	■
■	■	■	■	■
■	■	■	■	■

行键(学号)	系列族				学生列族			课程成绩列族			
	名称	地址	邮箱	电话	姓名	性别	邮箱	数学	语文	物理	英语
■	■	■	■		■	■		■		■	
■	■					■			■		
■	■				■						■
■					■	■			■		
■	■							■			
■									■		
■	■				■					■	

图 3-6　关系型数据库中的大量小表与 NoSQL 中的大表

NoSQL 数据库可以说是 Web2.0 的产物。在 Web2.0 时代，由于存储的数据类型不再局限于结构化数据，数据容量比原来增大 3～4 个数量级，数据的操作不再以事务处理为主，因此关系型数据库的一些关键特性，如事务机制、支持复杂查询等，反而成为大数据处理时的累赘。

Web2.0 通常不需要严格的事务处理机制，也不要求严格的读/写实时性，一般不包含复杂的 SQL 查询，但需要管理海量数据，要满足数据高并发读/写需求，要满足高可扩展性和高可用性需求。与之相适应的 NoSQL 数据库要求具有灵活的可扩展性数据模型。当然，NoSQL 数据库的数据一致性较差，很难保证数据的完整性。近几年，NoSQL 数据库不断有新产品推出，根据其数据结构类型的不同可以分成 4 种类型，即键值数据库、列族数据库、图数据库和文档数据库，如图 3-7 所示。

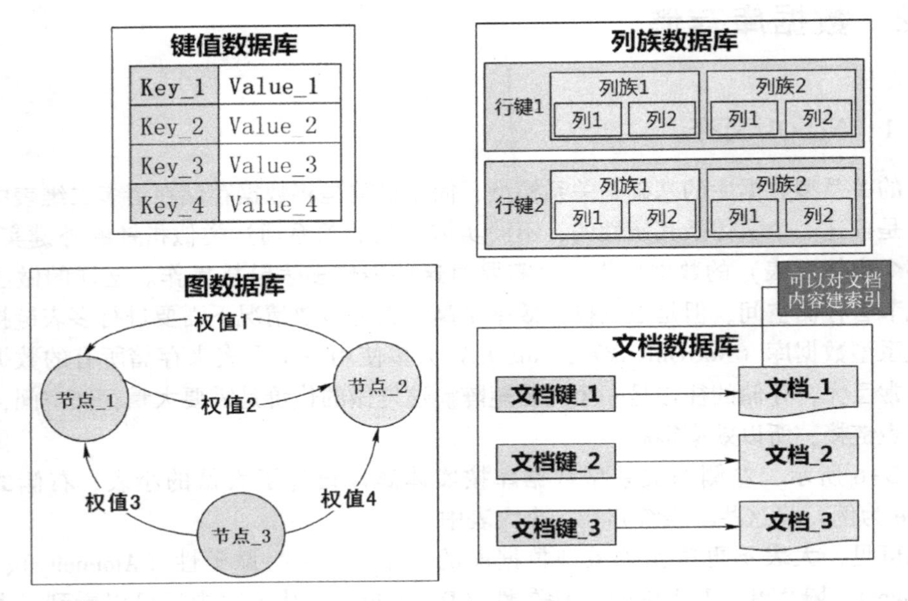

图 3-7　4 种 NoSQL 数据库类型

键值数据库使用一个哈希表，用于存放键值对。其中，键用于定位值，因此只能通过键进行查询；值可以存储任意类型的数据。

列族数据库采用列族数据模型，数据库中的每行数据包含多个列族，一个列族包含若干个字段（甚至为空）。不同行可以具有不同数量的列族，属于同一列族的数据会存储在一起。

图数据库使用图作为数据模型来存储数据，它可以高效地存储不同节点之间的关系，包括节点、边、权值3个主要因素。图用于描述节点集，以及节点之间关系的边。

在文档数据库中，文档是最小单位，文档的存储方式因产品不同而不同，文档定位也是通过键来实现的。文档数据库还可以对文档内容建立索引，因此文档数据库通常具有较好的访问效率。

3.2.2 列族数据库 HBase

1. 从 BigTable 说起

大数据的很多技术和产品都源于 Google，列族数据库也不例外。下面先来看看 Google 的数据库——BigTable。

据说早在2005年，Google 公司的很多项目数据都存放在 BigTable 中，如搜索、地图、社交网站 Orkut、视频共享网站 YouTube 和博客网站 Blogger 等。BigTable 可以管理 PB 级别的数据，以及上千台机器的分布式集群系统。

BigTable 使用其分布式文件系统 GFS 实现数据存储，使用其运算架构 MapReduce 模型来完成海量数据的处理，使用 Chubby 进行协同服务管理。

BigTable 可以处理海量数据，分布式并发处理的效率很高，便于数据结构扩展（系统可以动态扩展），适合由廉价设备组成的系统（有较高的硬件容错能力），但不适合频繁的读/写操作。

2. 列式存储

HBase 属于 Hadoop 的子项目，是一个分布式、按列存储的开源 NoSQL 数据库。HBase 是 Google 的 BigTable 的开源实现，实现的编程语言为 Java。如同 BigTable 的数据存储依靠其分布式文件系统 GFS，HBase 运行于 HDFS 之上，为 Hadoop 提供类似 BigTable 的数据库能力。因此，可以将 HBase 看成 Hadoop 与数据库（Database）相结合的产物，它具备大部分关系型数据库的特征和能力。但是，HBase 又不是一般的数据库，因为它可以存储非结构化数据，其存储方式是基于列而不是基于行。

HBase 继承了 BigTable 的特点，也是一个高可靠、高性能、列存储、可伸缩的分布式数据库，可以存储非常庞大的表，其规模可以超过10亿行数据、数百万列元素。

与 BigTable 类似，HBase 利用 Hadoop MapReduce 处理海量数据，利用 Zookeeper 完成类似 Chubby 的协同管理，一般使用 HDFS 存储数据。HBase 存储的是数据类型统一为未经解释的字符串，如同传统的文件系统一样，将区分数据类型的任务交给了应用程序。

那么何为列式数据库呢？

列式数据库中的数据是按列存储的，而传统的关系数据库是按行存储的。这一区别与中国古代书写规则是从上到下从右到左按列顺序书写，而现代书写规则是从左到右从上向下按行顺序书写的区别类似。图3-8所示的是行式存储与列式存储的区别。图中左侧所示的是传统的行式存储方式，右侧所示的是 HBase 的列式存储。

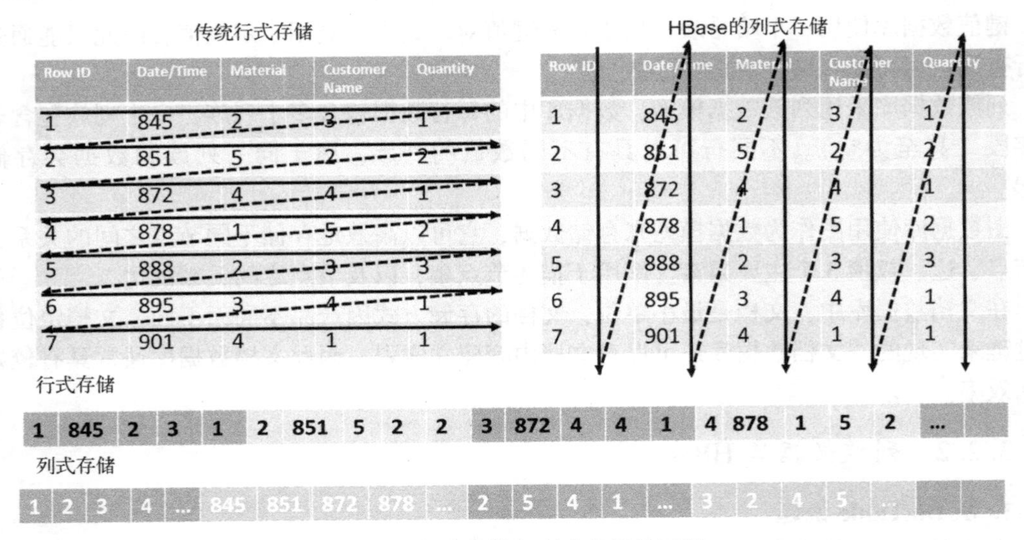

图 3-8　行式存储与列式存储的区别

不同的数据存储方式适用的应用场合差别很大。行式数据库适合小批量、要求精准的数据处理，其典型应用的是联机事务处理。列式数据库适合大批量、即席查询和数据分析，其典型应用的是数据仓库分析和信息检索。

与行式数据库相比，列式数据库通过按列存储（不会取出不关心的列数据）和大表存储（减少表链接）降低了 I/O 开销，支持大量并发查询，但行数据的重组代价很大，不适合需要对数据进行修改的操作。

在 HBase 的物理存储中，实际上是按列族存储的。列族由数个关系较近的列组成，将它们放在一起管理对提高存储效率和访问效率均有益。这是因为，HBase 将一个列族数据放在一个或多个数据文件中，一个数据文件只属于一个列族，不会在一个文件中混放多个列族数据。同一列族数据被同时访问的概率较高；同一列族数据往往相似度高，可以采用针对性强的高效压缩方法对其进行压缩存储。

列式存储便于表结构的修改，这是它与关系型数据库的主要区别，也是其主要优势。HBase 允许对表结构中的列进行修改、增加和删除操作，但不允许对列族进行任何更改。数据操作只有插入、查询、清空，表与表之间是没有关联关系的，所以不涉及表间链接操作。

3. 四维模型结构

实际上，HBase 是一个列族数据库，而不是真正的列式数据库。

因为允许存放非结构化数据，所以 HBase 的数据类型只有简单的字符串类型，如果需要细分类型，需要用户自己处理。

HBase 存储的数据模型是一个四维模型，如图 3-9 所示。

从图中可以看出，与关系型数据库中表的二维模型相比，HBase 中的四维数据模型新增了列族和版本两个维度，从而形成了行键、列族、列和版本四维维度。由此可见，如果需要对数据库中的数据单元进行精确定位，就要使用四维坐标。

通过行键可以获取一个指定的行，它由一个或多个列族构成；每个列族有一个或多个列；每列有一个或多个版本。为了获取指定数据，就需要知道它的行键、列族、列限定符和版本。进行查询时，如果仅提供行键，会返回满足条件的整行数据；如果仅提供行键、列族和列限定符，会返回某行某列的最新单元值；如果再进一步增加时间戳，就会返回某行某列单元值的某个版本。

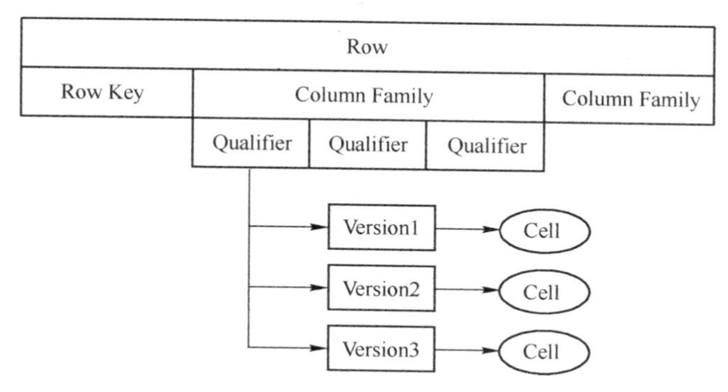

图 3-9 HBase 存储的四维数据模型

下面对 HBase 的四维模型中每个元素进行说明。

（1）行键（Row Key）：最大长度为 64KB 的任意字符串。与关系型数据库一样，行键是行的唯一标志。

（2）列族（Column Family）：这是理解列族数据库的关键概念。将数据行中的字段按照某种要求分成数个小组，每个小组包含若干个字段，每个小组就是列族。列族需要预先定义，并且不能随意修改。每行具有相同的列族，但不要求每个列族都存储数据。

（3）列限定符（Qualifier）：每个列族包含多个字段，限定符用于区分不同的字段。列限定符不需要预先定义，因此每行可以有不同数量的列限定符，也可以认为列限定符就是字段。

（4）单元（Cell）：存储数据的最小单元。单元中存储的是未经解释的字符串，需要通过行键、列族、列限定符、时间戳进行定位。

（5）版本（Version）：这是 HBase 与其他数据库的不同之处。版本是一个 64 位整型数，可以由系统自动生成，也可以由用户自定义。引入版本后，存储在单元中的值不再只有一个，可以通过不同的时间戳（Timestamp）在同一单元中存入多个版本。

如果将行键和列限定符看作关系型数据库的行和列，那么 HBase 就多了列族和版本。

为了及时清理失效数据，HBase 的数据版本可以按版本数或按版本保存时间进行回收。

在设计列族时，列族数量不能太多，一般是数十个。同一列族的数据最好属于同一数据类型。HBase 允许按列族设置数据访问权限，也可以要求将列族数据存储在内存中以提高响应性能。

4. 运行架构

HBase 的运行架构如图 3-10 所示。

HBase 的体系结构主要由三大部分组成，即主服务器（Master）、域服务器（Region）和客户端（Client）。

每个 HBase 数据库设置一台主服务器。主服务器和域服务器是主从架构的，由主服务器管理所有域服务器，所有服务器通过 ZooKeeper 进行协调管理。

客户端通过 RPC 与主服务器和域服务器通信，前者交换管理类信息，后者进行读/写类操作。客户访问数据时，主服务器不需要参与访问，通过 Zookeeper 的地址表直接访问域服务器中的数据。

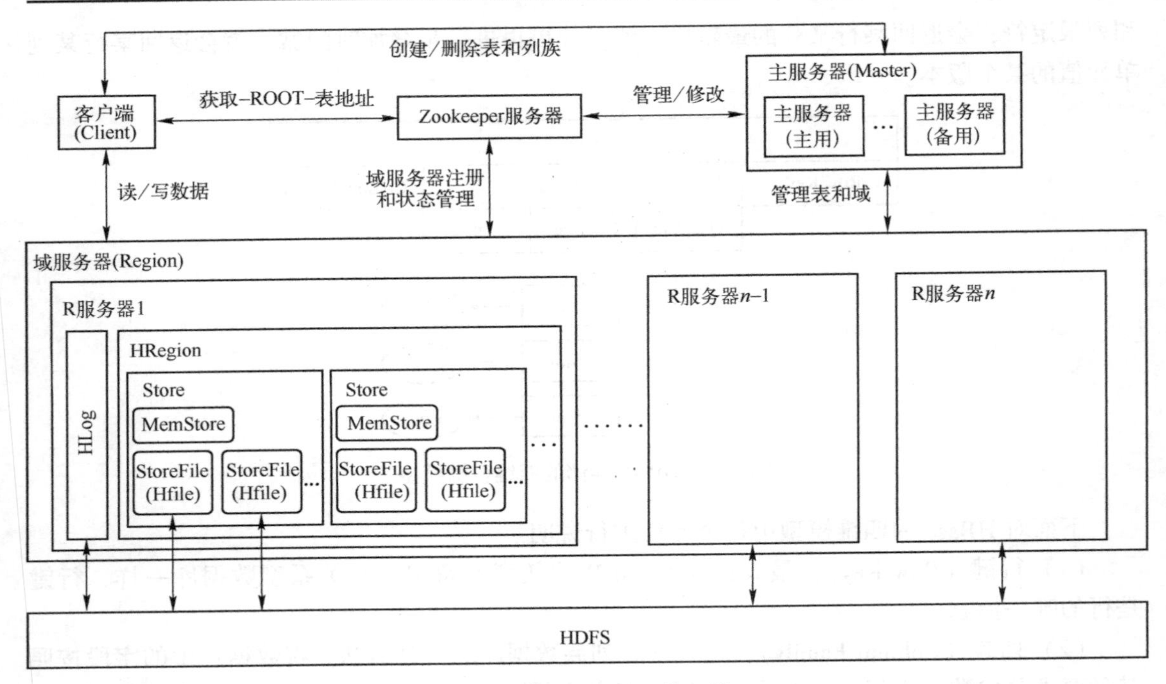

图 3-10　HBase 的运行架构

Zookeeper 可能是多台服务器，提供域服务器间的协同服务，管理各个域服务器的状态。各个域服务器需要到 Zookeeper 中注册，Zookeeper 会实时监控各个域服务器的工作状态，并将其发给主服务器，使主服务器可以随时掌握各个域服务器的工作状态。

Zookeeper 的另一个作用就是实现主服务器的高可用。HBase 可以启动多个主服务器，但是 Zookeeper 可以保证只有一个主服务器在行使集群“总管”的角色，其余作为备用。当主用主服务器节点发生故障时，Zookeeper 会在集群中选一个备用主服务器节点来替代发生故障的主用主服务器节点，因为 Zookeeper 掌握着所有主服务器节点的信息，所以这个接替过程非常顺畅，只需要将这些信息传给新当选的主用主服务器节点即可。

HBase 是通过 Zookeeper 来获得域的位置信息的，不是想象中的通过主服务器来获取，这样可以减轻主服务器的负荷。因此，当客户端访问数据时，不需要主服务器参与。

主服务器负责管理与数据有关的事物，包括元数据管理、表管理、域服务器的负载均衡等。

HBase 架构在 Hadoop 的 HDFS 上的，由 HDFS 提供数据副本备份管理。

与 HDFS 的命名节点类似，HBase 使用主服务器协调和管理多个域服务器。因此其本身并不存储数据，数据都存储在域服务器上。

每个域服务器存储一个 HLog 和多个 HRegion。其中，HLog 用于存储故障恢复的日志（采用预写式日志）；HRegion 用于存储数据。

HBase 的表在逻辑上可以划分成多个 HRegion。随着数据的不断增加，一个表会被拆分为多块，每个块就是一个 HRegion，用于保存一段连续的数据。

每个 HRegion 又由多个 Store 组成，每个 Store 存储的是一个列族的数据。

Store 是 HBase 存储的核心，每个 Store 包括一个 MemStore 和若干个 StoreFile。MemStore 驻留在内存中，数据到来时，首先更新到 MemStore 中，在写满后再转写入数据文件 StoreFile

（HFile 格式）。StoreFile 是 HBase 中最小的存储单元。

域服务器是 HBase 的核心模块。HBase 存储的表一般都很大，无法存储在一个服务器上，需要分布式存储，这样就必须将大表拆分，如图 3-11 所示。拆分是按照行键值范围而不是按列进行的。经过拆分后形成的小表称为域。每个域存放一个键值区间的所有数据。

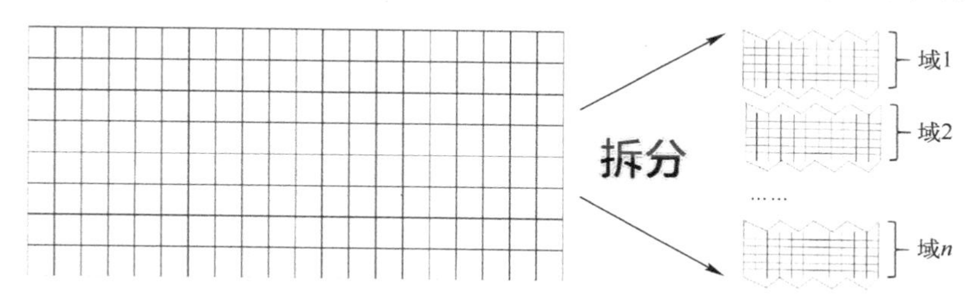

图 3-11 HBase 存储的表的拆分

每个域的大小为 100~200MB，每个域服务器可以存储 10~100 个域。

5. 域的定位

这么多的域，就存在如何定位管理问题。HBase 是通过下述方法完成数据定位的。

（1）一个域服务器内的域定位符=表名+起始行键+域 ID；

（2）一个系统内的域定位符=机器内定位符+域服务器 ID。

这些定位信息存储在元数据表（. META. 表）中。

如果一个 HBase 表巨大，被拆分的域的数量会非常庞大，存储在 . META. 表中的条目会非常多，有可能一个服务器存储不下，这就需要将其拆分存储到多个服务器中。此时，. META. 表还要被拆分成多个域，拆分的信息还需要一个表来存储，这个表称为根数据表（-ROOT-）。系统仅设一个根数据表，其位置信息记录在 Zookeeper 文件中。图 3-12 所示的是 HBase 的三层定位结构。

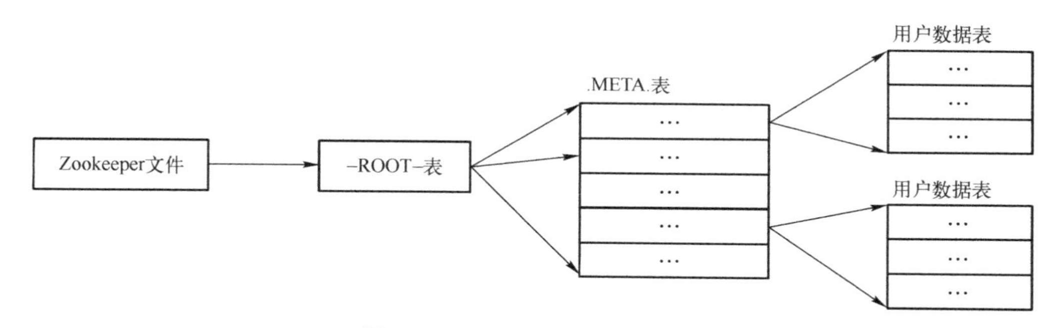

图 3-12 HBase 的三层定位结构

为了提高访问速度，这些定位表存储在内存中。

3.2.3 文档数据库 MongoDB

HBase 采用的是列式存储方式，在 NoSQL 的数据库中还有一部分采用的是文档存储方式。MongoDB 就是一个基于分布式文件存储的数据库，它是用 C++语言编写的。

MongoDB 是一个基于分布式文件存储的开源数据库系统，它是介于关系型数据库和非关系型数据库之间的产品，在非关系型数据库当中功能最丰富，最像关系型数据库。它支持的数据结构非常松散，可以存储比较复杂的数据类型。MongoDB 最大的特点是查询语言非常强大，其语法类似于面向对象的查询语言，可以实现类似关系型数据库单表查询的绝大部分功能，而且还支持对任意字段的数据建立多级索引，因此可以获得不错的访问效率。

MongoDB 是以文档为基本单位的，即一个文档拥有一个键-值对（key-value）。文档是一些属性或字段的组合，但不同文档不需要设置相同的字段，并且相同的字段也不需要具有相同的数据类型，这与关系型数据库有很大的区别，也是 MongoDB 非常突出的特点。

MongoDB 是按集合（Collection）存储的，集合就是 MongoDB 文档组，类似关系型数据库中的表。每个集合在数据库中都有一个唯一的标志名，并且可以包含无限数目的文档。集合不需要有严格的模式定义，因此通常不需要知道存储在集合中的文件的结构定义；如果需要，可以将不同结构的文件存储在同一个数据库中。

存储在集合中的文档被存储为键-值对的形式。键用于标志一个文档，值可以是各种类型的文件，文件用二进制形式存储。这种存储形式称为 BSON（Binary Serialized Document Format），网络数据交换也使用这种存储形式。

HBase 在物理存储上将列族拆分，而 MongoDB 则不会对文档进行分开存储。MongoDB 的这个特点有点像行式存储。

集合存储在数据库中，它没有固定的结构，对集合可以插入不同格式和类型的数据，但通常情况下插入集合的数据都会有一定的关联性。

MongoDB 支持的数据类型非常丰富，其主要支持的数据类型如下所述。

（1）String：字符串，存储数据常用的数据类型。在 MongoDB 中，UTF-8 编码的字符串才是合法的。

（2）Integer：整型数值，用于存储数值。根据所在的服务器，分为 32 位或 64 位两种。

（3）Boolean：布尔值，用于存储布尔值（真/假）。

（4）Double：双精度浮点值，用于存储浮点值。

（5）Min/Max Keys：将一个值与 BSON（二进制的 JSON）元素的最低值和最高值相对比。

（6）Arrays：用于将数组、列表或多个值存储为一个键。

（7）Timestamp：时间戳，用于记录文档修改或添加的具体时间。

（8）Object：用于内嵌文档。

（9）Null：用于创建空值。

（10）Symbol：符号。该数据类型基本上等同于字符串类型，但不同的是，它一般用于采用特殊符号类型的语言。

（11）Date：日期时间，用 UNIX 时间格式来存储当前日期或时间。

（12）Object ID：用于创建文档的 ID。

（13）Binary Data：用于存储二进制数据。

（14）Code：代码类型，用于在文档中存储 JavaScript 代码。

（15）Regular Expression：正则表达式类型，用于存储正则表达式。

MongoDB 与 HBase 的主要区别如下所述。

（1）HBase 依赖于 HDFS，而 MongoDB 直接存储在本地磁盘中。

（2）HBase 按照列族将数据存储在不同的文件中；MongoDB 不分列，整个文档都存储在一个或者一组文件中。

（3）HBase 根据文件的大小来控制域的拆分，而 MongoDB 根据负载情况来决定如何分片（Shards）。

一般来说，MongoDB的读效率比写效率高，而HBase适合写多读少的情况。

3.2.4　图数据库

图数据库是以图作为数据模型存储数据的，也就是存储图中的顶点和连接顶点的边。图数据库适合处理具有高度关联关系的数据，如社交网络、推荐系统、路径寻找等。

在NoSQL数据库中，虽然图数据库处理的数据量不是最大的，但是其处理的数据模型绝对是最复杂的，也最能灵活、自然地描述现实世界。

最流行的图数据库Neo4j是由Neo公司研发的开源图数据库，兼容ACID特性，支持其他编程语言（如Ruby和Python），但它基本上是一个单机系统。Aurelius公司开发的Titan是一个开源的分布式图数据库，但目前其查询功能还比较简单。

3.2.5　键-值对数据库

缓存是计算机系统的伟大发明之一，也是非常容易理解的技术。小到计算机中的CPU、主板、显卡等，大到大规模的互联网站点，都在广泛使用缓存。

使用缓存的优势是读取速度非常快，但由于成本原因，缓存容量不大，所以大多数情况下采用的是哈希（Hash）表的键-值对存储方式。为了尽可能提高缓存访问的命中率，通常采用最少使用（Least Frequently Used）策略和最久未使用（Least Recently Used）策略。

哈希表是程序设计中最常用的一种数据结构，无论HBase还是MongoDB都要用到哈希表的设计理念。通过一定的算法，哈希表为原始的数据“赋予”一个尽可能唯一的、较短的数值，这个数值称为键（Key），原始数据称为值（Value），这样就形成了一个键-值对。多个键-值对组成一个哈希表，其数学表示为

$$K=H(V)$$

式中，K为键值；V为原始数据；$H(V)$为哈希函数，负责建立原始数据与键值之间的映射关系。

对于给定的数据，通过计算其哈希值，就可以根据键来实现快速访问了，付出的代价只是多存储一个键而已。

哈希算法是一种压缩映射，也就是说，哈希值的存储空间通常远小于原始数据的存储空间，因此通常将哈希值存储在缓存中以提高访问效率。

哈希表冲突是不可避免的，不同的值可能被赋予同一个哈希值，即

$$K=H(V_1)=H(V_2)$$

键-值对数据库使用一个哈希表来实现数据的存储和检索，所有的数据库操作均通过键来实现。

图3-13所示为哈希表示例。图中，论文编号为键（Key），论文文本为值（Value）。

支持键-值对数据库的开源系统有Memcached、Berkeley DB和Redis等，它们将数据库的工作版本存储在内存中，从而极大地提升了工作效率。

1. Memcached简介

Memcached（http://memcached.org/）是由LiveJournal旗下的Danga Interactive公司开发的开源高性能键-值对型内存数据库，以BSD授权协议发布，现在已经被mixi、Hatena、Facebook、Vox、LiveJournal等众多软件采用。Memcached通过在内存中缓存数据来减少访问数据库的次数，常常用于改善Web应用访问性能。

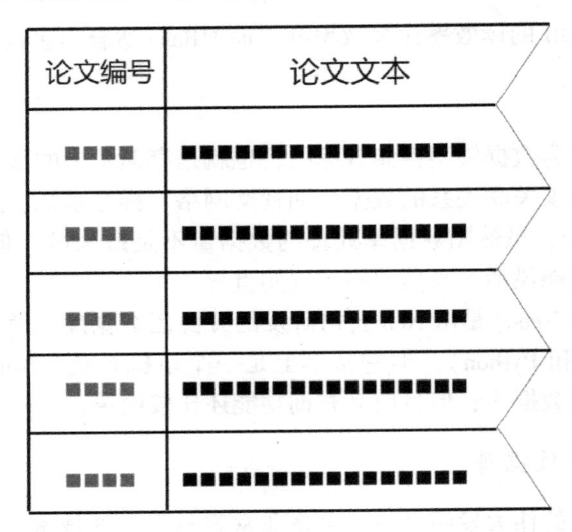

图 3-13　哈希表示例

Memcached 的键是通过 32 位元的循环冗余校验（CRC-32）计算得到的，并且将这些键-值对分布式存储在集群服务器的内存中。当内存填满后又有新增数据时，会用 LRU（Least Recently Used）算法进行替换。为了更好的提升效率，Memcached 将键存储在高速缓存中，而将数据值存储在内存中。由于受内存容量限制，Memcached 更适用于数据值不太大的场景。

Memcached 实际上是一个用于提升性能的辅助系统。传统的 Web 应用一般将数据存储在关系型数据库中。这类应用通常有较频繁的数据读/写操作，而且这些读/写操作在数据集上常常表现为局部性，即一段时间内的数据访问会集中在一个数据子集中。如果将这个数据子集存储在分布式系统的内存中，无疑会极大提升数据读/写效率。图 3-14 所示为 Memcached 数据读取方式示意图。当用户访问 Web 网站时，浏览器将访问请求发送给应用服务器，应用服务器根据请求访问 Memcached 缓存，如果访问的数据存在，则直接读出数据，发送给浏览器；如果数据不在缓存中，则从关系型数据库中调取数据，将其存入缓存（便于下次访问），然后发送给浏览器。

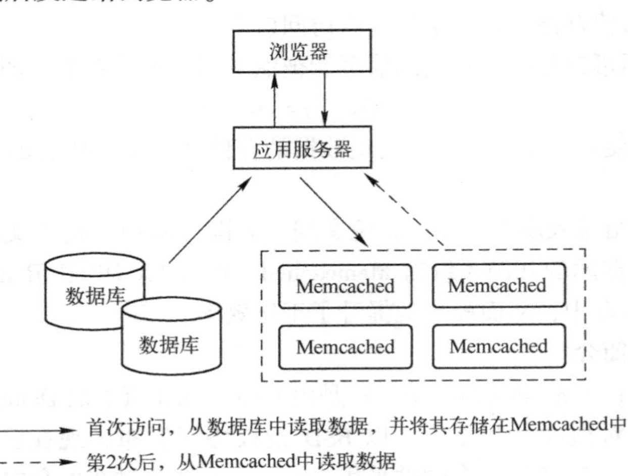

图 3-14　Memcached 数据读取方式示意图

由于键-值对数据存储在内存中，一旦掉电，这些数据将丢失，这是使用这一系统必须考虑的问题。

Memcached 的分布式功能并不强，服务器端的分布式管理需要应用端来负责。Memcached 缺乏认证和安全管制，因此应该将 Memcached 服务器置于防火墙后。

2. Berkeley DB 简介

Berkeley DB 是历史悠久的嵌入式数据库系统。Berkeley DB 的第一个发行版出现于 1991 年；1992 年，BSD UNIX 第 4.4 发行版中包含了 Berkeley DB1.85 版，这是 Berkeley DB 的第一个正式版。1996 年，Sleepycat 软件公司成立，它对 Berkeley DB 提供商业支持。此后，Berkeley DB 得到了广泛的应用，成为一款独树一帜的嵌入式数据库系统。2006 年，Sleepycat 公司被 Oracle 公司收购，Berkeley DB 成为 Oracle 数据库家族中的一员。Berkeley DB 的当前最新发行版本是 6.4.9。其设计思想是简单、小巧、可靠、高性能。

Berkeley DB 是一个开源的文件数据库，介于关系型数据库与内存数据库之间，其使用方式与内存数据库类似，它提供的是一系列直接访问数据库的函数，而不是像关系型数据库那样需要网络通信、SQL 解析等步骤。

Berkeley DB 可以保存任意类型的键-值对，还可以一键保存多值。其函数库只有数兆字节，却能管理数百 TB 的数据，同时支持数千个并发线程。尽管其架构简单，却支持很多高级数据库特性，如 ACID 数据库事务处理、细粒度锁、XA 接口、热备份及同步复制等。

与 Memcached 相比，Berkeley DB 更为轻量化，其核心部分不支持分布式，但支持持久化存储。

由于 Berkeley DB 是嵌入式数据库，而不是常见的关系型或对象型数据库，因此它不支持 SQL 语言，也不提供数据库常见的高级功能，如存储过程、触发器等。

Berkeley DB 因为简单、专一，所以高效，很适合嵌入式系统，也可以配置在 PC 集群或大型服务器上。比特币就是以 Berkeley DB 作为钱包数据库的。

3. Redis 简介

Redis 是一个开源的、支持网络、高性能的键值数据库。Redis 源于远程字典服务器（Remote Dictionary Server），使用 ANSI C 语言编写，并提供多种语言的 API。Redis 有时也称数据结构服务器，因为值（Value）可以是字符串（String）、哈希表（Hash）、链表（List）、集合（Set）和有序集合（Sorted Set）等多种类型。

Redis 利用内存存储数据，定期通过异步操作将内存中的数据存储到磁盘中，或者将数据操作记录保存到日志中。这两种内存数据持久化存储的方式称为 RDB 镜像方式和 AOF（Append Only File）日志方式。RDB 镜像方式是将内存中所有数据生成副本，然后将其存储在磁盘上；AOF 日志方式是将每次执行的 Redis 命令记录到磁盘的 AOF 文件中。由此可见，RDB 镜像方式是全量保存，而 AOF 日志方式是增量保存。因此，Redis 既支持内存操作，又具有持久化存储数据的能力。

由于数据访问是在内存中完成的，所以 Redis 具有超高的性能，其处理速度非常快，每秒可以处理超过 10 万次数据读/写操作。Redis 还支持一定程度的事务性（只保证一套事务命令要么都执行，要么都不执行）；还允许为键-值对设置生命周期（Time To Live，TTL），根据 TTL 定期自动删除过期的数据，这一特征非常适合验证码、限时优惠等场景。

虽然在内存中完成数据操作可以获得极高的速度，但内存容量的限制注定 Redis 不善于处理大数据量的读/写操作。

Redis 支持集群中多个数据库之间的主从同步，因此适合读多写少的场合。

总结 传统的文件系统和数据库对于互联网应用来说，由于数据量实在太大，需要考虑扩展性强的集群方案。

Hadoop 是一个很好的选择，其 HDFS 以文件形式存储数据。如果要用到类似数据库管理的功能，HBase 和 MongoDB 都是不错的选择，但 HBase 与 HDFS 的结合更紧密。

图数据库的发展很快，Neo4j 可以作为入门使用。

基于键-值对的数据库可以极大地提升系统的性能，常见开源的此类数据库系统有 Memcached、Redis、Berkeley DB 等。

图 3-15 所示为分布式数据存储的各种形式。

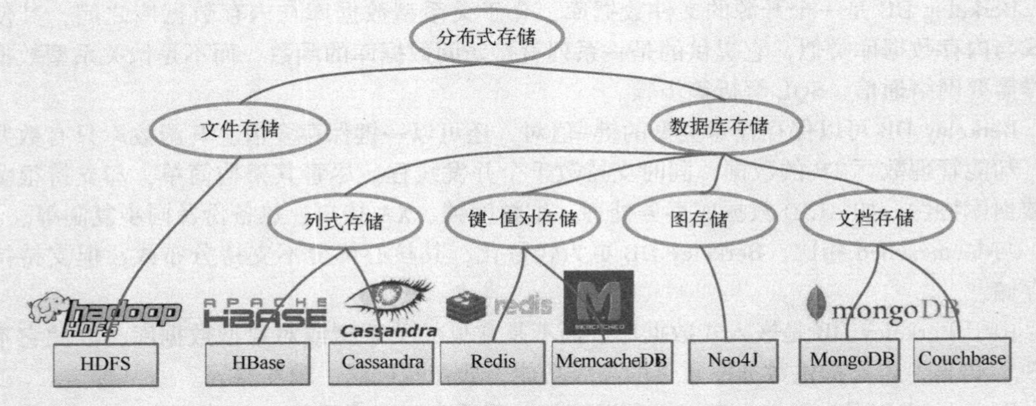

图 3-15 分布式数据存储的各种形式

Cassandra 是一套开源分布式 NoSQL 数据库系统。它最初由 Facebook 开发，用于存储收件箱等简单格式数据，集 GoogleBigTable 的数据模型与 Amazon Dynamo 的完全分布式的架构于一身。Facebook 于 2008 年将 Cassandra 开源。此后，由于 Cassandra 具有良好的可扩展性，被 Digg、Twitter 等知名 Web 2.0 网站所采纳，成为一种流行的分布式结构化数据存储方案。

近年来 Couchbase Server 发展迅猛，大有超过 MongoDB 之势。Couchbase Server 是由早先的 CouchDB 发展而来的，它继承了 Memcached 的技术特性，是一个开源的、分布式的、面向文档的 NoSQL 数据库，具有许多优越核心功能。

思考与练习

(1) 以下哪个程序负责 HDFS 的数据存储工作?

(A) Jobtracker (B) DataNode (C) NameNode (D) SecondaryNameNode

(E) tasketracker

答案：(B)

(2) 一个 gzip 文件大小为 70MB，客户端设置 Block 大小为 64MB，请问其占用多少个 Block？

(A) 1 (B) 2 (C) 3 (D) 4

答案：(B)

(3) HBase 依靠（ ）存储底层数据？

(A) HDFS (B) Hadoop (C) Memory (D) MapReduce

答案：(A)

(4) 系统如何找到某个行键（Row Key）所在的域？

答案：首先，用户通过查找 zookeeper 的/hbase/root-region-server 节点来知道-ROOT-表在哪个域服务器上；其次，访问-ROOT-表，查找需要的数据在哪个 .META. 表上，这个 .META. 表在哪个域服务器上；之后，访问 .META. 表查看查询的行键在哪个域范围中；最后，链接具体的数据所在的域服务器，开始用扫描（Scan）功能编列行(Row)。

（2）一个[illegible]文件大小为[illegible]，[illegible]设置Block[illegible]，该[illegible]共占用多少个Block？

（A）1　（B）2　（C）3　（D）[illegible]

答案：（B）

（3）HBase底层（　　）存储底层数据。

（A）HDFS　（B）Hadoop（C）[illegible]　（D）[illegible]

答案：（A）

（4）[illegible]（[illegible]Key）所在的[illegible]

答案：首先，[illegible]HBase[illegible]（[illegible]），[illegible]-ROOT-[illegible]，[illegible]META.[illegible]

[illegible].META.[illegible].META.[illegible]

[illegible]（Scan）[illegible]（Row）

第 4 章　数 据 处 理

解决了大数据的存储问题后，接下来需要解决的是大数据的计算问题。毫无疑问，大数据的计算任务量将是十分巨大的。

自微处理器在美国硅谷诞生以来，CPU 的性能一直保持着持续、高速的发展态势，人们也习惯用升级 CPU 的方法轻松解决因计算任务量不断增长带来的问题。

2005 年以后，CPU 性能提升的速度逐渐放缓，而数据量却以每年 50%的速度快速增长，计算任务量也随之快速增长，再依靠升级 CPU 这个老办法已无法满足需求。于是，人们开始借助于分布式并行编程的方法来解决复杂的计算问题。分布式程序运行在大规模计算机集群上，集群由大量廉价的服务器组成，可以执行并行的计算任务，从而获得海量计算的能力。

4.1　离线批处理框架

最初的大数据计算业务主要集中在数据的离线批处理上。离线批处理就是为缓解高速数据处理与慢速数据输入之间的矛盾而引入的处理方式，其目的是提高数据处理设备的利用率。如果数据处理对实时性要求不高，可以对数据进行批处理。在大数据时代，海量数据的批处理场景普遍存在。

Google 是最早提出分布式并行编程模型 MapReduce 的，MapReduce 是一种非常适合对海量数据进行批处理的计算框架。Google 研制 MapReduce 的最初目的是为了完成互联网页排序算法 PageRank 的巨量计算任务，这是一个计算量达上亿的任务。

Hadoop MapReduce 是其开源实现产品，其初衷是为解决 Nutch 爬取的海量数据建立索引的计算需求问题。

4.2　MapReduce 计算框架

Hadoop 的核心是 HDFS 和 MapReduce。

如图 4-1 所示，通俗地讲，MapReduce 就是将一个超大规模的运算作业（当然包括数据）划分成许多子任务，然后再将这些子任务分配给集群中的多个计算机进行并发运算，最后将多个子结果拼装回来，从而得到最终运算结果。实际上这是一个分而治之的解决问题的方法。

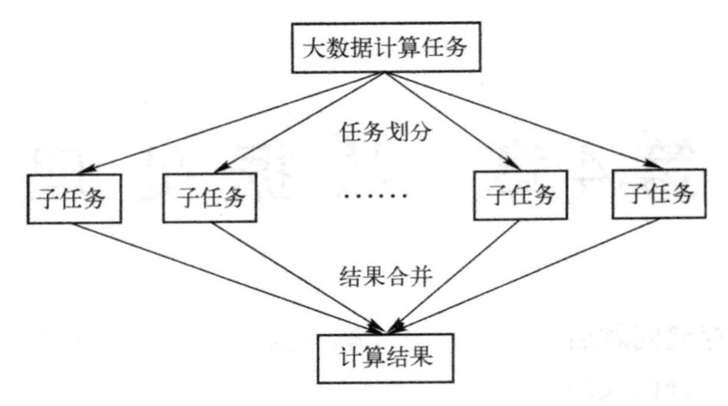

图 4-1　MapReduce 的任务划分与结果合并

> 说明　大数据计算任务能够被划分的前提条件是，待处理的数据集可以被分解成许多小的数据集，而且每个小的数据集都可以并行处理。

MapReduce 进行大数据计算时，会将其初始化成一个作业（Job），每个作业又被分成若干个任务（Task），任务的个数是可以设置的。

整个计算过程被分成 Map 运算和 Reduce 运算两个阶段，这两个阶段分别用 map 函数和 reduce 函数来实现。开发者只须编写 map 函数和 reduce 函数，不再需要处理并行编程的其他复杂问题，如分布式存储、工作调度、负载均衡、容错处理、网络通信等，这些问题都由 MapReduce 负责处理。

图 4-2 所示的是 Map 运算和 Reduce 运算示意图。

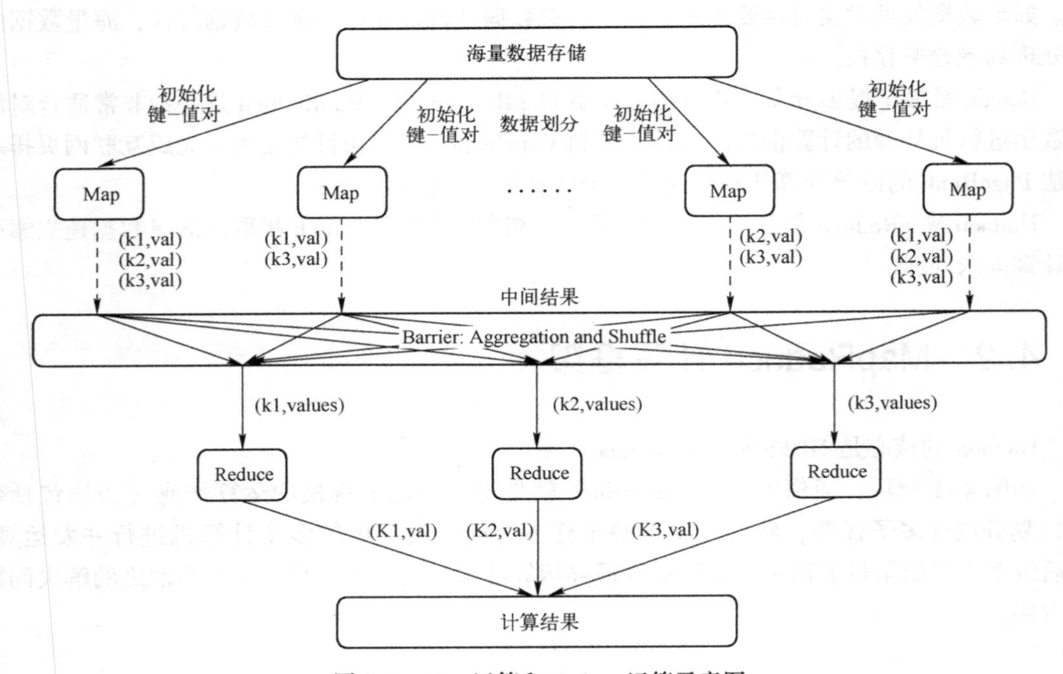

图 4-2　Map 运算和 Reduce 运算示意图

只有当所有的 Map 运算完成后，Reduce 运算才会开始运行。

Map 运算的结果是 Reduce 运算的输入。在 Map 运算和 Reduce 运算之间，为了使 Reduce 运算更加简捷高效，对中间结果需要进行预处理。这个预处理过程称为 "Aggregation and Shuffle" 过程，具体步骤包括分区（Portion）、排序（Sort）、合并（Combine）、归并（Merge）等操作。图 4-3 所示的是 Shuffle 过程示意图。

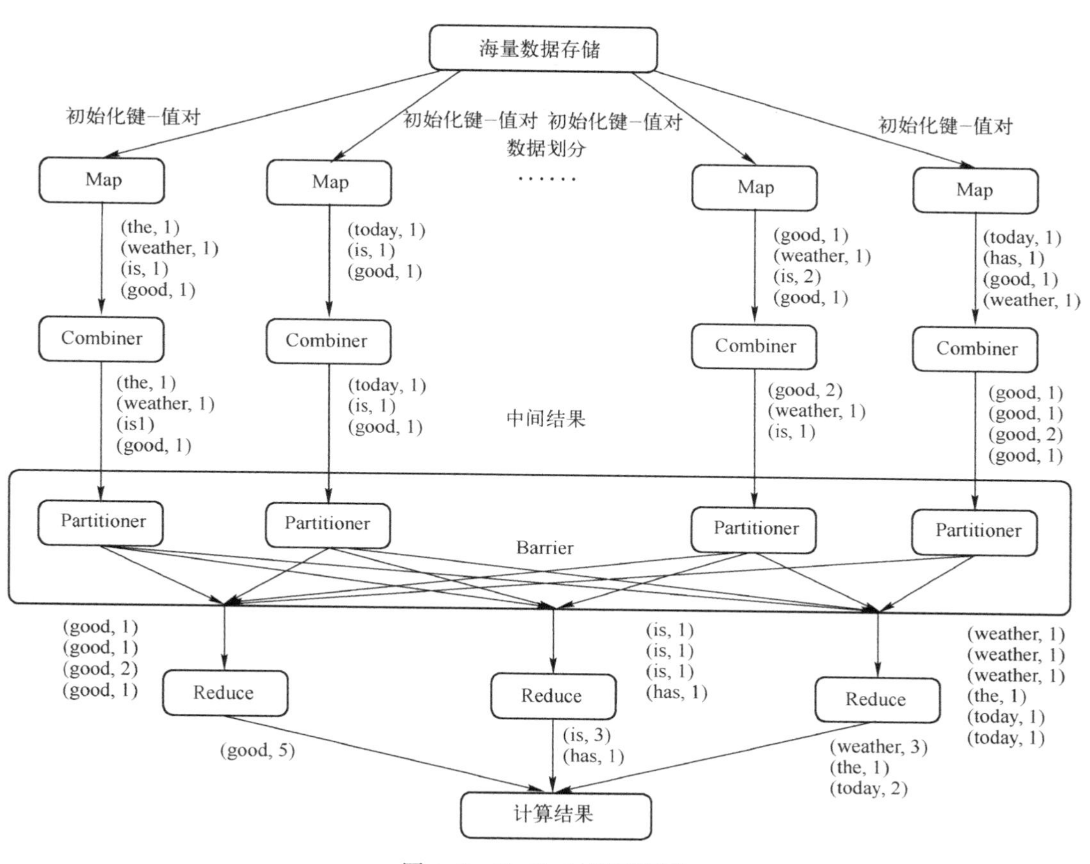

图 4-3 Shuffle 过程示意图

（1）Combiner：可以将其理解为一个小的 Reduce，就是将每个 Map 的结果先进行一次整合。例如，在图 4-3 中第 3 列的 Map 结果中有 2 个 good，通过 Combiner 后，将本地的 2 个 good 组合在一起，形成（good，2）。Combiner 的主要作用是减少需要传输的中间结果数量。

（2）Partitioner：为了保证所有的键-值相同的键-值对能传输给同一个 Reduce 节点（如图 4-3 中将所有的 good 传输给第 1 个 Reduce，将所有的 is 和 has 传输给第 2 个 Reduce，将所有的 weather、the 和 today 传输给第 3 个 Reduce），MapReduce 专门提供了一个 Partitioner 类来完成这个工作。

在编写程序时，Map 运算和 Reduce 运算都是通过函数形式实现的。map 函数和 reduce 函数都是以键-值对作为输入，按设定的映射规则将其转换成另一个或一批键-值对。表 4-1 所列为 map 函数和 reduce 函数说明。

表 4-1　map 函数和 reduce 函数说明

函　数	输　入	输　出	处理过程说明
map	<k_1, v_1>	list(<k_2, v_2>)	将分配到的小数据集进一步解析成一批键-值对，然后进行处理； 每个输入的<k_1, v_1>会输出一批<k_2, v_2>，这是计算的中间结果
reduce	<k_2, list(v_2)>	<k_3, v_3>	输入的中间结果<k_2, list(v_2)>中的 list(v_2) 表示属于同一个 k_2 的一批值

图 4-4 所示为 map 函数和 reduce 函数示意图。

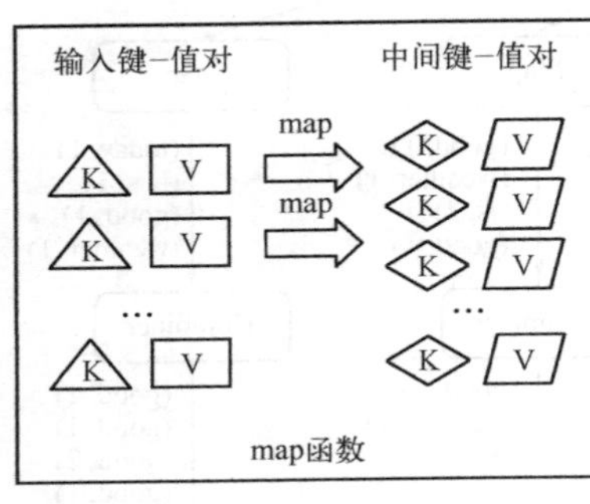

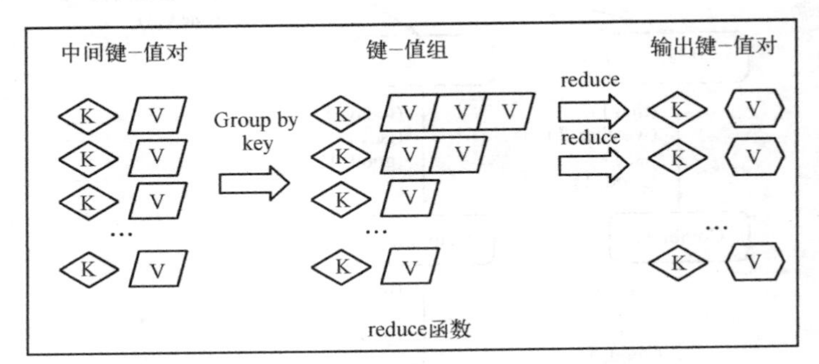

图 4-4　map 函数和 reduce 函数示意图

MapReduce 的工作流程如下所述。

(1) 将一个大的运算作业拆分成许多个 Map 任务，并将其分配在多个服务器上并行处理。运行 Map 任务的服务器通常就是存储数据的服务器。让计算和存储尽量在同一个服务器上完成，这样可以减少数据传输开销。

(2) 当一个 Map 任务运行完成后，会输出键-值对形式的中间结果。这些中间结果经合并同类项后，被分发给多个 Reduce 任务，然后又在多个服务器上并发执行。

(3) 具有相同键的键-值对会发送到同一个 Reduce 任务去处理。

(4) Reduce 任务对中间结果进行汇总计算，得到最终结果并输出到分布式文件系统中。

(5) Map 任务之间不会相互通信，Reduce 任务之间也不会发生信息交换。

在 MapReduce 的整个执行过程中，Map 任务的输入文件、Reduce 任务的处理结果都是保存在分布式文件系统中的，而 Map 任务处理得到的中间结果则保存在本地的存储设备（如磁盘）中。

只有当 Map 任务全部完成后，Reduce 任务才会开始运行。

下面介绍执行 MapReduce 任务时的两个管理角色——JobTracker 和 TaskTracker。

前面说过，MapReduce 进行计算作业时，会将计算作业初始化成一个作业（Job），每个作业又被分成若干个任务（Task）。

MapReduce1.0 体系结构如图 4-5 所示。由图可见，MapReduce 采用的是主从架构，包括一个 JobTracker 和若干个 TaskTracker。

JobTracker 负责调度和管理 MapReduce 的作业，它是 Hadoop 的主控程序。每个集群设置一个 JobTracker，它可以运行在集群中的任意一个计算机上。

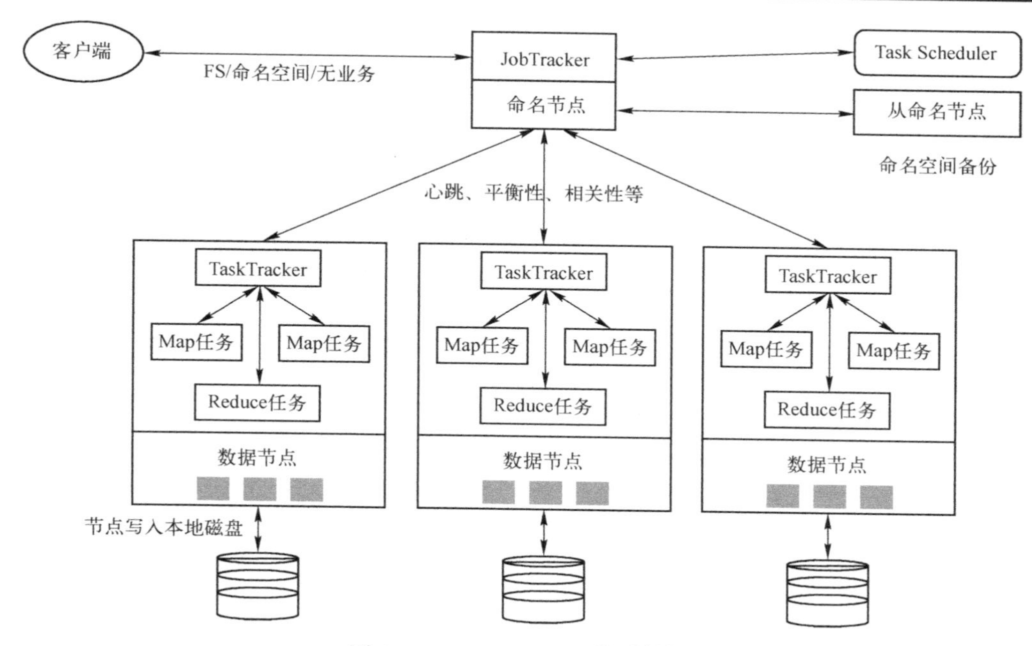

图 4-5　MapReduce1.0 体系结构

TaskTracker 负责执行任务，运行在数据节点上，因此数据节点既是数据存储节点，又是任务计算节点。TaskTracker 接受 JobTracker 的管理。

实际的 MapReduce 执行过程是比较复杂的，如图 4-6 所示。

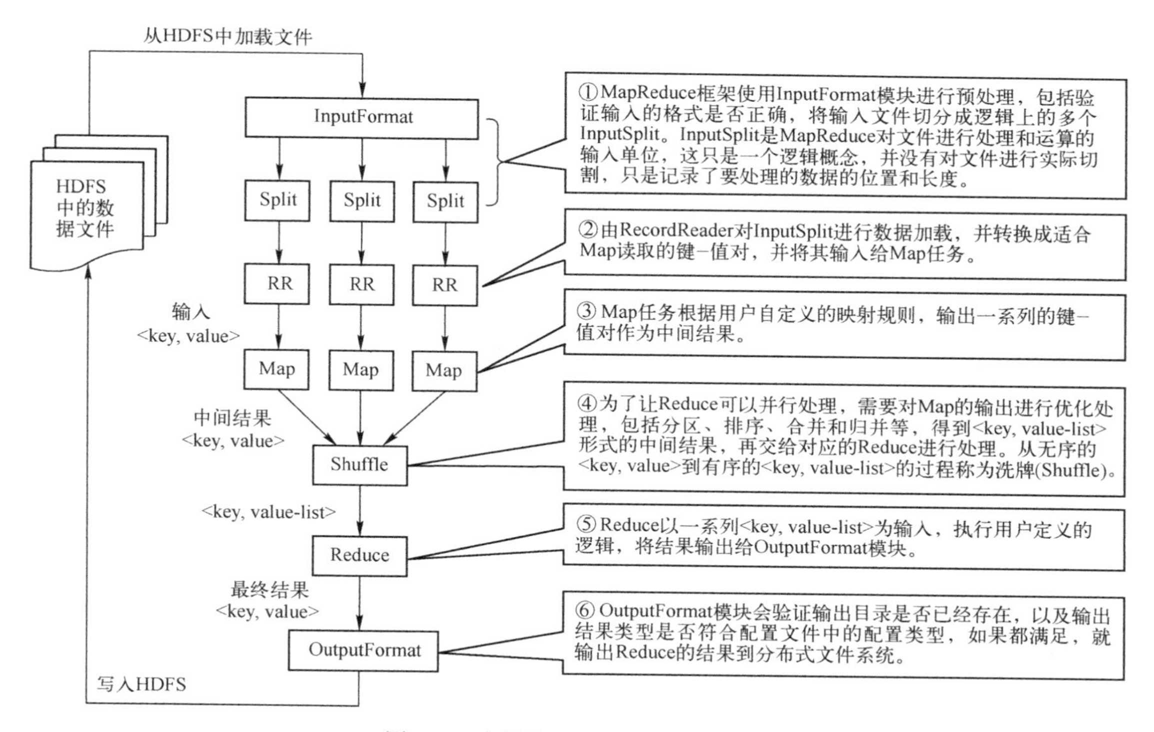

图 4-6　实际的 MapReduce 执行过程

洗牌（Shuffle）后给 Reduce 分配的任务可能会跨节点，所以在图 4-6 的基础上进行扩展才能完整表示 MapReduce 的工作流程，如图 4-7 所示。图中，中间的交叉就是跨节点间进行洗牌处理。

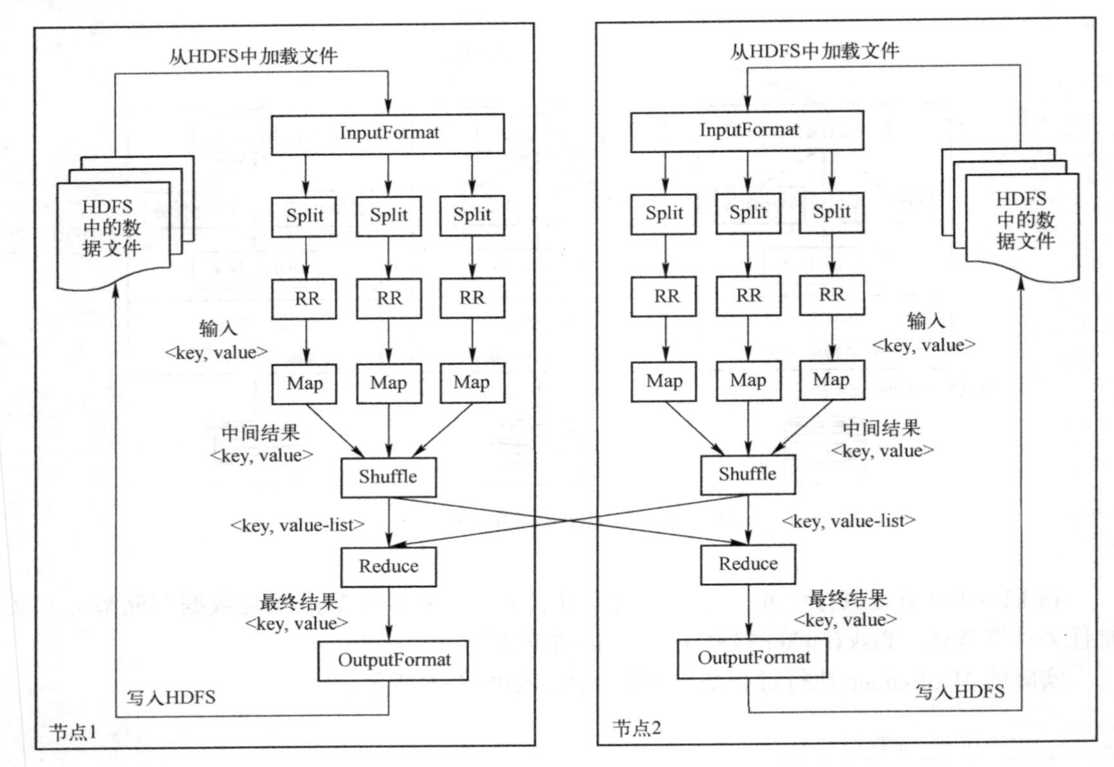

图 4-7 MapReduce 的完整工作流程

在 MapReduce 计算框架中，洗牌是关键，它是连接 Map 和 Reduce 的纽带，是 MapReduce 的核心工作流程。洗牌承担的任务是将 Map 输出结果经过一系列“整理”后交给 Reduce 继续处理。这些整理手段包括分区（Partrition）、排序（Sort）、合并（Combine）和归并（Merge）。

分区的目的是将众多 Map 输出的中间结果均匀地分配给多个 Reduce 进行处理，每个分区分配给一个 Reduce，这样 Reduce 的负载比较均衡。

排序是将众多 Map 结果按照键（Key）的字母次序进行排序，以方便后续处理。

合并是一种可选的处理手段，它是将具有相同的键的多个键-值对的值（Value）累加起来，变成一个<key，sum>，以减少键-值对的数量。

归并会将具有相同键的<key,value>合并成一个新的形式，也就是把<k_1,v_1>、<k_1,v_2>、…、<k_1,v_n>归并成<k_1,<v_1，v_2,…,v_n>>，即<key，value-list>形式。

由于洗牌是连接 Map 和 Reduce 的纽带，所以洗牌过程又分为 Map 端操作和 Reduce 端操作两个部分。图 4-8 所示的是洗牌过程示意图。后面还将按 Map 端和 Reduce 端进行详细说明。

Map 端的洗牌过程包括输入数据和执行 Map 任务、写入缓存、溢写、文件归并 4 个步骤，如图 4-9 所示。

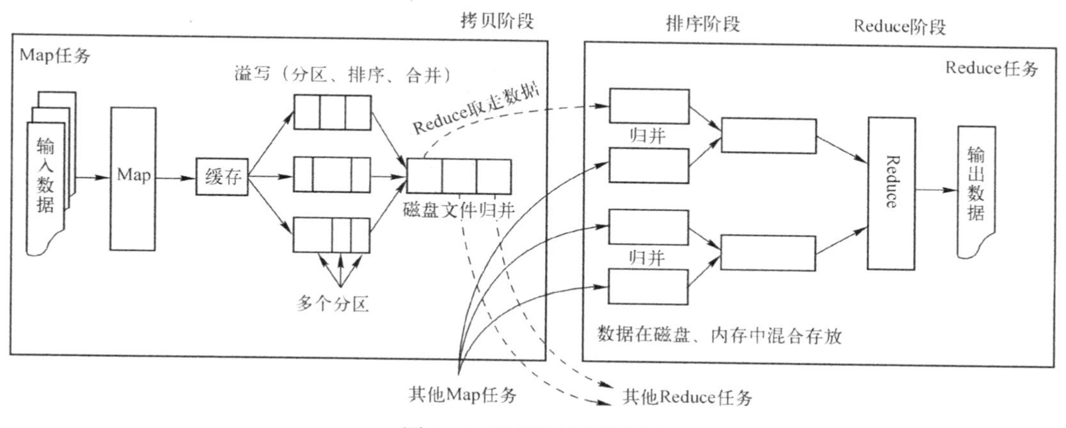

图 4-8　洗牌过程示意图

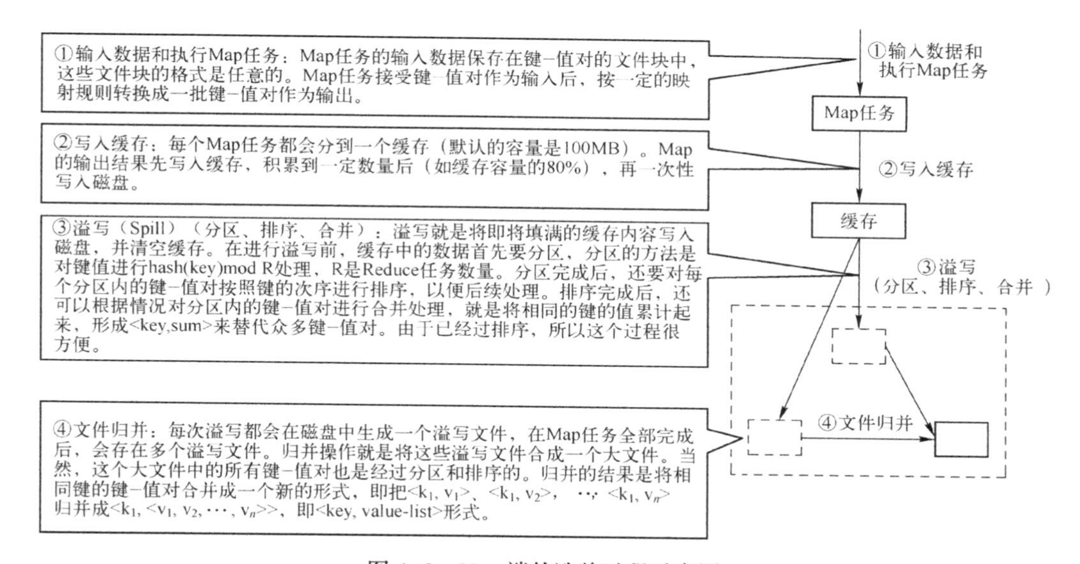

图 4-9　Map 端的洗牌过程示意图

经过上述 4 个步骤，Map 端所有的输出最终存入一个大文件，存放在本地磁盘上。这个文件是分区的，不同的分区被送到不同的 Reduce 任务进行并行处理。JobTracker 会一直监测 Map 任务的执行情况，当发现所有 Map 任务全部完成后，就立即通知相关的 Reduce 任务来领取数据，然后开始执行 Reduce 端的洗牌过程。

Reduce 端的洗牌过程包括领取数据、归并数据、将数据输入给 Reduce 任务 3 个步骤，如图 4-10 所示。

> MapReduce 是一种并行编程模型，它将运行在大规模集群上的复杂的计算过程抽象成两个函数——map 和 reduce，这极大地方便了分布式编程工作。
>
> MapReduce 任务的执行过程是，从 HDFS 中读取数据，进行切分后执行 Map 任务，输出中间结果，通过洗牌过程将中间结果分区、排序、整理后发送给 Reduce 任务，执行 Reduce 任务得到最终结果，然后将其写入 HDFS。

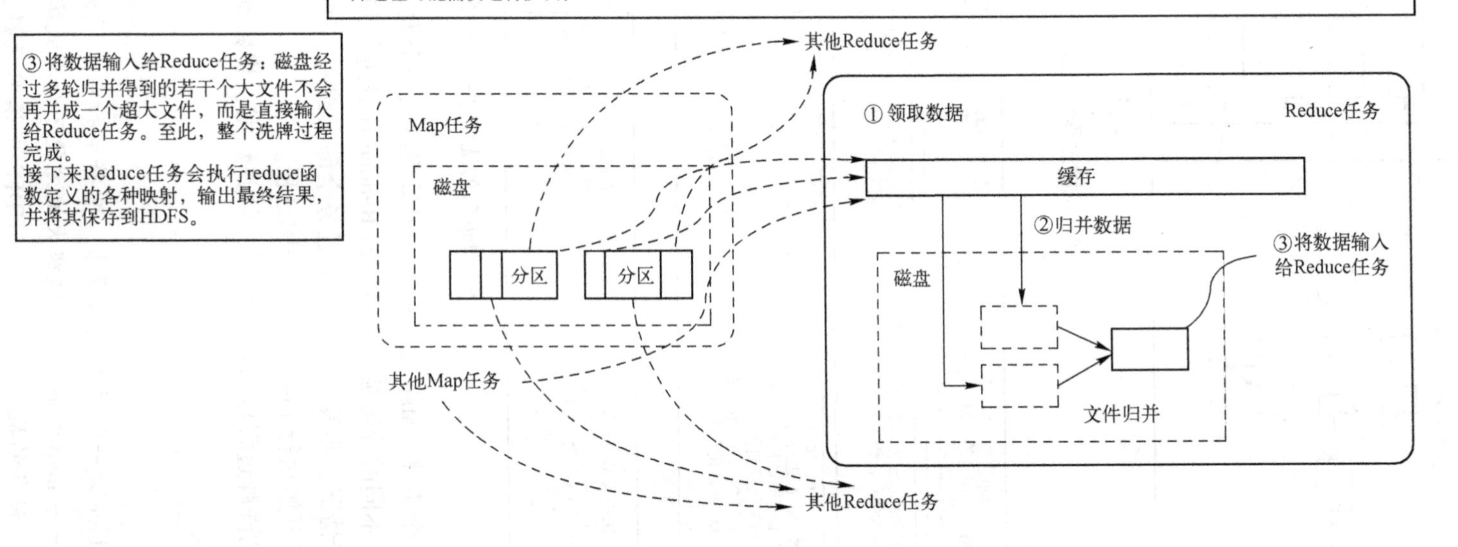

① 领取数据：Reduce任务需要将这些数据从Map服务器上领取(Fetch)回来，再存放到自己的服务器上，一般系统中会存在多个Map服务器，因此Reduce任务会使用多个线程同时从多个Map服务器领回数据。
② 归并数据：从Map端领回的数据首先存放在Reduce任务所在的服务器的缓存中。如果缓存已满，就像Map端一样将其溢写到磁盘中。由于缓存中存放的数据来自多个不同的Map服务器，因此还有可能进行合并。来自不同Map服务器的数据，如果具有相同的键(key)，还可以进行归并。Reduce磁盘上同样会出现多个溢写文件，当所有Map端数据都已经领完，与Map端一样，要将这些溢写文件归并成一个大文件，由于溢写文件的数量是受限的（默认值是10），如果溢写文件超过这个限定值，这样的归并过程可能需要进行多次。
③ 将数据输入给Reduce任务：磁盘经过多轮归并得到的若干个大文件不会再并成一个超大文件，而是直接输入给Reduce任务。至此，整个洗牌过程完成。
接下来Reduce任务会执行reduce函数定义的各种映射，输出最终结果，并将其保存到HDFS。
其他Reduce任务
Map任务
磁盘
分区
分区
其他Map任务
其他Reduce任务
Reduce任务
① 领取数据
缓存
② 归并数据
磁盘
③ 将数据输入给Reduce任务
文件归并

图4–10　Reduce端的洗牌过程示意图

了解 MapReduce 的基本原理后，有必要看个例子。这个例子就是统计文本中单词个数的程序 WordCount，它如同 Java 中的“Hello World”一样经典。

WordCount 的功能是统计一篇文档中所含的单词，运行结果是按字母顺序列出所有单词，以及每个单词出现的次数。图 4-11 所示的是 WordCount 功能示意图。

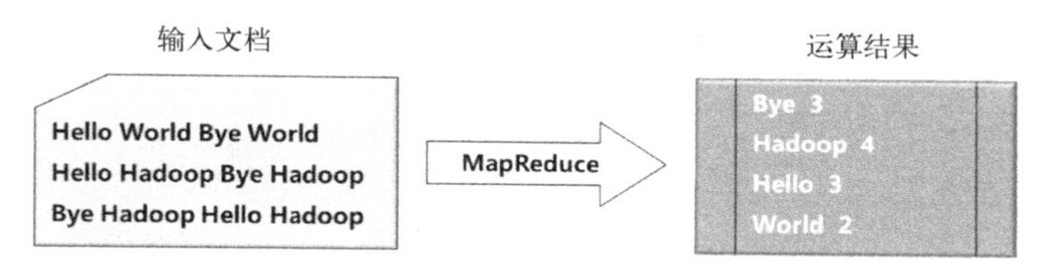

图 4-11　WordCount 功能示意图

下面简单说明 WordCount 功能是如何实现的。

在 MapReduce 中，无论 map 函数还是 reduce 函数，输入的数据形式都是<key，value>这样的键-值对。

假设有 3 个 Map 任务，每个任务处理文档的一行，即将文档分成 3 片，其输入值为<行号，每行的文字>，具体为：

<1,Hello World Bye World>

<2,Hello Hadoop Bye Hadoop>

<3,Bye Hadoop Hello Hadoop>

将这 3 个键-值对分别输入 3 个 map 函数，其处理结果如图 4-12 所示。

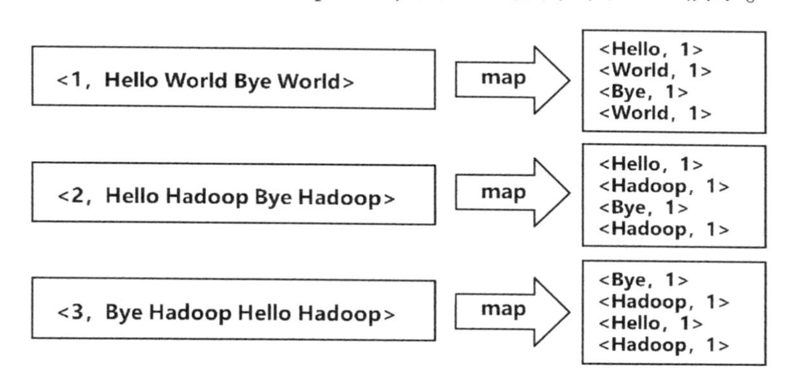

图 4-12　map 函数处理结果

经过 map 函数处理后，结果没有排序，且同样的词字数统计分散在各自的结果中，需要进行整理，这个过程就是洗牌（Shuffle）。

如果没有定义 combiner 函数，洗牌过程会将具有相同键（key）的键-值对归并（Merge）成<key，value-list>的形式。

由于示例文档比较简单，所以只需要一个 Reduce 任务进行处理即可，如图 4-13 所示。

如果定义了 combiner 函数，可以将键-值对中具有相同键（key）的值（value）提前相加，用<key,sum>的形式来替代<key,value-list>形式，其目的是减少键-值对的数量。

这个相加过程是在 Map 端实现的，称为合并（Combine）过程，如图 4-14 所示。合并过程比使用归并过程要更简单。

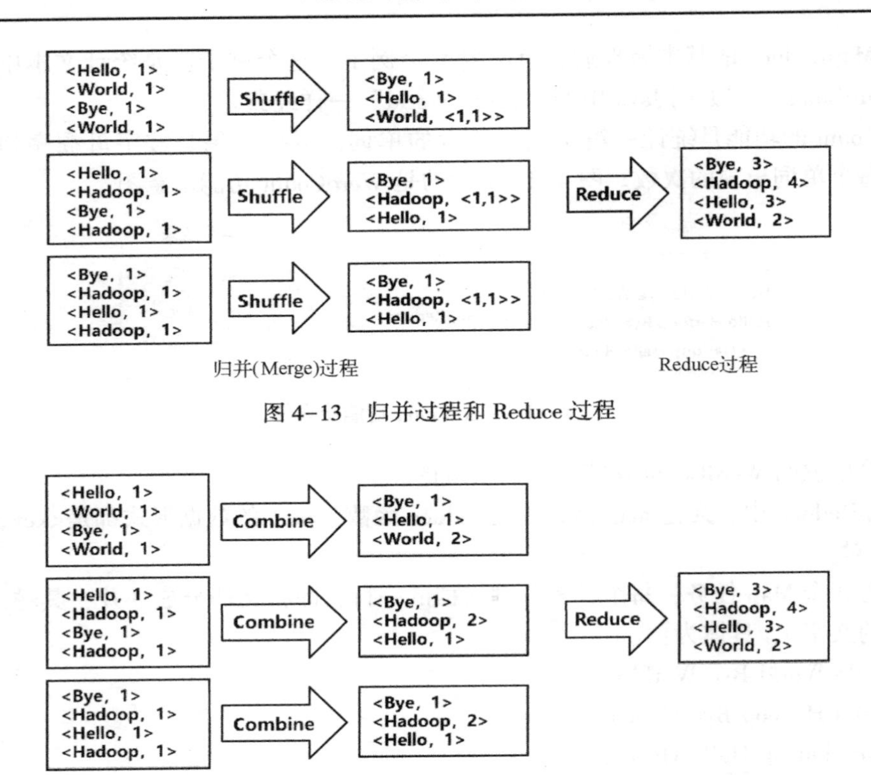

图 4-13　归并过程和 Reduce 过程

图 4-14　合并过程和 Reduce 过程

4.3　Hadoop 简介

4.3.1　Hadoop 生态圈

Hadoop 的发展非常神速，现在已经形成了一个很大的生态圈，而且还在不断发展过程中，如图 4-15 所示。

（1）Ambari：这是一种基于 Web 的工具，它支持 Apache Hadoop 集群的安装、部署、配置和管理。大部分 Hadoop 组件都可以通过 Ambari 安装部署管理，包括 HDFS、MapReduce、Hive、Pig、HBase、Zookeeper、Sqoop 等。它提供一个可视的仪表盘来查看集群的状态，诊断其性能特征。

（2）Oozie：这是一种 Java Web 应用程序，用于管理 Apache Hadoop 作业的工作流调度系统。Oozie 支持多种类型的 Hadoop 作业，包括 Map/Reduce、Pig、Hive、Sqoop 等。

（3）ZooKeeper：这是一个针对 Google Chubby 的开源实现的高效、可靠的协同工作系统，它提供分布式锁之类的基本服务（如统一命名服务、状态同步服务、集群管理、分布式应用配置项的管理）。ZooKeeper 使用 Leader 选举机制来为集群确定管理员：ZooKeeper 在所有服务器中选举出一个 Leader，然后让这个 Leader 来负责管理集群，此时集群中的其他服务器就成为这个 Leader 的 Follower；如果 Leader 出现故障，ZooKeeper 能够快速在所有 Follower 中选举出另一个 Leader。ZooKeeper 是使用 Java 编写的，也支持 C 语言接口。

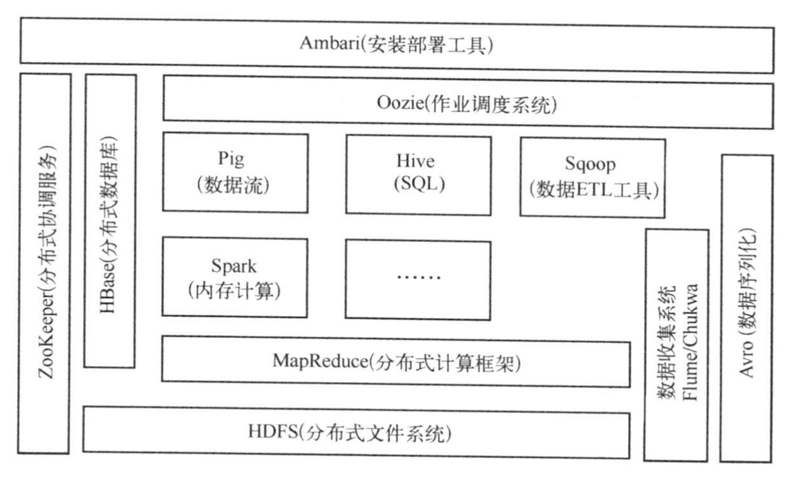

图 4-15 Hadoop 的生态圈

（4）Sqoop：是 SQL-to-Hadoop 的缩写，用来将 RDBMS 中的数据导入 Hadoop（可以导入 HDFS、HBase 或 Hive）中，或者将数据从 Hadoop 导出到 RDBMS。数据交互的工具是 JDBS（Java DataBase Connectivity）。

（5）Chukwa：这是架构在 Hadoop 之上的数据采集与分析框架，主要用于日志采集和分析。通过安装在收集节点的“代理”采集最原始的日志数据，代理将数据发给收集器，收集器定时将数据写入 HDFS，指定定时启动的 Map-Reduce 作业对数据进行加工处理和分析。

（6）Avro：数据序列化工具，它提供了丰富的数据结构类型、快速可压缩的二进制数据格式、存储持久的数据文件集、远程调用 RPC 的功能和简单的动态语言集成功能。

> 说明 序列化和反序列化属于互联网服务器间通信协议的一部分。序列化是将数据结构或对象转换成二进制串的过程，而反序列化是将在序列化过程中生成的二进制串转换成数据结构或对象的过程。或者说，序列化是将数据分解成字节流，以便在文件中存储或在网络上传输，而反序列化就是打开字节流并重构对象。

4.3.2 Hadoop 发展历程

Hadoop 的发展历程如图 4-16 所示。Hadoop 发展详情参见附录“Hadoop 编年史”。

从图 4-16 可以看出，Google 是 Hadoop 的滥觞，道格·卡廷（Doug Cutting）是 Hadoop 的创始人，Yahoo！是 Hadoop 成型的推手，各大公司是生态圈的中坚力量，遍布全世界的专业人员和爱好者是大数据的坚强后盾。YARN 改进了 Hadoop，将资源管理与任务管理分开，成为 Hadoop2.0；因将计算的中间结果存储在内存中而出现的 Spark 是下一代大数据处理的主力。

图 4-17 所示为 2003—2018 各年度推出的主要 Hadoop 子项目。Hadoop 仍然在不断发展过程中，自 2011 年推出 YARN 以来，2017 年还推出了 Hadoop3.0，2018 年 4 月又推出了 Hadoop3.1.0。

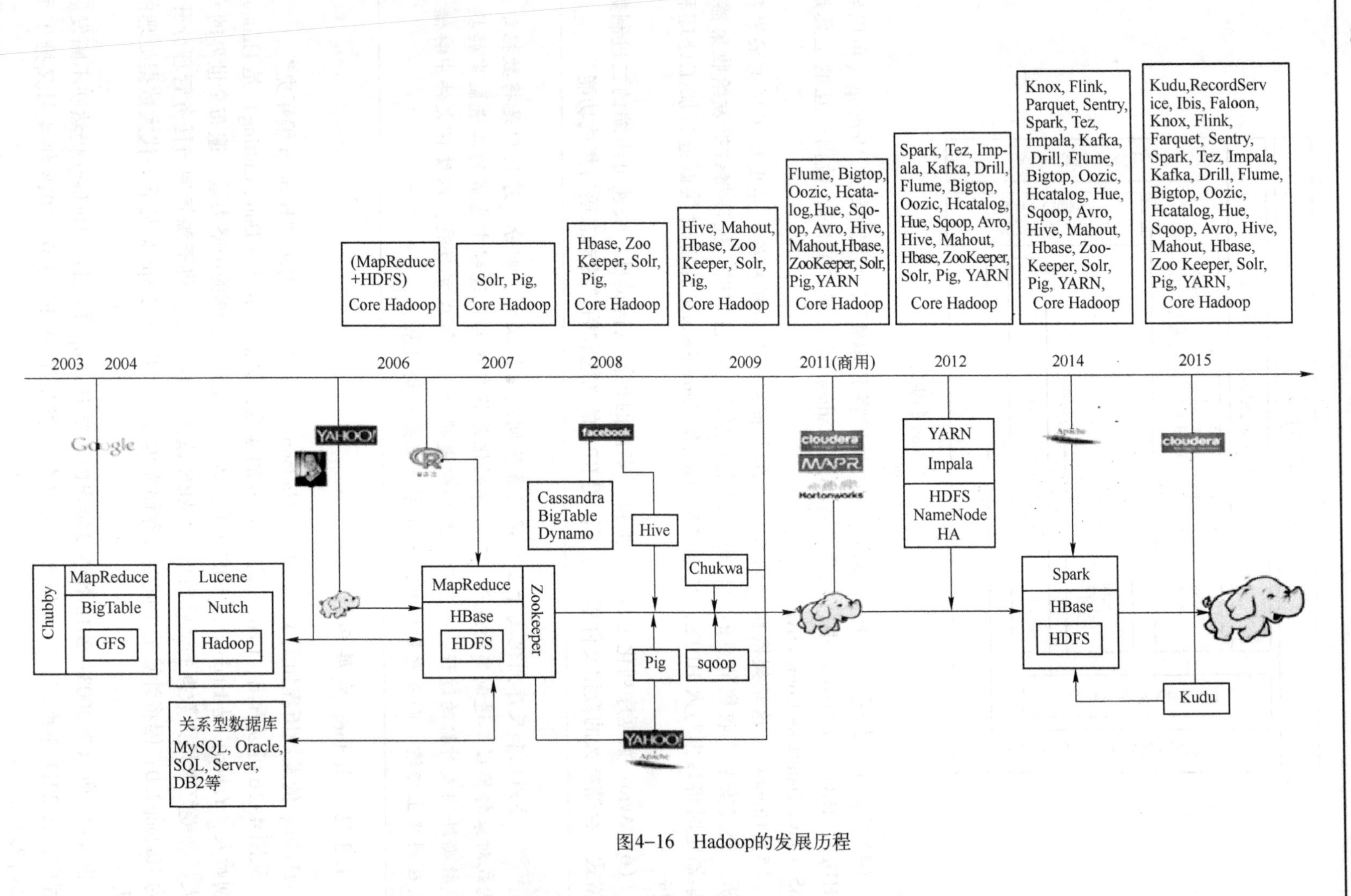

图4-16 Hadoop的发展历程

年度	子项目
2018	Hadoop3.1.0
2017	Hadoop3.0
2016	Spark2.0
2015	Kudu, RecordService, Ibis, Falcon
2014	Knox, Flink, Parquet, Sentry
2012	Spark, Tez, Impala, Kafaka, Drill, Flume
2011	YARN, Bigtop, Oozie, Heatalog, Hue, Sqoop, Avra
2009	Hive, Mahout
2008	Zookeeper, HBase
2007	Pig, Solr
2006	Core Hadoop (HDFS+MapReduce)
2003—2004	Google的DFS，MapReduce，BigTable

图 4-17 2003—2018 各年度推出的主要 Hadoop 子项目

4.3.3 Hadoop 的特点

Hadoop 是开源的、应用最广、影响最大的大数据分布式处理框架，该软件具有以下特点。

（1）高可靠性：数据采用冗余存储方式，部分副本失效并不会影响数据的可用性。

（2）高扩展性：可以很容易地将集群扩展到数千个节点的规模。

（3）高效性：采用分布式计算框架，可以将计算任务分配到集群的多个节点上，从而实现数据的高效并行处理（Hadoop1.0 最多可以支持 4000 个节点，Hadoop2.0 最多可以支持 20000 个节点）。

（4）低成本：可以部署在廉价的 X86 服务器上，且软件开源，成本更低。

（5）透明性：可以在不了解 Hadoop 分布式底层细节情况下开发分布式程序，充分利用集群威力进行高速运算和存储。

（6）运行平台：Hadoop 官方支持的运行平台是 Linux。虽然 Hadoop 也支持其他平台，但没有严格测试的结果，且通常需要再安装一些软件包来提供一些 Linux 操作系统的概念，如在 Windows 上运行 Hadoop 时需要安装 Cygwin 软件，因此其他平台最好只作为开发平台来使用。

（7）编程语言：Hadoop 是用 Java 语言编写的，但也支持利用其他编程语言开发应用程序，如 C++。

4.3.4 Hadoop 的版本

关于 Apache Hadoop 的最新版本信息，可以登录下列地址获得：http://hadoop.apache.org/releases.html。

Hadoop1.0 对应的版本是 0.20.×、1.×、0.21.×、0.22.×，主要组件是 HDFS 和 MapReduce。Hadoop2.0 对应的版本是 0.23.×和 2.×，新增了 YARN 和 HDFS Federation。Hadoop3.0 增强了 YARN 和 HDFS 的高可用性，实现了对云计算平台的支持，2018 年 4 月推出了Hadoop3.1.0，

支持 GPU（Graphic Processing Unit）和 FPGA（Field-Programmable Gate Array）。

除了开源的 Hadoop 版本，Cloudera 公司于 2009 年发行了第一个 Hadoop 商业版本，此外还有 Hortonworks、MapR 等公司加入了 Hadoop 商业版本的开发。

尽管 Hadoop 是分布式开源大数据处理的开山之作，受到了全世界的广泛追捧和应用，但在使用过程中也暴露出了它在架构上的一些缺陷。由于有了生态圈的支持，Hadoop 一直在改进，其 2.0 版本的改进主要体现在如下两个方面。

（1）核心组件 HDFS 和 MapReduce 的架构设计改进；

（2）Hadoop 生态圈组件的不断丰富。

我们主要关心的是 Hadoop 自身架构方面的改进。Hadoop2.0 在架构方面的改进见表 4-2。

表 4-2　Hadoop2.0 在架构方面的改进

组　件	Hadoop1.0 的问题	Hadoop2.0 的改进
HDFS	单一命名节点，存在单点失效问题	设计了 HDFS HA（High Availablity），提供命名节点热备份机制
	单一命名空间，无法实现资源隔离	设计了 HDFS 联邦，管理多个命名空间，多个命名节点使可管理节点扩大了 5 倍
MapReduce	资源管理效率低	设计了新的资源管理框架 YARN

4.4　HDFS 高可用性架构

在第 3 章“数据存储”中已经介绍过，命名节点是 HDFS 的核心节点，它存储了各类元数据，并负责管理文件系统的命名空间和客户端对文件的访问。但是，在 Hadoop1.0 中只有一个命名节点，一旦该命名节点发生故障，将会导致整个集群瘫痪。这就是所谓的“单点故障”。

从命名节点周期性地从命名节点获取命名空间镜像文件（FsImage）和日志文件（EditLog），进行合并后再发送给命名节点，以替换原来的命名空间镜像文件，让命名节点可以清空日志文件，以防止因日志文件过大，导致节点故障恢复时消耗过多的时间。因此，从命名节点无法提供热备份，需要停机恢复。而且，由于从命名节点的备份数据是按时间间隔备份的，因此恢复时难免会丢失部分数据。

为了解决“单点故障”，HDFS2.0 采用了高可用性（HA）架构。具体做法是，在一个典型的 HA 集群中，一般设置两个命名节点，其中一个处于活跃（Active）状态，另一个处于待命（Standby）状态。处于待命状态的命名节点为处于活跃状态的命名节点提供热备份。ZooKeeper 保证任意时刻只有一个命名节点提供对外服务。

实现高可用性有以下 4 个技术难点。

（1）如何保持主命名节点与备命名节点的同步？

答案是采用共享存储系统，即共享日志文件实现状态同步。

（2）如何让主-备关系保持稳定，不出现混乱？

答案是通过分布式过程协同系统 Zookeeper 来实现。

（3）如何让备用命名节点在主用命名节点出现故障后迅速提供服务？

答案还是通过分布式过程协同系统 Zookeeper 来实现。

（4）主/备命名节点切换如何实现对外透明（包括客户端、数据节点与命名节点的链接）？

答案仍然是通过分布式过程协同系统 Zookeeper 来实现。

图 4-18 所示的是 HDFS 高可靠性架构图。

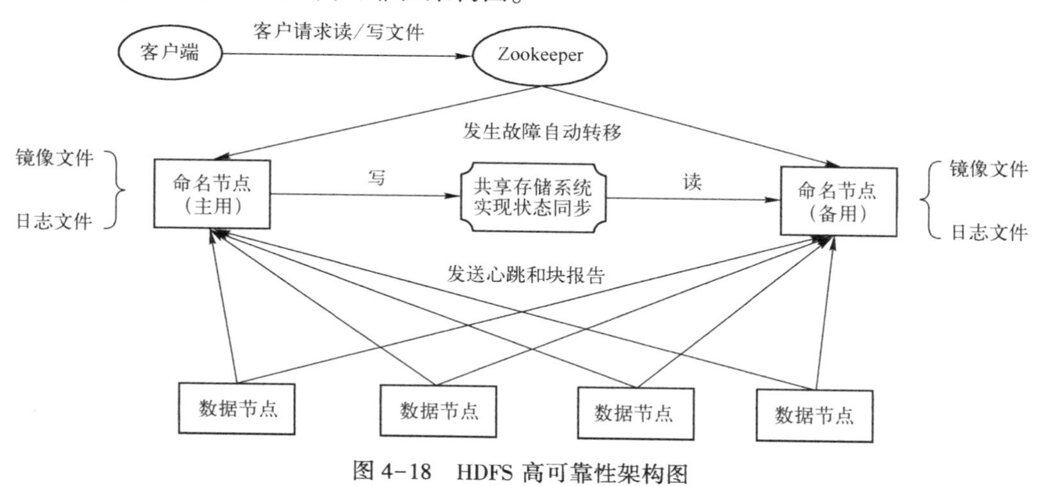

图 4-18　HDFS 高可靠性架构图

实现共享存储系统的方案有 NFS（Network File System）、QJM（Quorum Journal Manager）和 Zookeeper 等。

4.5　HDFS 联邦

Hadoop1.0 的单命名节点设计不仅带来了单节点故障问题，而且还存在扩展性、系统性能和隔离性方面问题。

☺ 扩展性：一个命名节点的内存空间的大小限制了系统中数据块、文件和目录的数量；

☺ 系统性能：整个 HDFS 文件系统性能受限于单个命名节点的吞吐量；

☺ 隔离性：单个命名节点难以提供不同程序之间的隔离性，不同程序在运行时可能会因资源问题而相互影响。

为了解决上述问题，Hadoop2.0 设计了 HDFS 联邦。

在 HDFS 联邦中，设计了多个相互独立的命名节点，使得 HDFS 的命名服务可以水平扩展。这些命名节点分别管理各自的命名空间和数据块，相互之间是联邦关系，不需要彼此协调，不会相互影响。

HDFS 联邦其实就是配置多个命名节点，所以“HDFS 联邦”不如说是“命名节点联邦”更加贴切。

为了更好地理解 HDFS 联邦的设计思想，下面回顾一下 HDFS 节点管理的两层模型。

（1）管理层：位于命名节点，用 FsImage、EditLog 两个文件管理的命名空间，包括目录、文件和块，以及其上的所有操作；按块管理的数据存储管理，包括数据节点的注册、心跳检测、块报告、副本维护等。

（2）存储层：位于数据节点，包括本地文件系统上块的存储管理和读/写访问，以及心跳报告、块报告。

HDFS 的两层管理模型如图 4-19 所示。

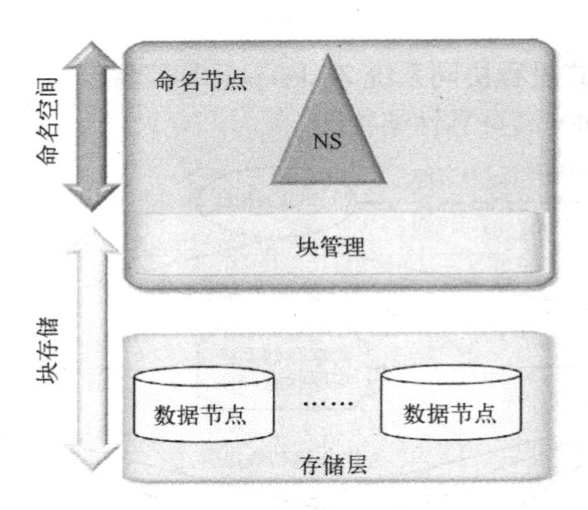

图 4-19　HDFS 的两层管理模型

HDFS 联邦使用多个独立的命名节点和命名空间。每个命名节点都是独立的，不需要与其他命名节点协调合作。所有命名节点统一使用作为块存储设备的数据节点。

因此，每个数据节点都需要在所有命名节点上注册，并且将心跳信息、块报告发送到所有命名节点，同时执行所有命名节点发来的命令。

HDFS 联邦架构图如图 4-20 所示。

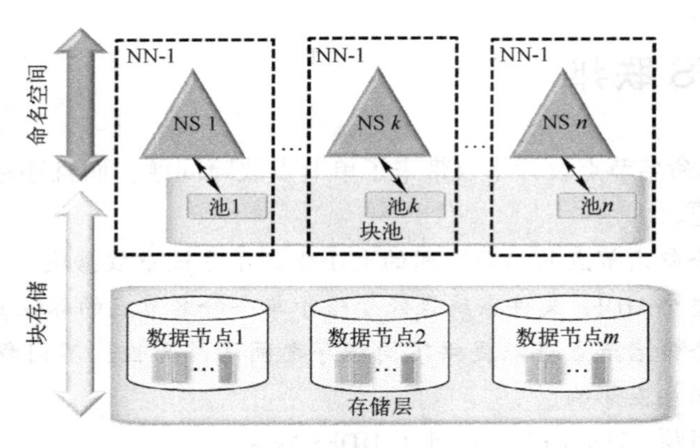

图 4-20　HDFS 联邦架构图

有了多个命名空间，带来的问题是用户该访问哪个命名空间呢？

HDFS 联邦采用了经典的客户端挂载表（Client Side Mount Table）来解决这个问题。每个命名空间都挂载（Mount）到这个表上。用户访问时，通过这个表访问到正确的地址。多命名空间访问示意图如图 4-21 所示。

HDFS 联邦不能解决单点故障问题。

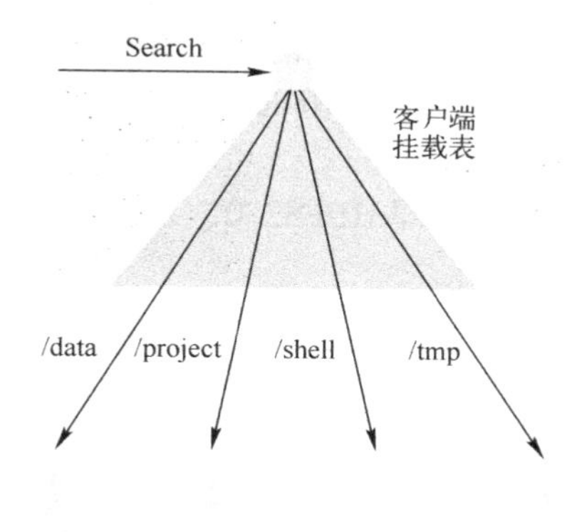

图4-21 多命名空间访问示意图

4.6 YARN

前面介绍的HDFS HA和HDFS联邦解决了Hadoop1.0存在的单点失效和命名空间资源受限问题，但仍然没有解决其资源管理效率低下的问题。

造成Hadoop1.0资源管理效率不高的根本原因是管理节点（主节点）上的JobTracker承担的任务过于繁重。JobTracker既要负责作业的分发、管理和调度，还必须通过心跳通信与集群中其他所有节点保持通信，了解其运行情况，因此任务量太大了。

MapReduce的设计者对此进行了改进，提出了新的资源管理框架YARN（Yet Another Resource Negotiator）。

所谓改进，就是将原来负担过重的JobTracker进行任务分摊，将其承担的资源管理、任务调度和任务监控三大任务拆分，分别交给2个新的组件ResourceManager和ApplicationMaster去处理。其中，ResourceManager负责资源管理，ApplicationMaster负责任务调度和监控。另外，原管理计算节点（从节点）的TaskTracker改成了NodeManager，如图4-22所示。这种将资源管理与任务调度、监控分开的设计显然提升了运行效率。

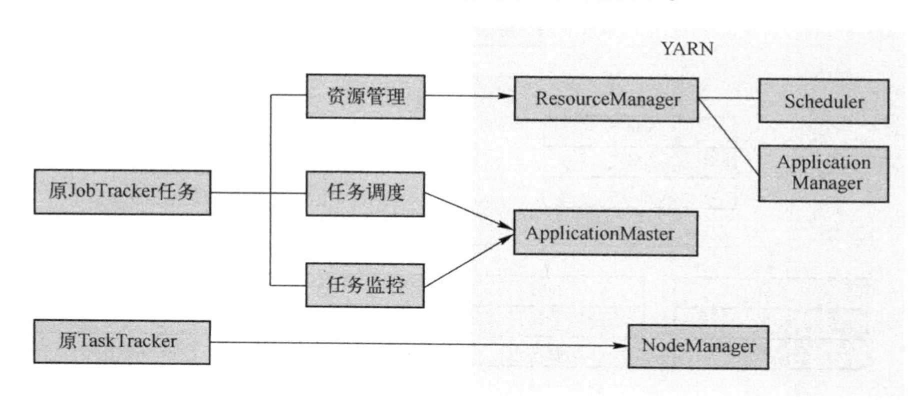

图4-22 MapReduce1.0业务拆分调整图

因此，YARN 是一个纯粹的资源管理调度框架，不再负责计算问题。被剥离了资源管理调度功能的 MapReduce 框架瘦身变成了 MapReduce2.0，它是一个运行在 YARN 之上的一个纯粹的计算框架。

至此，Hadoop2.0 由三部分组成，即 HDFS2.0、YARN 和 MapReduce2.0。

下面对 YARN 进行进一步认识。

YARN 包括 ResourceManager（简称 RM）、NodeManager（简称 NM）和 ApplicationMaster（简称 AM）三大组件，以及 YARN 引入了一个新的概念——容器（Container）。

RM 是全局资源管理器，包括 Scheduler 和 ApplicationManager 两个组件。Scheduler 仅负责资源的分配与调度，ApplicationManager 负责提交应用程序，跟踪和监控应用程序执行状态，负责应用程序故障的恢复。

负责任务调度和监控的 AM 有 3 项主要任务：向 Scheduler 申请分配资源，然后将资源分配给各个任务；与 NM 通信，跟踪监控应用程序的执行状态；定期向 RM 发送心跳消息。

NM 是驻留在计算节点上的代理，它也有 3 项任务：负责单个节点的资源管理；处理来自 RM 的命令；处理来自 AM 的命令。

YARN 管理资源的任务是由 RM 承担的，RM 不是直接对计算机中的各种资源进行管理，而是以容器的形式进行管理。每个容器封装了某个节点上一定数量的内存、CPU、磁盘等资源，这些容器大小固定、地位相同，任务执行时可以互替，以提高利用率。在 MapReduce1.0 中，资源分配单位是槽（Slot），槽是区分 Map 和 Reduce 的，Map 槽和 Reduce 槽之间是不能共用的，与之相比 YARN 中容器的资源利用率就高很多。

> 说明　在 Hadoop 的术语中，凡是带“Manager”的通常是管理组件，带“Master”的是主程序。

YARN 的各个组件在部署上是十分明确的，是与 Hadoop 的其他组件一起部署的。RM 组件和命名节点部署在同一个节点上，AM、NM 和数据节点部署在一起，在这个节点上还部署了容器。图 4-23 所示的是 YARN 与 Hadoop 组件部署图。

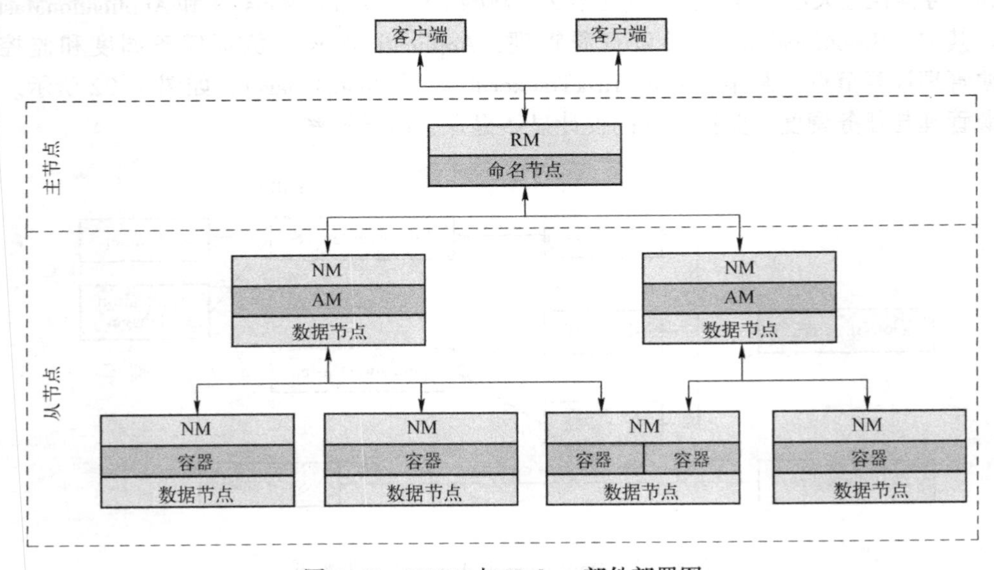

图 4-23　YARN 与 Hadoop 部件部署图

YARN 的设计目标是成为集群统一的资源管理调度框架，而不再仅仅是 Hadoop 的 MapReduce 批处理框架。如果在一个集群上部署了 YARN，则在 YARN 之上可以部署各种计算框架，包括批处理框架 MapReduce、内存处理框架 Spark、流计算框架 Storm、DAG 计算框架 Tez 等。

图 4-24 所示的是 Hadoop1.0 与 Hadoop2.0 的对比。

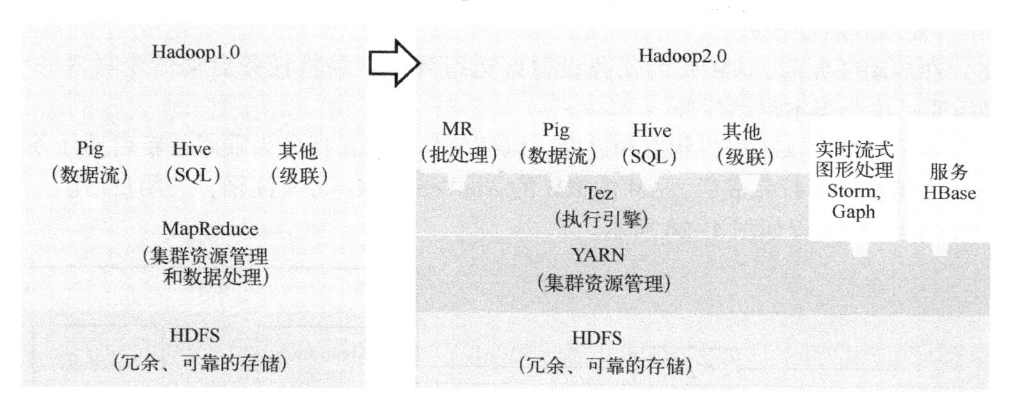

图 4-24　Hadoop1.0 与 Hadoop2.0 的对比

图 4-25 所示的是 YARN 的基本框架图。

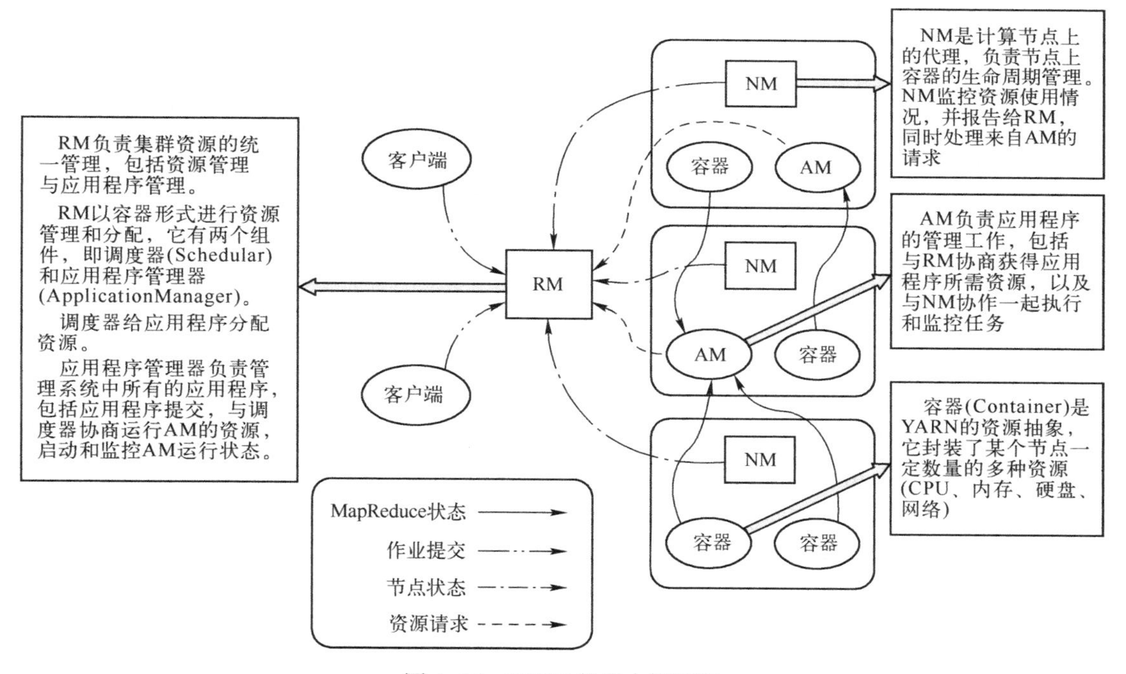

图 4-25　YARN 的基本框架图

由于组件发生了较大的变化，所以 YARN 的工作流程与 MapReduce1.0 的大不相同。在 YARN 中执行一个 MapReduce 程序时，需要经历如下 8 个步骤。

（1）用户编写客户端程序，向 YARN 提交程序，提交的内容包括 AM 程序、启动 AM 的命令、用户程序等。

(2) RM 接收并处理来自客户端的请求，它的组件 Scheduler 为应用程序分配一个容器，RM 的 ApplicationManager 与容器所在的 NM 通信，为该应用程序启动一个 AM。

(3) AM 被创建后，首先向 RM 注册，这样用户可以通过 RM 来查看程序的运行状态。

(4) AM 计算所需资源，向 RM 的 Scheduler 申请资源。

(5) Scheduler 以容器形式向申请者 AM 分配资源，得到资源后，AM 与该容器所在的 NM 通信，要求其启动任务。

(6) 在启动任务前，AM 先为任务设置好运行环境，并将任务启动命令写入一个脚本中，最后通过这个脚本启动任务。

(7) 各个任务向 AM 报告状态和进度，以便使其可以在任务失败时重新启动任务。

(8) 应用程序运行完成后，AM 向 RM 的 ApplicationManager 注销，关闭自己。

YARN 的工作流程如图 4-26 所示。

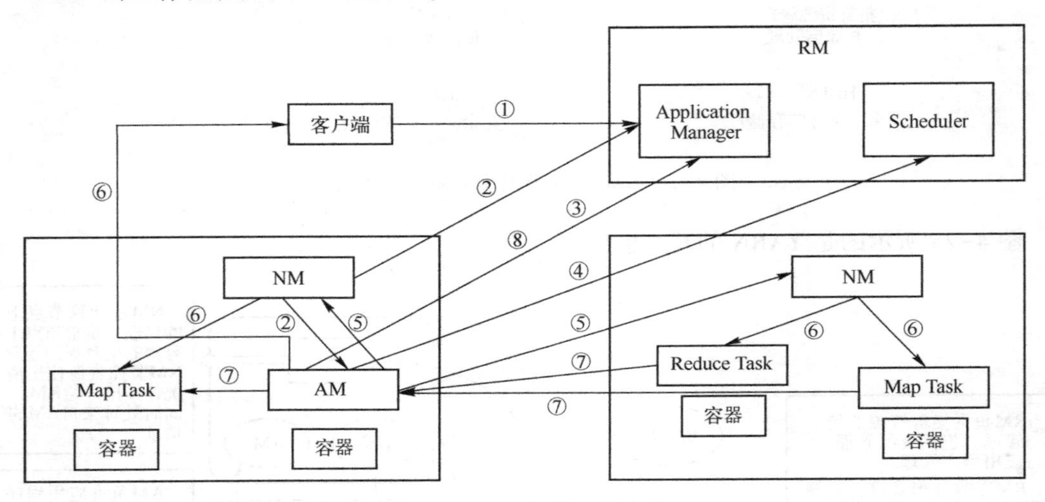

图 4-26 YARN 的工作流程

4.7 Hadoop 工具集

Hadoop 一经推出，备受业界推崇。但是，从使用角度来看，所有应用都需要有相应的应用程序。尽管 MapReduce 框架已经让分布式编程方便了许多，但毕竟编程不是一件容易的事，它要求编程人员必须熟悉 map 函数和 reduce 函数的编程技巧。

实际上，很多情况下可能只是对大数据进行某一个方面的操作，需求比较简单。近年来，生态圈中十分活跃，一些企业研发了大量的辅助工具软件来帮助解决这些问题。下面介绍几个常见的工具软件。

1. Hive

MapReduce 要求使用者具备相当丰富的编程经验。但在很多应用场景中，人们只想利用 Hadoop 进行一个简单查询。有没有像 SQL 那样的工具，只提供一些简单的命令和脚本，就能获得强大的查询和修改功能呢？Hive 是这样的一个工具。

Hive 是 Facebook 信息平台的主要组成部分。2008 年，Facebook 将其贡献给 Apache；2010 年 9 月，Hive 成为 Apache 的顶级项目。

Hive是一个构建在Hadoop的HDFS之上的数据仓库架构，是Hadoop的数据仓库工具，可以存储、查询和分析HDFS中的大规模数据，还可以用来抽取转换加载（ETL）数据。

Hive定义了一种类SQL语言HiveQL，提供类似SQL的查询功能。如果使用者熟悉SQL语言，HiveQL的入门和使用就非常简单。Hive查询的原理是将HiveQL语言自动转换成MapReduce任务在后台运行，因此用户不必开发专门的MapReduce应用，也不用关心具体的转换逻辑，非常适合数据仓库的统计分析。

因为Hive的基础是Hadoop，它提供了一个SQL的解析过程，属于批处理方式，所以数据处理会出现延迟现象，不适用于即席查询要求。

2. Pig

除了Hive，还有一些选择可以帮助用户轻松使用Hadoop中存放的数据，如Pig就是一个应用非常广泛的工具软件。2010年9月，Pig成为Apache的顶级项目。

尽管HiveQL的使用非常简单，但还是要求用户必须了解SQL语言，而擅长MapReduce编程的人未必都熟悉SQL语言。然而，MapReduce的编程还是比较复杂的。

Pig是既能简化MapReduce编程设计，又不需要SQL语言知识的一款大数据分析工具软件，它具有如下特点。

（1）它是一个大数据分析平台，包括3件“法宝”，即高效易学的数据流语言Pig Latin、格式约束宽松的数据类型、支持用户自定义函数。

（2）Pig Latin语言可以让用户用相对简单的脚本程序完成复杂的数据分析，不必编写MapReduce应用程序，Pig会自动将脚本程序转换成MapReduce作业。Pig在处理大数据方面的难度比Jave、C++的小很多，代码量也大幅减少，Pig可以和Java、C、Shell语言配合使用，生成自定义函数，所以又可以借用Java、C、Shell语言的优势。

（3）Pig可以作为不同数据源的ETL收集工具。

说明 Pig Latin是一种英语语言游戏，其形式是在英语上加上一些规则使发音改变。据说，Pig Latin是由被德军俘虏的英军战俘发明的，用来瞒哄德军守卫。Pig Latin的流行于20世纪五六十年代在英国利物浦达到巅峰，各种年纪和职业的人都有使用。Pig Latin多半被儿童用来瞒着大人进行秘密沟通，所以又称之为儿童黑话。虽然Pig Latin是起源于英语的游戏，但其规则对很多语言均适用。

与Hive相比，Pig更适用于半结构化数据处理。

之所以这一工具软件取名Pig，其中一个原因是其约束宽松的数据类型与猪的杂食性十分类似。

3. Impala和Dremel

Impala是Cloudera公司受Google公司的Dremel启发而研制的一款基于Hadoop的实时交互式SQL查询工具，它能交互式查询存储在Hadoop的HDFS和HBase中的PB级大数据。

虽然Hive系统也提供了SQL语义，但由于Hive底层执行使用的是MapReduce引擎，仍然是一个批处理过程，难以满足查询的交互性，而Impala弥补了这一缺陷。

相比之下，Impala的最大特点，也是其最大卖点，就是它的快速性。在Cloudera公司的内部测试中，Impala的查询效率比Hive的有数量级的提升。

说明 Impala 英文原意是黑斑羚，这是一种行动敏捷、奔跑迅速的动物，跑起来快如闪电。

Impala 源于 Dremel。Dremel 是 Google 公司于 2010 年推出的新“三驾马车”之一（其余两个是网络搜索引擎 Caffeine 和并行图处理系统 Pregel），是交互式的数据分析系统，可以在规模上千的集群中处理 PB 级别的数据。如果 MapReduce 处理一个数据需要分钟级的时间，那么 Dremel 将处理时间缩短到秒级。

Impala、Dremel 的处理速度为什么会那么快呢？

这是因为它们放弃了缓慢的 MapReduce 运行框架，采用与商用并行关系型数据库类似的分布式查询引擎（由 Query Planner、Query Coordinator 和 Query Exec Engine 三部分组成），可以直接从 HDFS 或 HBase 中用 SQL 语言的 Select、Join 和统计函数等查询数据，通过结合多层级树状执行过程和列状数据结构，它能做到数秒内完成万亿行数据之上的聚合查询。

Impala 这样做的目的是使其专注于实时处理，更适合输出数据较小的实时交互式 SQL 查询请求。对于大数据量的批处理查询分析，Hive 仍是最好的选择。

在某些情况下，可以将 Hive 和 Impala 结合起来使用。例如，如果想在大数据上进行快速的数据分析，可以先使用 Hive 对数据进行转换处理，然后再使用 Impala 在 Hive 处理过的数据集上进行快速的数据分析。

更为方便的是，Impala 在设计时充分考虑了与 Hive 的兼容性，包括 Impala SQL 与 HiveQL 高度兼容，所以将二者联合使用十分方便。

4. Tez

因为 MapReduce 计算框架需要将中间结果频繁地写入磁盘，所以其效率不是很高。更为无奈的是，MapReduce 框架会产生很多无用的 Map 计算，这样就更加拖累了系统。

Apache Tez 是一个针对 Hadoop 数据处理应用程序的新的分布式执行框架，是 Apache 开源的支持有向无环图（Directed Acyclic Graph，DAG）作业的计算框架，它可以将多个有依赖的作业组合成一个作业，从而大幅提升作业处理能力。

说明 DAG 是目前大多数集群计算机系统使用的基于非循环的数据流模型。它从稳定的物理存储（如 HDFS）中加载数据，然后将数据输入由一组确定性操作构成的 DAG，完成 DAG 中的全部操作后，再将结果写回稳定的物理存储中，这样可以最大限度地减少中间结果写回稳定的物理存储的次数。

Tez 的具体做法是将 Map 和 Reduce 两个操作进一步拆分，将 Map 拆分成 Input、Processor、Sort、Merge 和 Output，将 Reduce 拆分成 Input、Shuffle、Sort、Merge、Processor 和 Output。经过拆分后的这些元操作可以进行自由组合，生成新的操作，经过一些控制程序组装后可形成一个大的 DAG 作业。

通过 DAG 作业的方式运行 MapReduce 作业，提供了程序运行的整体处理逻辑，就可以去除以往工作流中多余的 Map 阶段，处理过程中的数据 Map 可以直接传输给 Reduce，不再写入 HDFS 中。

因此，如果让 Tez 框架运行在 YARN 之上，再让其他软件运行在 Tez 之上，就可以提高运行效率，特别是对迭代计算和交互式计算的效果更加明显。所以，现在 Pig、Hive 甚至 MapReduce 等，都运行在 Tez 框架之上。Tez 框架在 Hadoop 生态系统中的作用可以从图 4-24 中看到。

图 4-27 所示的是 Pig 或 Hive 作业在 MapReduce 框架和 Tez 框架下的对比。

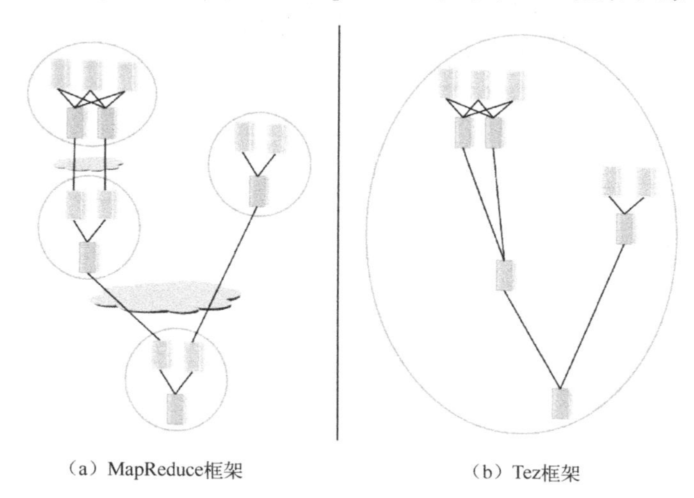

（a）MapReduce框架　　（b）Tez框架

图 4-27　Pig 或 Hive 作业在 MapReduce 框架和 Tez 框架下的对比

由图可见，Tez 框架下的作业流程要比 MapReduce 框架下的作业流程简化很多。

DAG 数据流图能够在运行时自动实现任务调度和故障恢复。

4.8　消息机制

批量处理是按照事先设定的时间间隔来启动处理程序的。但是，数据的产生速度有时差别很大，如果让数据处理系统一成不变地运转，势必会造成服务器有时忙得不可开交，有时闲得无所事事。

如何根据需要来启用 MapReduce 运算呢？其方法是采用消息机制，用消息来通知 MapReduce 启动运算，启动运算的依据是待处理数据量而不再是固定的时间间隔。

很多程序员是在学习 Windows 编程时接触消息这个概念的。

一条消息可以理解为是一个数据结构，它包含以下几个基本部分。

（1）消息源：消息的来源，发出这个消息的对象。

（2）消息名：消息的唯一标识。

（3）消息数据：消息发出后附带的数据。数据也有可能是空的。

消息从种类上又可以分为如下 2 种。

（1）系统消息：由操作系统或 DeviceOne 系统发送出来的消息，其名称是固定的。

（2）自定义消息：由开发者自己定义、发送出来的消息，其名称是由开发者定义的。

DeviceOne 是一个移动开发的平台或技术，与之对等的是 Android 移动开发技术、iOS 移动开发技术、Windows（phone）移动开发技术。

4.8.1 消息处理模型

消息的发送者和接收者之间通常通过队列进行通信，其优势是：采用异步通信模式；发送者和接收者之间是松耦合，即两个角色不必都正常运行。消息处理机制如图 4-28 所示。

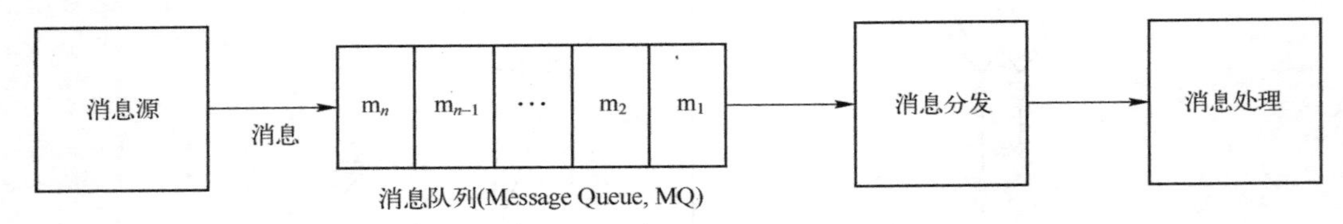

图 4-28　消息处理机制

消息分发有两种基本模型，即点对点（Point to Point，P2P）模型和发布-订阅（Publish/Subscribe）模型。点对点模型是一对一模型，发布-订阅模型是多对多模型。图 4-29 所示的是两种消息分发模型的对比。

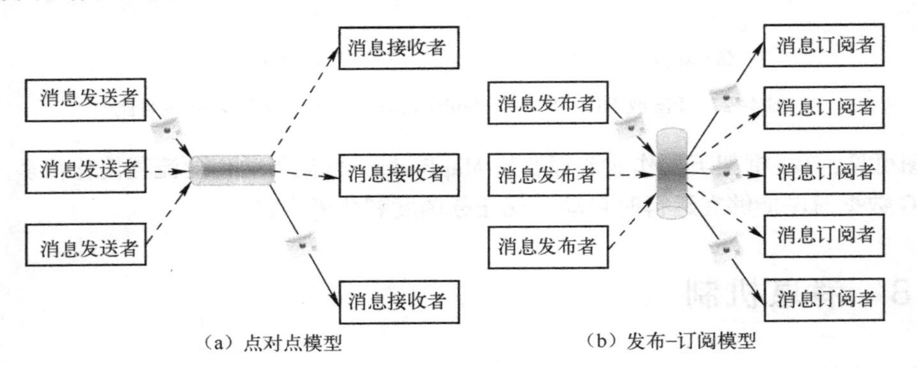

图 4-29　两种消息分发模型的对比

4.8.2 JMS

虽然消息处理的原理很简单，但是，如果消息机制没有统一的规范和标准，消息本身会五花八门，基于消息的应用就很难移植，不同的消息机制之间不能互操作。

为此，Sun 公司推出了 Java 消息服务（Java Message Service，JMS）接口规范。JMS 扮演的角色与 JDBC 很相似，JDBC 提供了一套用于访问各种不同关系型数据库的公共 API，JMS 则提供了与厂商无关的消息访问标准。图 4-30 所示的是 JMS 在跨平台消息处理中的作用。

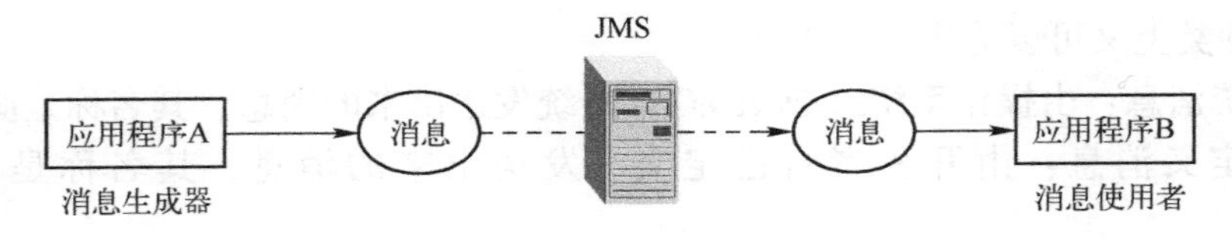

图 4-30　JMS 在跨平台消息处理中的作用

但是，JMS 只是一个标准，依照该标准开发的软件产品之间往往还有一些差别，有些差别事实上还不小。

常见的按照 JMS 标准开发的开源产品有 ActiveMQ、ZeroMQ、RocketMQ、Kafka、RabbitMQ 等。其中，Kafka 是一种 JMS 精简型的产品。

1. ActiveMQ

ActiveMQ 是 Apache 出品的、采用 Java 编写的完全支持 JMS1.1 和 J2EE1.4 规范的消息中间件，是一套非常流行的开源系统。它为应用的消息传递提供了高可靠的、可扩充的技术方案。

ActiveMQ 的主要目标是在尽可能多的跨平台和跨语言上提供一个统一的、标准的消息驱动的应用集成。但与其他中间件相比，其效率并不高。

2. ZeroMQ

ZeroMQ 是一个消息处理队列库，可在多线程、多内核和主机之间“弹性伸缩”。ZeroMQ 更像一组底层网络通信库，只是对原有的 Socket API 加了一层封装。ZeroMQ 与 Socket 的区别是，普通的 Socket 是端到端的（1:1 的关系），而 ZeroMQ 却可以是 $n:m$ 的关系。

ZeroMQ 号称是史上最快的消息队列，它是基于 C 语言开发的。实时流处理 Sorm 的任务（Task）之间的通信用的就是 ZeroMQ，比特币也采用 ZeroMQ 作为消息队列管理和消息分发工具。

3. RocketMQ

RocketMQ 是阿里开源的消息中间件，目前已经捐献给 Apache 基金会。

RocketMQ 是站在巨人 Kafka 肩膀上的，但它又进行了优化，以使其更能满足互联网公司的需求。它是纯 Java 开发，具有高吞吐量，高可用性，适合大规模分布式系统应用的特点。RocketMQ 在阿里集团被广泛应用于交易、充值、流计算、消息推送、日志流式处理、binlog 分发等场景。经历过“双 11”的洗礼，RocketMQ 更加受人瞩目。

4. Kafka

如果严格遵循 JMS 规范，虽然消息投递的成功率很高，但会增加很多额外开销（如 JMS“沉重”的消息头，以及维护各种索引结构的开销等），因此 JMS 不太适合海量数据的应用。ActiveMQ 同样存在这个问题，于是 Kafka 就应运而生了。

Kafka 是一种高吞吐量的分布式发布-订阅消息系统，利用 Kafka 可以发布消息，也可以实时订阅消息。

Kafka 没有完全按照 JMS 标准来开发，而是进行了一些简化，其结果是大幅提升了处理性能，同时又保证了一定的传输成功率。不过，目前 Kafka 并没有提供 JMS 中的事务性消息传输，无法严格保证每条消息肯定会被传输一次且仅传输一次，只保证消息绝对不会丢失，但可能会被重复传输，适合那些对一致性要求不高的应用场景。

Kafka 的另一个重要作用是可以作为数据交换枢纽。

现在，各种专用的大数据分布式系统大量涌现，如离线批处理、NoSQL 数据库、流计算等，它们分别满足了企业某一方面业务的需求，但这些专用系统的数据如何集成到 Hadoop 平台却成了新问题。

Kafka 可以扮演这一数据交换枢纽的角色，每个专用系统只需要开发与 Kafka 进行数据交换的软件即可。图 4-31 所示的是作为数据交换枢纽的 Kafka。

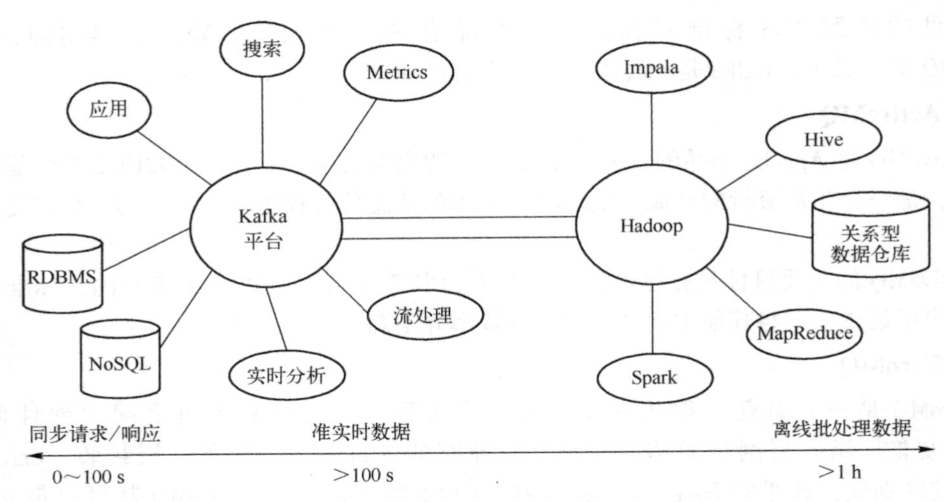

图 4-31　作为数据交换枢纽的 Kafka

5. RabbitMQ

RabbitMQ 是一个开源的 AMQP（Advanced Message Queue Protocol）实现，服务器端用 Erlang 语言编写，支持多种客户端（如 Python、Ruby、.NET、Java、JMS、C、PHP、ActionScript、XMPP、STOMP 等），支持 AJAX。RabbitMQ 用于分布式系统中存储转发消息，在易用性、扩展性、高可用性等方面表现不俗，更适合企业级的开发。由于掌握 Erlang 语言难度较大，所以不利于二次开发和维护。

4.9　内存计算框架 Spark

YARN 优化了 MapReduce 的资源调度问题。但是，由于 MapReduce 的设计模式要求将中间数据存储在磁盘上，这就导致了其计算效率不高。

Spark 的出现就是为了解决频繁读/写磁盘的低效率问题。

与 MapReduce 一样，Spark 也是一个大数据并行计算框架；与其不同的是，Spark 是基于内存的计算框架，在计算过程中产生的中间结果尽可能保存在内存中，而不是存放在磁盘里，因此大幅度减少了读/写磁盘的次数。

2009 年，Spark 诞生于美国加州大学伯克利分校的 AMP（Algorithms，Machines，and People）实验室，是大数据领域为数不多的来自高等学府的产品；2010 年，Spark 实现开源；2014 年，Spark 成为 Apache 的顶级项目。目前，AMP 实验室和 Databricks 公司负责整个 Spark 项目的开发和维护，很多公司（如 Yahoo、Intel 等）加入 Spark 的开发队伍中，同时社区中还有大量开源爱好者参与 Spark 的更新和维护。

Spark 的设计目标主要有两个，即运行速度快、编写程序容易。

为了使程序运行更快，Spark 提供了内存计算，减少了迭代计算的 I/O 开销。任务调度基于 DAG，因此比 MapReduce 的迭代机制效率更高。

为了使编写程序更加容易，Spark 使用简练、优雅的 Scala 语言来编写程序，提供了交互式的编程体验。当然，像 Scala 这样基于 JVM 的高级语言在效率上会有一定的损失。

此外，Spark 还有一个突出的特点——其丰富的组件几乎涵盖了大数据的所有技术领域，使之成为大数据的“一站式”解决方案。

4.9.1 Spark的配置方式

系统安装时，Spark有如下三种不同的配置方式可供选择。

（1）Standalone模式：Spark自带了完整的资源调度管理服务，可以独立部署到集群中。

（2）Spark on Mesos模式：Mesos是一个通用的集群管理器。由于Mesos也是由AMP实验室研发的，因此Spark运行其上比在YARN上更加灵活。Spark官方推荐采用这种模式。

（3）Spark on YARN模式：Spark可以运行在YARN之上，此时的资源管理与调度依赖YARN，分布式存储依赖HDFS。由于Hadoop的影响力，事实上这种配置方式被更多的人选用。

4.9.2 Spark的主要特点

与MapReduce相比，Spark具有如下主要特点。

☺ 运行速度快：Spark的任务调度采用了先进的DAG，明显优于MapReduce的迭代执行机制，它去除了工作流中多余的Map阶段；其中间结果通过一种称为弹性分布式数据集（Resilient Distrbuted Datasets，RDD）的只读的分布式内存存储结构存放在内存中，在迭代运算比较多的数据挖掘、机器学习运算情况下优势更加明显。有测试表明，Spark基于内存的执行速度比Hadoop的MapReduce快上百倍，基于磁盘的执行速度也能快10倍。

☺ 容易使用：Spark使用的编程语言Scala比Java更加简洁，也支持用Java、R和Python语言编写程序，并且可以通过Spark Shell进行交互式编程。

☺ 通用性：Spark是一套完整的大数据处理技术栈，包括SQL查询、流式计算、机器学习、图计算等组件，这些组件可以高效地整合在同一个应用中，足以应付各种复杂的应用需求。

☺ 运行模式多样：Spark可以运行在独立的集群中，也可以运行在Hadoop中，还可以运行在Amazon EC2等云环境中，并且可以访问HDFS、Cassandra、HBase、Hive等多种数据源。

Scala语言简介

Spark支持用Scala、Java、Python和R语言进行编程。Spark的内核是由Scala语言开发的。

Scala是一种多范式编程语言。Scala取自scalable，含意是可伸缩。无论编写小脚本，还是编写大系统程序，Scala均能胜任。

Scala具有以下特点。

☺ 具备强大的并发性，支持函数式编程，可以更好地支持分布式系统。

☺ 语法简洁，能提供优雅的API。

☺ 兼容Java，运行速度快，且能融合到Hadoop生态圈中。

Scala运行于JVM（Java虚拟机）上，兼容Java程序。

JVM（Java Virtual Machine）是一种计算设备的规范，是一个虚构的计算机，是通过在实际的计算机上仿真模拟各种计算机功能来实现的。

> Java 的一个非常重要的特点就是与平台的无关性，而使用 JVM 是实现这一特点的关键。一般的高级语言若在不同的平台上运行，至少需要编译成不同的目标代码；而引入 JVM 后，Java 语言在不同平台上运行时不需要重新编译，JVM 已经屏蔽了与具体平台相关的信息，使得 Java 语言编译程序只需要生成在 JVM 上运行的目标代码，就可以在多种平台上不加修改地运行，这就是其所谓的“一次编译，到处运行”。

4.9.3 Spark 生态圈

经过近 20 年的发展，大数据应用从最初的批量数据处理逐步扩展到交互式查询、流式计算、图计算等多种应用场景。

显然，这些需求特征各异的应用需要用不同的软件来处理，如用 MapReduce 进行离线批处理，用 Impala 进行交互式查询，用 Storm 进行流式处理。如果要求同时具有多种应用处理能力，需要部署多种不同的软件，这会带来数据格式转换问题，资源的统一调配问题，以及开发维护成本问题。

如果有一种软件可以包打天下，那么上述问题就不复存在了。Spark 就是这样的一款软件。当然，Spark 其实是一个软件集。这个软件集同宗同源，数据格式兼容、资源共享、技术一脉相承，比选用不同厂家的产品要好很多。

Spark 是“一个软件栈通吃不同应用场景”的整体解决方案，它既能够提供内存计算框架，也支持 SQL 交互式查询、实时流式计算、机器学习和图计算等。Spark 生态系统框架如图 4-32 所示。

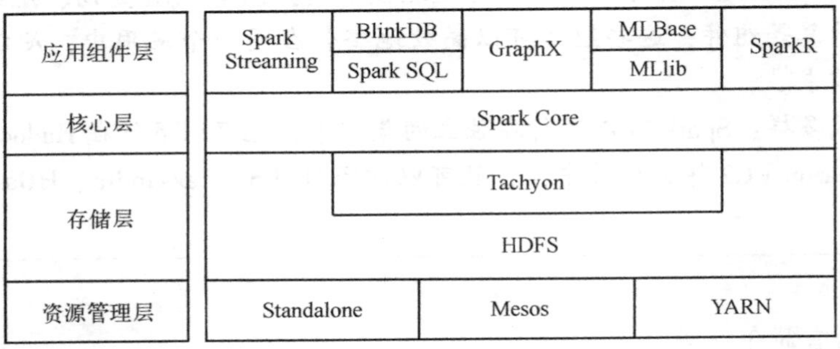

应用组件层	Spark Streaming	BlinkDB Spark SQL	GraphX	MLBase MLlib	SparkR
核心层	Spark Core				
存储层	Tachyon HDFS				
资源管理层	Standalone	Mesos	YARN		

图 4-32 Spark 生态系统框架

从图中可以看出，Spark 专注于数据处理分析，数据存储则借助于 Hadoop 的 HDFS 或 Amazon S3（Simple Storage Service）来实现。

1. 资源管理层

Mesos 是一个资源管理框架，提供类似于 YARN 的功能。用户可以在其中插件式地运行 Spark、MapReduce、Tez 等计算框架的任务。Mesos 会对资源和任务进行隔离，并实现高效的资源任务调度。

YARN 是 Hadoop2.0 的资源管理框架。

Standalone 是指使用 Spark 自带的资源调度管理框架。

2. 存储层

HDFS 是以磁盘为中心的分布式存储系统。

Tachyon 是一个以内存为中心的 HDFS，能够提供内存级别速度的跨集群框架（如 Spark 和 MapReduce）的可信文件共享。它利用底层文件系统作为备份，为集群框架（如 Spark、MapReduce）提供可靠的内存级速度的文件共享服务。

3. 核心层

Spark Core 实现了 Spark 的基本功能，如内存计算、任务调度、部署模式、故障恢复、存储管理等。Spark Core 提供了丰富的算子，可实现对 Spark 的分布式弹性数据集 RDD 的创建和操作。

4. 应用组件层

（1）Spark SQL：提供在大数据上的 SQL 查询功能，它使用 Catalyst 作为查询解析和优化器，Spark 作为执行引擎来完成 SQL 查询任务。Spark SQL 还兼容 HDFS、Hive 等不同的分布式存储系统。

（2）Spark Streaming：支持高吞吐、可容错处理的实时流数据处理。其核心思路是，将流数据分解成一系列短小的批处理作业，每个短小的批处理作业都可以使用 Spark Core 进行快速处理。它支持多种数据输入源，如 Kafka、Flume 和 TCP 套接字等。

（3）MLBase/MLlib（机器学习）：是 Spark 的机器学习库，提供了常用机器学习算法，包括聚类、分类、回归、协同过滤等。MLBase 分为 4 部分，即 MLlib、MLI、ML Optimizer 和 MLRuntime。

（4）GraphX（图计算）：是构建在 Spark 之上的图计算框架，可认为是 Pregel 在 Spark 上的重写和优化。GraphX 性能良好，拥有丰富的功能和运算符，能在海量数据上自如地进行复杂的图算法。

（5）BlinkDB：是一个交互式 SQL 的近似查询引擎，允许用户通过在查询准确性和查询响应时间之间进行权衡，完成近似查询。其数据的精度被控制在允许的误差范围内。BlinkDB 可以通过牺牲数据精度来提升查询响应速度。

（6）SparkR：R 语言是数据分析最常用的工具之一，但 R 语言一直是单机运行的，SparkR 可以在集群上让 R 语言调用 Spark，极大地扩展了 R 语言的数据处理能力。

此外，还有一些用于与其他产品集成的适配器，如 Spark Cassandra Connector。Spark Cassandra Connector 是 Spark 和 Cassandra 表间直接交互的连接器，使得读 Cassandra 表就如同 Spark RDD 一样，同样可以写 Spark RDD 到 Cassandra 表，并可以在 Spark 程序中执行 SQL 语句。

> 说明 Cassandra 是一个易扩展、高性能的分布式的键值数据库，是 Facebook 贡献出来的。与 HBase 类似，Cassandra 也借鉴了 Google 的 BigTable 的设计思想，只有顺序写，没有随机写，以便满足高负荷情形的性能需求。

4.9.4 Spark 与 Hadoop 比较

Spark 发展神速，大有取代 Hadoop 之势，目前已经被 Yahoo!、Twitter、阿里巴巴、百度、网易等采用。实际上，Spark 要替代的是 MapReduce，而不是 Hadoop。Spark 本身就是 Hadoop 生态中的一分子，它既借助 YARN 实现资源管理，又借助 HDFS 实现分布式存储。

当然，Spark 也有其不足之处，其 RDD 模型适合粗粒度的并行计算，不适合细粒度、需要异步更新的计算。又比如，图计算领域的 GraphLab 性能一般要优于 GraphX，流计算的 Storm 在实时性上通常也比 Spark Streaming 要好。

表 4-3 所列的是 Hadoop 与 Spark 的特性比较。

表 4-3　Hadoop 与 Spark 的特性对比

对 比 项	Hadoop	Spark
计算模型	表达能力有限：所有计算必须分解成 Map 和 Reduce 两个操作，对于一些复杂的场景不适应	除了 Map、Reduce 操作，还提供了多种数据集操作类型，能应对更多的数据处理场景，编程模型比 MapReduce 更灵活
磁盘开销	磁盘开销大：每次执行时都需要从磁盘读取数据，中间计算完成后的结果也需要写入磁盘	提供了内存计算，中间结果直接写入内存（当内存溢出时，会使用磁盘空间），减少了磁盘开销
任务调度	延迟大：使用迭代执行机制，一次计算可能要分解成一系列迭代任务	使用 DAG 完成任务调度，可以并行计算，优于 MapReduce的迭代执行机制
容错能力	依赖于 HDFS 和 MapReduce 的容错机制	弹性分布数据集 RDD 之间存在依赖关系，子 RDD 依赖于父 RDD。当子 RDD 的数据丢失时，可以通过父 RDD 找回

Spark 的编程模型更加灵活的原因如下所述。

（1）Spark 的 DAG 编程模型不仅有 MP 的 Map、Reduce 操作接口，还有 Filter、Flatmap、Union 等操作接口。

（2）所有阶段的任务均是以线程方式运行的，它们共享执行线程（Executor）的资源。

（3）RDD 的引入大大减少了磁盘的 I/O 操作。

4.9.5　Spark 运行架构

在了解 Spark 的组成和特点后，大家一定想知道 Spark 是如何实现快速高效的。这就需要从 Spark 的运行架构和工作流程来寻找答案。

在 Spark 中，每个应用由一个主控程序（Driver）和若干个作业（Job）构成，每个作业由多个阶段（Stage）构成，每个阶段又由多个任务（Task）构成，如图 4-33 所示。

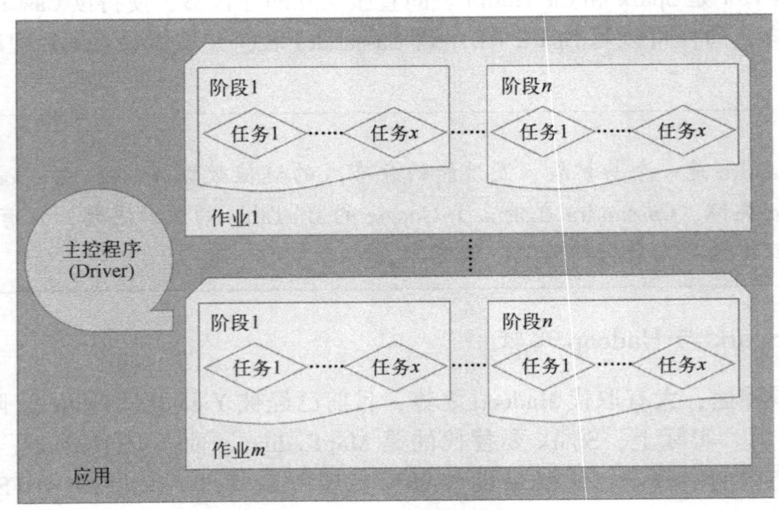

图 4-33　Spark 应用的构成

图4-34所示的是Spark运行架构。

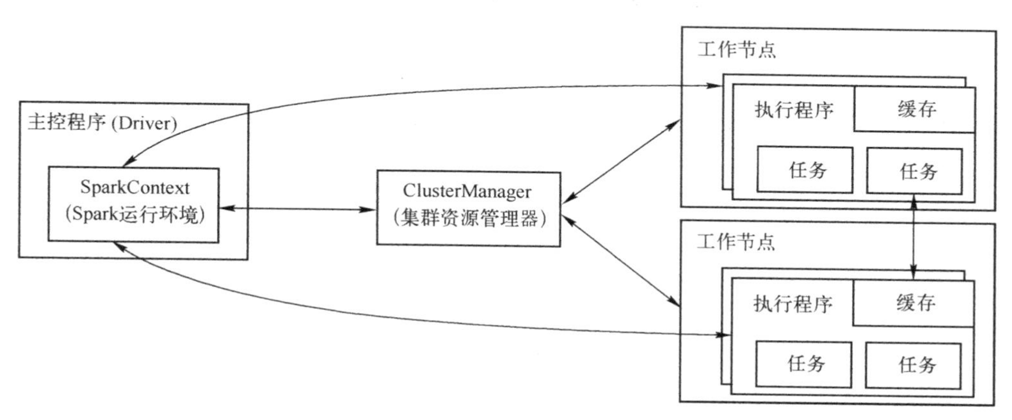

图4-34　Spark运行架构

一切均从主控程序（Driver）开始。主控程序是用户编写的数据处理逻辑，负责管理Spark运行环境SparkContext，向集群资源管理器ClusterManager申请资源，然后将执行计划分配给工作节点。

集群资源管理器ClusterManager负责集群资源的管理和调度，应根据具体部署方式从Standalone、Mesos、YARN中选定其一。

工作节点是执行计算任务的服务器，其上可运行多个执行程序（Executor），它负责执行具体任务的进程，执行程序可运行多个线程，每个线程是一个计算单元，称之为任务（Task）。

每个执行程序运行在一个Java虚拟机上，其上封装了CPU、内存和磁盘。每个应用都有各自独立的执行程序。

执行程序采用的是多线程方式来执行任务，比MapReduce的进程模型减少了启动开销；Spark采用内存计算，工作节点会将部分数据存储在缓存中。

运行结束后，结果返给主控程序，或者写到HDFS或其他数据库中。

Spark工作流程中的基本概念。

☺ 弹性分布式数据集（RDD）：是只读的、可分区的、存于内存的共享弹性分布式数据集，供多次计算之间重用。

☺ 有向无环图（DAG）：任务执行的顺序，它也反映了RDD之间的依赖关系。

☺ 执行线程（Executor）：是应用在工作节点上运行的执行具体任务的进程。该进程负责运行任务（Task），负责存储数据，每个应用都有各自独立的一批执行线程。

☺ 应用（Application）：用户编写的Spark应用程序，包含一个主控程序（Driver）功能的代码和分布在集群中多个节点上运行的执行线程代码。

☺ 作业（Job）：由多个任务组成的并行计算，每个作业包含多个RDD及作用于相应RDD上的各种操作。

☺ 阶段（Stage）：是作业的基本调度单位，每个作业会拆分成很多组任务，每组任务被称为阶段，也可称之为任务集。
☺ 任务（Task）：运行在执行线程上的工作单元。
☺ 集群资源管理器（Cluster Manager）：3 种不同的部署方式对应 3 种资源管理方式（Standalone、Mesos 和 YARN）。
☺ 工作节点（Worker Node）：集群中任何可以运行应用代码的节点，类似于 YARN 中的 NodeManager 节点。
☺ DAG 调度器（DAGScheduler）：基于阶段（Stage）的逻辑调度模块，负责将每个作业分割成一个 DAG。
☺ 任务调度器（TaskScheduler）：基于任务（Task）的任务调度模块，负责每个任务的跟踪和向 DAG 调度器汇报任务执行情况。
☺ 主控程序（Driver）：负责将用户程序转换为任务（Task），并为 Spark 应用程序准备运行环境 SparkContext。

SparkContext 根据 RDD 的依赖关系构建 DAG，并将其发给 DAG 调度器。DAG 调度器进行解析，将 DAG 划分成多个阶段，每个阶段有若干个任务，组成一个任务集。之后，DAG 调度器以任务为单位，将任务交给任务调度器，一个任务调度器只为一个 SparkContext 实例服务。任务调度器收到任务后，负责将任务分发到集群中工作节点的执行线程去执行运算。

4.9.6　Spark 基本运行流程

Spark 基本运行流程图如图 4-35 所示。

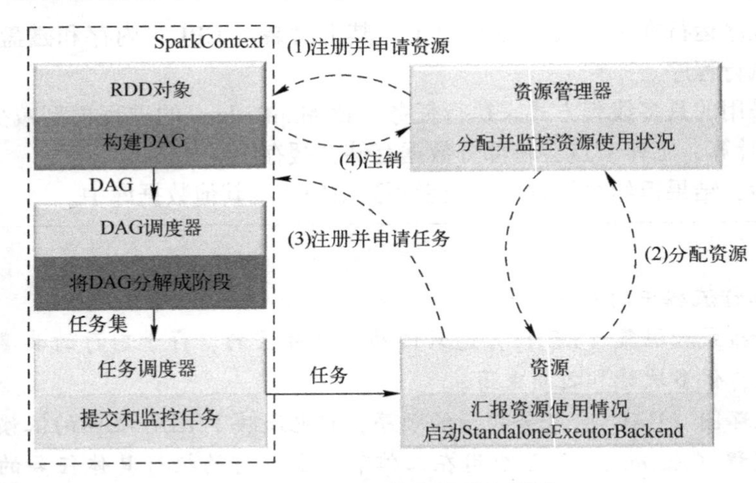

图 4-35　Spark 基本运行流程图

由图可知，Spark 运行时分成如下 4 个步骤。

（1）构建应用运行环境：由主控程序（Driver）启动 SparkContext，由 SparkContext 向资源管理器注册并申请运行执行线程（Executor）进程的资源。

（2）资源管理器为执行线程分配资源，启动执行线程进程，执行线程运行情况将随着心跳发送给资源管理器。

（3）SparkContext 根据 RDD 的依赖关系构建 DAG，DAG 由 DAG 调度器分解成多个阶段

（Stage），每个阶段就是一个任务集（Taskset），并根据各个阶段之间的依赖关系，将任务集发送给任务调度器进行处理。执行线程向 SparkContext 申请任务，任务调度器将任务发放给执行线程运行，同时 SparkContext 将应用程序代码发放给执行线程。

（4）任务在执行线程上运行，运行结果反馈给任务调度器，然后反馈给 DAG 调度器，运行完毕后写入数据，释放所有的资源。

4.9.7 RDD

1. RDD 概念

在 Spark 中，RDD 是核心概念，也是最难理解的概念。

在大数据应用的机器学习、图算法中，通常要用到迭代算法。迭代算法经常会在不同的计算阶段重用某些中间结果，交互式查询通常也会对一个数据子集进行多次查询。换言之，在这些应用场合，中间结果经常会被多次重用。

在 MapReduce 中，每次运算都要将中间结果写入磁盘，重用时必须再从磁盘中读出，这显然是不利的；而弹性分布式数据集（RDD）这种尽量将中间结果存储在内存中的做法，对提高上述应用场景的性能非常有效。

那么什么是 RDD 呢？

RDD 是一个只读的、可分区的弹性分布式数据集。所谓只读，是指数据一旦写入，不再修改，只能供各节点共享读取；所谓可分区，是指每个 RDD 可以划分成多个分区，每个分区就是一个数据集片段，存储在集群中的不同节点上，这显然是为数据集片段多次重复读取而设计的；而弹性是指，RDD 默认将中间结果存储在内存，但当内存不足时，也会将其存储在磁盘中，可以人为或自动在内存和磁盘之间存储数据。“弹性”还有另外一层含义，就是 RDD 可以存储任意类型的数据。

> 说明 在后面介绍完 RDD 的操作后，RDD 的弹性的含义还包括 RDD 可以转换成其他的 RDD，从而形成 RDD 的血缘关系。

RDD 在内存或存储磁盘的控制策略可以通过 5 个参数（MEMORY_ONLY、MEMORY_AND_DISK、MEMORY_ONLY_SER、MEMORY_AND_DISK_SER、DISK_ONLY）来设置。

如果从程序代码角度来看，RDD 就相当于数据的一个元数据结构，存储着数据分区及其逻辑结构的映射关系（即 RDD 的分区这个逻辑数据块与物理数据块 Block 之间的映射关系，这里的 Block 可以存储在内存或磁盘中），还存储着 RDD 之前的依赖关系。

RDD 的创建途径有如下两种。

（1）由一个已经存在的 Scala 集合创建。

（2）由外部存储系统的数据集创建。

创建后，就可以在 RDD 上进行数据处理了。

由于 RDD 是遍布在分布式环境中多个节点的既有内存又有磁盘的一个数据集，因此对这个数据集的操作不可能像对一个节点的数据集的操作那样方便。RDD 上的数据处理是受限的，只能有转换（Transformation）和行动（Action）两类操作。

转换操作有 map、filter、groupby、join 等，行动操作有 count、collect、save 等。

转换操作输入的是 RDD，输出的也是 RDD。经过转换操作就好像“繁殖”出一个

RDD，这两个 RDD 之间的关系是父子关系。通过多次转换，在众多 RDD 中建立了一个层级关系，称为血缘关系（Lineage）。

行动操作用于执行计算，输入的是 RDD，输出的是计算结果，不再是 RDD。

由此可见，转换操作仅产生 RDD 之间的依赖关系，只有行动操作才会启动真正的计算。

Spark 用 Scala 语言实现了 RDD 的 API，程序员可以通过调用 API 实现对 RDD 的各种操作。

2. RDD 执行过程

典型的 RDD 执行过程如图 4-36 所示。

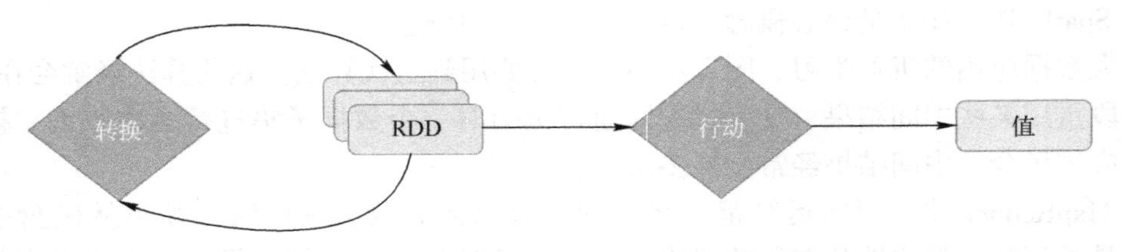

图 4-36　典型的 RDD 执行过程

（1）读入外部数据源或内存中的集合，创建 RDD。

（2）RDD 经过一系列转换操作，每次都会产生不同的 RDD，供给下一个转换使用。

（3）最后一个 RDD 经行动操作进行处理，并输出到外部数据源（或变成 Scala 集合或标量）。

3. 由 RDD 划分 Spark 的阶段

如前所述，Spark 会将一个工作划分成若干个阶段（Stage）。阶段的划分依据的是各个 RDD 之间的依赖关系。Spark 根据 RDD 的依赖关系生成 DAG，在对 DAG 进行反向解析时，如果遇到宽依赖，就断开，开始新的阶段；如果遇到窄依赖，就将当前的 RDD 加入当前阶段中。将窄依赖划分到同一个阶段中，这样就可以实现流水线计算。

如图 4-37 所示，假设从 HDFS 中读入数据生成 A、C 和 E 这 3 个不同的 RDD，通过一系列转换操作后，再将计算结果保存到 HDFS。对 DAG 进行解析时，在依赖图中从右往左进行反向解析，由于从 RDD A 到 RDD B 和从 RDD F 到 RDD G 都是宽依赖，因此在宽依赖处断开后可以得到三个阶段（Stage）。可以看出，在阶段 2 中，从 map 到 union 都是窄依赖，这两步操作可以形成一个流水线操作。例如，分区 7 通过 map 操作生成的分区 9，可以不用等待分区 8 到分区 10 这个转换操作的计算结束，而是继续进行 union 操作，转换得到分区 13，这样的流水线执行可以大大提高计算的效率。

由于宽依赖必须等 RDD 的所有父 RDD 数据全部计算完成后才能开始计算，因此 Spark 的设计是让父 RDD 将结果写在本地，之后通知后面的 RDD 进行运算。

由于上述特性，宽依赖就必须分为如下两个阶段去操作：第一个阶段，将结果写到本地；第二个阶段，读入数据并进行处理。

同一个阶段中的任务是可以并发执行的，但下一个阶段必须等前一个阶段完成后才能开始，这与 MapReduce 的 reduce 需要等 map 过程完成是相似的。

通过转换操作后，新建的 RDD 与原来的 RDD 之间存在依赖关系。这种依赖关系分成两种类型，即窄依赖和宽依赖。

如果一个父 RDD 的每个分区仅被一个子 RDD 的分区所使用，这种依赖关系就是窄依

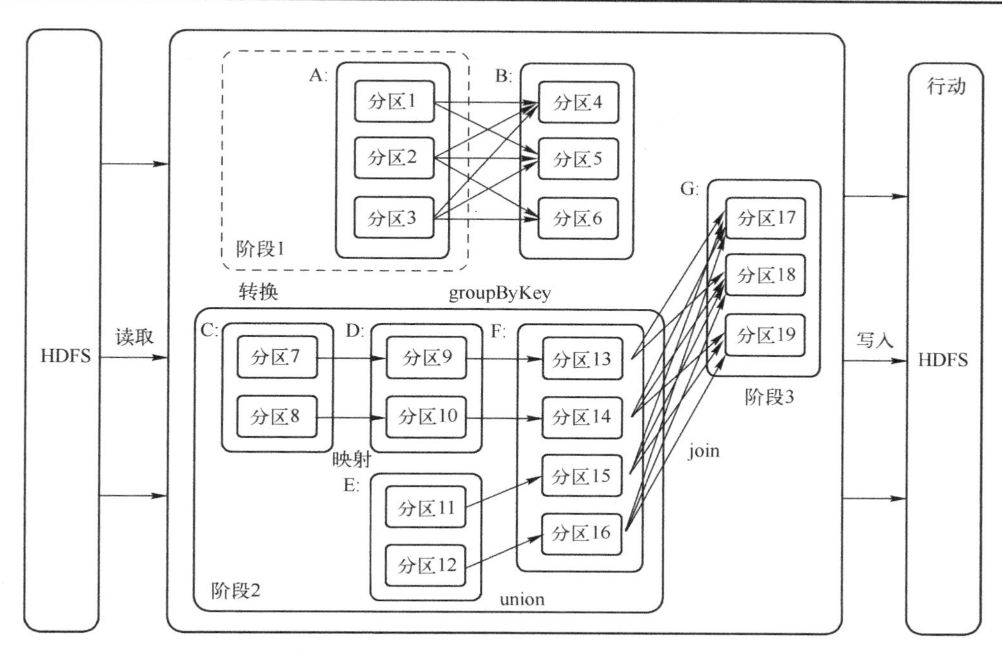

图 4-37 根据 RDD 分区依赖关系划分阶段

赖；如果一个父 RDD 的每个分区被多个子 RDD 的分区所使用，这种依赖关系就是宽依赖。RDD 的依赖关系如图 4-38 所示。

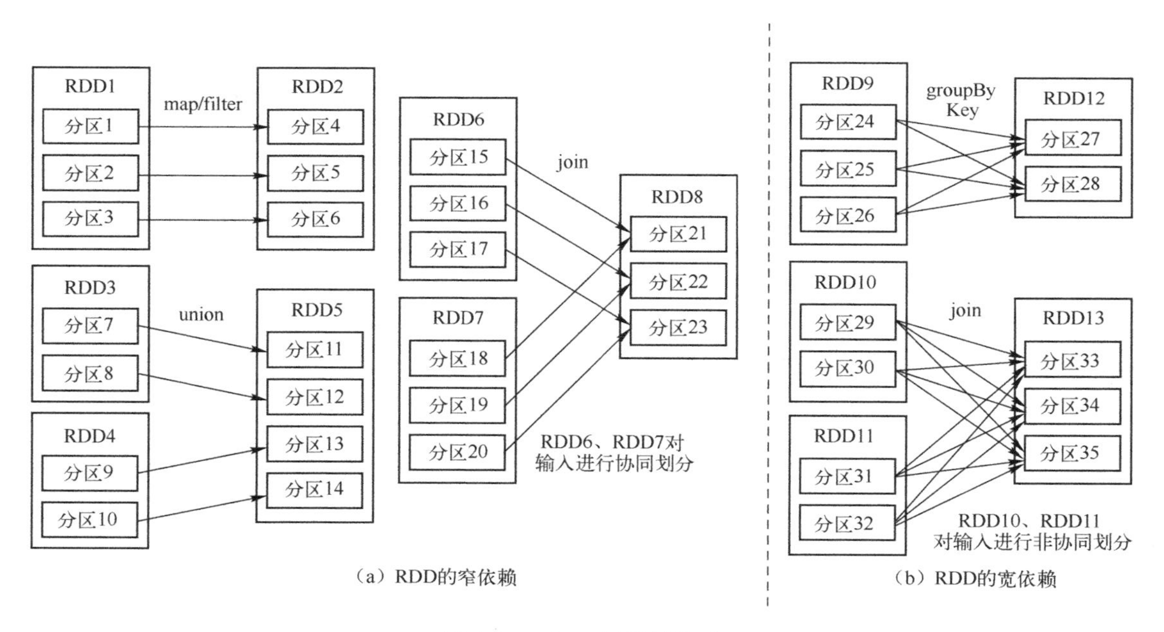

图 4-38 RDD 的依赖关系

窄依赖的典型操作有 map、filter、union 等，宽依赖的典型操作有 groupByKey、sortByKey 等。对于 join 操作，则要视具体情况来确定是窄依赖还是宽依赖。

（1）若为窄依赖，就是对输入进行协同划分。所谓协同划分（Co-partitioned），是指多个父 RDD 的某一个分区对应子 RDD 的同一个分区时，不会产生一个父 RDD 的某一分区落在子 RDD 的两个分区的情况。在图 4-38 中，RDD6、RDD7 对应到子 RDD8 就是协同划分。

(2) 若为宽依赖，就是对输入进行非协同划分。在图 4-38 中，RDD10、RDD10 对应子 RDD13 就是非协同划分。

4. RDD 上的操作

对于窄依赖，由于分区依赖关系具有确定性，因此分区的转换操作就可以在同一个线程里完成，窄依赖就被 Spark 划分到同一个阶段中。而对于宽依赖，只能等所有父 RDD 计算完成后，再在这些节点之间进行洗牌（Shuffle）处理，然后在下一个阶段才能开始接下来的计算。

RDD 上常用的操作 API 见表 4-4。

表 4-4　RDD 上常用的操作 API

操作类型	API	功能说明
转换操作	filter(func)	筛选出满足函数 func 的元素，并返回一个新的数据集
	map(func)	将每个元素传递到函数 func 中，并将结果返回为一个新的数据集
	flatMap(func)	与 map()相似，但每个输入元素都可以映射到 0 或多个输出结果
	groupByKey()	应用于键-值对数据集时，返回一个新的（K,Iterable<V>）形式的数据集
	reduceByKey(func)	应用于键-值对数据集时，返回一个新形式的键-值对数据集，其中的每个值是将每个键值传递到函数 func 中进行聚合
行动操作	count()	返回数据集中的元素个数
	collect()	以数组的形式返回数据集中的所有元素
	first()	返回数据集中的第一个元素
	take(*n*)	以数组的形式返回数据集中的前 *n* 个元素
	reduce(func)	通过函数 func（输入两个参数并返回一个值）聚合数据集中的元素
	foreach(func)	将数据集中的每个元素传递到函数 func 中运行

显然，Spark 的操作比 MapReduce 更丰富了。

RDD 提供的转换都是类似 map、filter 的粗粒度操作，而不是针对某个数据项的细粒度修改。因此，RDD 比较适合对数据集中元素执行相同操作的批处理式应用，而不适合需要异步、细粒度状态的应用。

图 4-39 所示的是 RDD 执行过程示例。

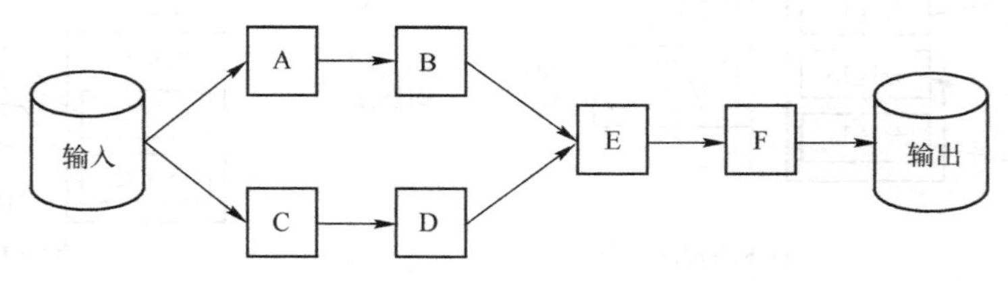

图 4-39　RDD 执行过程示例

图中，从输入中生成 A 和 C 两个 RDD，经过一系列转换操作，最终生成 F 这个 RDD。Spark 记录了转换过程中形成的 RDD 之间的依赖关系。当 F 进行行动操作时，Spark 才会根据 RDD 的依赖关系生成 DAG，并从起点开始进行真正的计算。Spark 的这种只有在行动操作时才会真正计算的调用方式称为惰性调用。

血缘关系（Lineage）是DAG拓扑排序的结果。采用惰性调用，通过血缘关系连接起来的一系列RDD操作形成了管道化（Pipeline），避免了多次转换操作之间数据同步引起的等待，而且不必担心有过多的中间数据，因为这些具有血缘关系的操作将得到的结果直接像管道一样流入下一个操作进行处理。

5. RDD的特性

引入RDD后，Spark拥有了高速的计算效果，这全仰仗RDD的如下特性。

（1）高效的容错性。MapReduce的容错机制是通过数据冗余或记录日志来实现的，这会在节点间产生大量的数据传输。而RDD的容错机制则不同。RDD只能读取不能修改，血缘关系包含了“繁殖”RDD所需的信息。如果某些RDD数据不可读，通过血缘关系重新计算可以得到丢失的数据，无须回滚整个系统；RDD提供粗粒度操作，只需要记录粗粒度的转换关系，不必记录细粒度的数据操作日志，所以开销较小。

（2）中间结果保存在内存，数据在内存中的多个RDD操作之间进行传递，减少了大量的读/写磁盘的开销。

（3）存储的数据可以是Java对象，避免了不必要的对象序列化和反序列化。

6. RDD在Spark中的运行过程

RDD在Spark中的运行过程如图4-40所示。

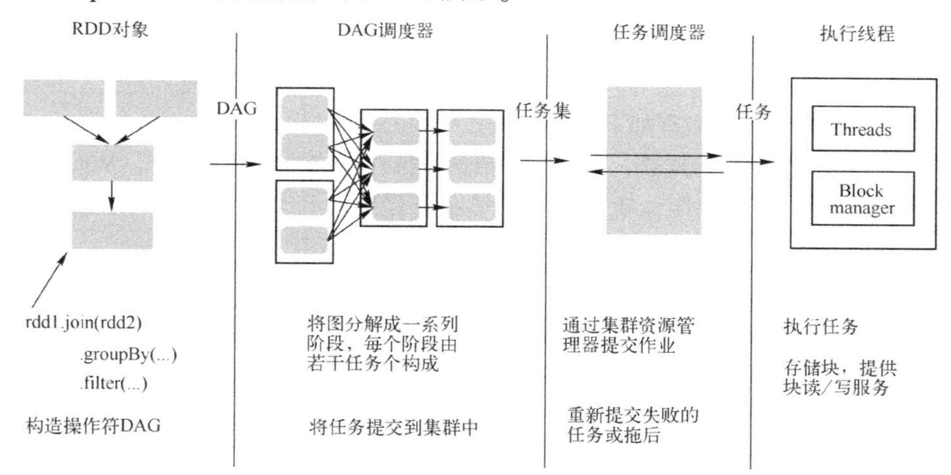

图4-40 RDD在Spark中的运行过程

RDD在Spark中的运行分为如下3个步骤。

（1）创建RDD对象。

（2）SparkContext负责计算RDD之间的依赖关系，构建DAG。

（3）DAG调度器负责将DAG图分解成多个阶段，每个阶段包含多个任务，每个任务被任务调度器分发给各个工作节点上的执行线程去执行。

7. RDD与分布式共享内存（Distributed Shared Memory，DSM）的比较

为了进一步理解RDD是一种分布式的内存抽象，表4-5列出了RDD与DSM的对比。在DSM系统中，应用可以对全局地址空间的任意位置进行读/写操作。注意，这里的DSM不仅指传统的共享内存系统，还包括那些通过分布式哈希表或HDFS进行数据共享的系统，如Piccolo。DSM是一种通用的抽象，但这种通用性同时也使其在商用集群上实现有效的容错性更加困难。

表 4-5　RDD 与 DSM 的对比

对比项目	RDD	DSM
读	批量或细粒度操作	细粒度读操作
写	批量转换操作	细粒度转换操作
一致性	不重要（RDD 是不可更改的）	取决于应用程序设计的一致性控制策略
容错性	细粒度，低开销（使用血缘关系）	需要检查点操作和程序回滚
落后任务的处理	任务备份，重新调度执行	很难处理
任务安排	基于数据存储的位置自动实现	取决于应用程序

RDD 与 DSM 的主要区别在于，RDD 不仅可以通过批量转换创建（即“写”），还可以对任意内存位置读/写。也就是说，RDD 限制应用执行批量写操作，这样有利于实现有效的容错。特别地，RDD 没有检查点开销，因为可以使用血缘关系（Lineage）来恢复 RDD。而且，失效时只需要重新计算那些丢失的 RDD 分区，因此可以在不同节点上并行执行，而不需要回滚整个程序。

> 注意　通过备份任务的复制，RDD 还可以处理落后任务（即运行很慢的节点），这一点与 MapReduce 类似。而 DSM 则难以实现备份任务，因为任务及其副本都需要读/写同一个内存位置。

与 DSM 相比，RDD 模型有如下两个优点。

（1）对于 RDD 中的批量操作，运行时将根据数据存储位置来调度任务，从而提高性能。

（2）对于基于扫描的操作，如果内存不足以缓存整个 RDD，就进行部分缓存，将内存放不下的分区存储到磁盘上，此时其性能与现有的数据流系统差不多。

最后看一下读操作的粒度。RDD 上的很多行动（如 count 和 collect）都是批量读操作，即扫描整个数据集，因此可以将任务分配到距离数据最近的节点上。同时，RDD 也支持细粒度操作，即在哈希或范围分区的 RDD 上执行关键字查找。

> 总结　Spark 是类 MapReduce 的通用并行计算框架，不仅拥有 MapReduce 所具有的优点，而且因其中间结果保存在内存中，不再需要读/写 HDFS，所以效率高很多，尤其适合迭代算法的需要。
>
> Spark 的调度采用了有向无环图（DAG），按照一个设定的顺序执行任务，可以避免 MapReduce 中的不必要的计算环节。
>
> Spark 的核心是 RDD，在此基础上形成了结构一体化、功能多样化的大数据应用整体解决方案，支持内存计算、SQL 交互式查询、流式计算、图计算和机器学习等。
>
> Spark 需要较高的内存配置，这与 Hadoop 廉价硬件环境的要求有些违背，但在迭代计算、交互式查询方面因其性能具有巨大优势，令 MapReduce 甘拜下风。
>
> 在 Spark 中，所有组件的计算操作都是针对 RDD 的，所以 Spark 通过 RDD 将各个组件无缝集成到一起，从而完成复杂的计算任务。

4.10　流式计算框架

在批量计算过程中，首先进行数据的存储，然后再对存储的静态数据进行集中计算。Hadoop 是典型的大数据批量计算架构，由 HDFS 负责静态数据的存储，并通过 MapReduce 将计算逻辑分配到各数据节点进行数据计算和价值发现。

MapReduce 的批处理计算框架时延很大，尽管 4.8 节中介绍的消息机制可以视囤积的数据量多少来适时启动批处理任务，4.9 节中介绍的基于内存的计算框架 Spark 较 MapReduce 在性能上有数量级的提升，但都无法实现真正的实时处理。

然而在大数据时代，当我们收集了大量的实时数据后，将面临着很多实时数据处理的需求，如电子商务、社交软件，以及基于大量高清摄像头的智能交通管理等。

4.10.1　流式计算处理过程

解决这些实时计算需求的计算框架称为流式计算框架。流式计算处理的对象是流数据。

所谓流数据，就像它的名字一样，数据像流水一般源源不断地产生，这些数据除了产生的数量大、速度快，它们还是依照顺序产生和传输的。

在流式计算中，无法确定数据的到来时刻和到来顺序，也无法将全部数据存储起来。因此，当流动的数据到来时，不再进行流式数据的存储，而是在内存中直接进行实时的数据计算。例如，Twitter 的 Storm、Yahoo 的 S4 就是典型的流式数据计算架构。

流计算还秉承一个基本理念，即数据的价值随着时间的流逝而降低。因此，当数据传来时，应该立即对其进行处理，而不是缓存起来再进行批量处理。

通常，对流数据的存储并不关注，一旦数据被处理，要么将其丢弃，要么将其归档存储。对流式数据的计算具有即时性、单遍处理、近似性的特点。

流计算处理过程包括数据实时采集、实时计算和实时查询服务。

目前，有很多开源的分布式日志采集系统可以满足数百 MB/s 的数据采集和存储需求，如 Facebook 的 Scribe、LinkedIn 的 Kafka、淘宝的 TimeTunnel，以及基于 Hadoop 的 Chukwa 和 Flume 等。

流式计算处理完成后，数据通常被存储在 NoSQL 数据库中供用户实时查询。流式数据的实时查询通常不需要用户主动发出查询请求，系统会主动、实时推送结果。

图 4-41 所示的是批量处理与流式处理的对比。

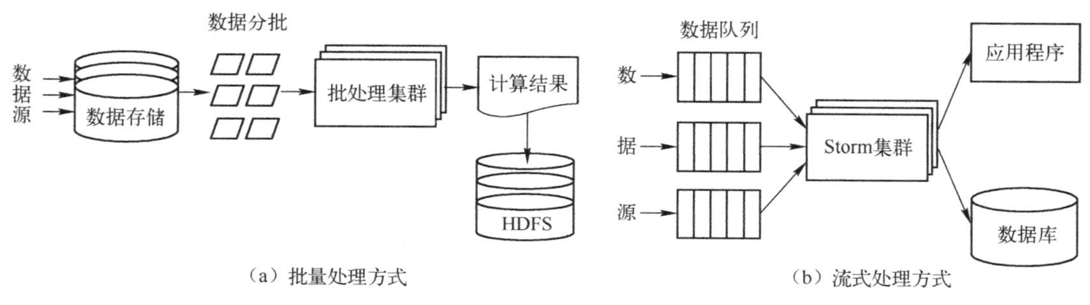

图 4-41　批量处理与流式处理的对比

4.10.2 常见的流式计算软件

2010年，Yahoo推出了分布式流式处理系统S4（Simple Scalable Streaming System）；2011年，Twitter公司推出了Storm。S4和Storm都是开源的。这两个开源流计算框架的出现，改变了开发人员开发实时应用的方式。现在，开发人员可以基于这样的处理框架，快速搭建一套健壮的、易用的实时流处理系统，并与Hadoop等平台配合，从而开发出以前很难想象的实时产品。

与S4相比较，Storm的表现更好一些，也更有影响力。

当然，除了开源系统，还有如下两类流计算框架与平台。

☺ 商业级流计算平台：如IBM InfoSphere Streams（高级计算平台，可以同时处理数千个实时数据源）、IBM StreamBase（主要用在政府和金融部门）等。

☺ 公司自己的流计算框架：如Facebook Puma、百度的Dstream、淘宝的银河流数据处理平台等。

下面介绍常见的开源流数据处理系统Storm和Spark Streaming。

4.10.3 Storm系统

Storm源于Twitter公司，目前已经成为Apache顶级的开源、分布式、高容错的实时计算项目。Storm使流计算变得容易，常用于实时分析、在线机器学习、持续计算、分布式远程调用，以及数据抽取、转换和加载（Extraction Transformation Loading，ETL）等领域。Storm的部署管理非常简单，而且性能非常好，每秒可以处理数以百万计的消息。

与MapReduce简化了并行批处理的复杂性类似，Storm简化了实时处理的复杂性。

1. Twitter分层处理架构

Storm的基本处理流程如图4-42所示。

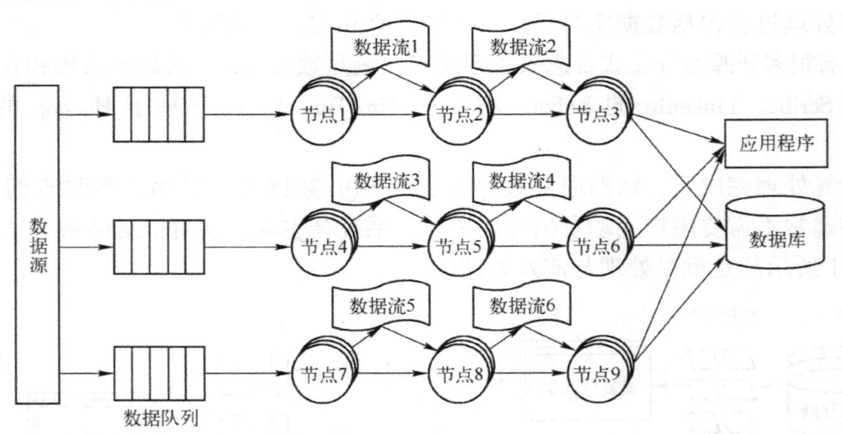

图4-42 Storm的基本处理流程

Storm处理流程的设计都是围绕实时高速处理的实现而进行的。

（1）Storm是用于处理流式数据的。为了保证数据不丢失，通常将数据存储在队列里，然后按顺序进行处理。

（2）为了保证高速流入的流数据能够及时得到处理，每个队列中的数据可以安排多个处理节点流水线并发处理。

（3）一个完整的数据处理过程可以设计成多个分步骤，尽量使得每个步骤的处理量不会太大。

（4）本节点处理结果通过数据流送到下一个节点继续处理，直至所有处理完成。

（5）同一个步骤也可以安排多个计算节点并行处理。

（6）最终的处理结果直接送给结果处理应用程序。如果有必要，也可以将处理结果存储在数据库中。

（7）节点之间的数据处理流程既可以是简单的，也可以是复杂的，如图4-43所示。在复杂的处理流程中，一个节点的处理结果可以由后续的多个节点分别处理，其实现方法是在处理节点（Bolt）中编程规定Stream Grouping方式。

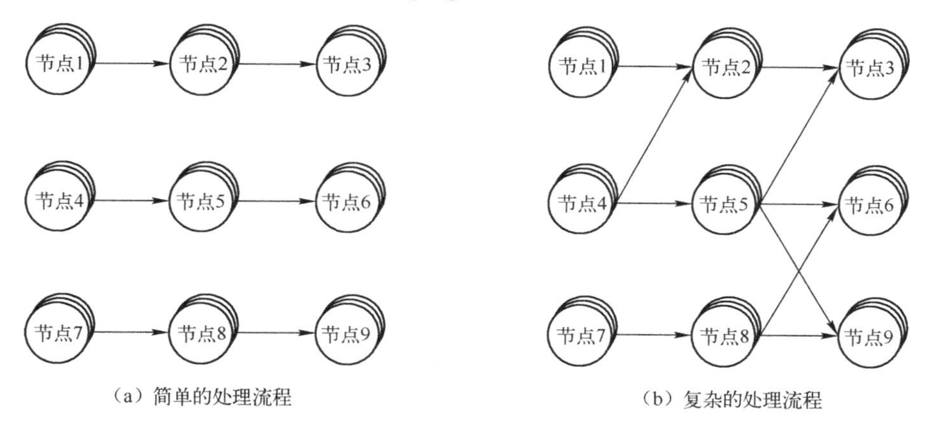

图4-43 节点之间的数据处理流程

2. 基本术语

图4-44所示的是Storm基本术语及其对应关系。

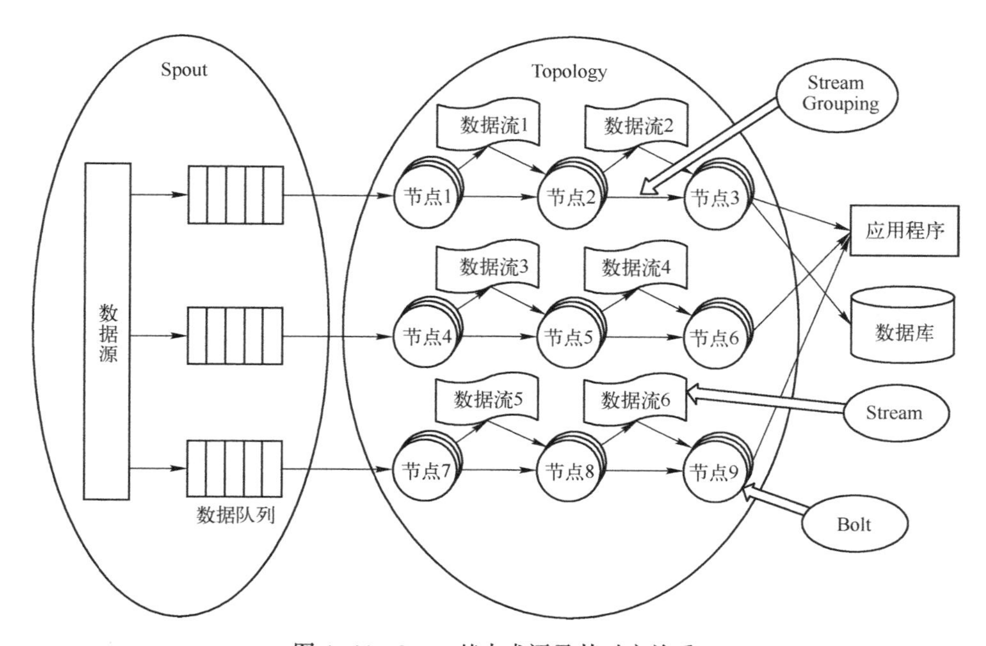

图4-44 Storm基本术语及其对应关系

（1）Stream：数据流。定义为一个无限的元组（Tuple）序列，如图4-45所示。元组（Tuple）是Storm核心数据结构，是消息传递的基本单元，其形式可以理解成key/value序列，其中，value可以是任何类型数据。

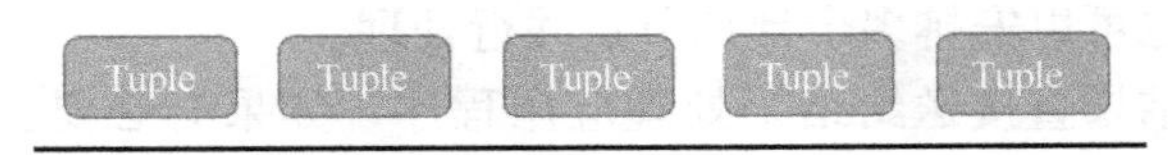

图4-45　Stream：无限的元组（Tuple）序列

（2）Spout：数据流的数据源，如图4-46所示。Spout会从外部读取流数据，并持续发出元组（Tuple）。

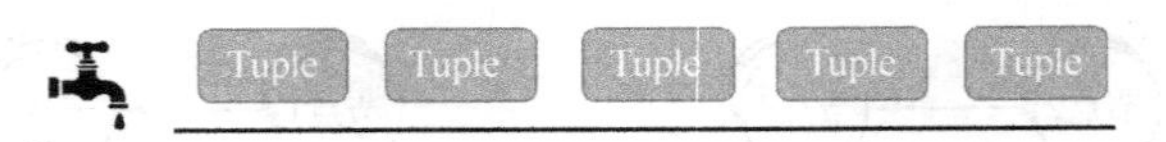

图4-46　Spout：数据流的数据源

（3）Bolt：数据流处理组件，简称流处理或节点，如图4-47所示。拓扑中所有的数据处理均由Bolt完成。通过数据过滤（Filtering）、函数处理（Functions）、聚合（Aggregations）、联结（Joins）、数据库交互等功能，Bolt几乎能够完成任何数据处理需求。

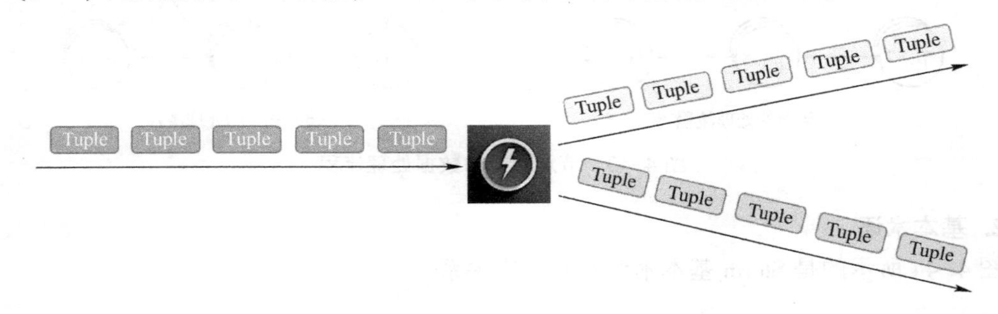

图4-47　Bolt：处理元组，创建新的数据流

（4）Topology：拓扑。Storm将数据源（Spout）和流处理（Bolt）组成的网络称为拓扑，它是由数据源和流处理组成的DAG程序。一个拓扑可以并发地运行在多个服务器上，每个服务器运行该DAG程序的一部分。

Storm中的拓扑（Topology）与MapReduce中的作业（Job）类似，不同的是它是一个长驻程序，一旦开始运行就不会停止（除非人工终止其运行）。因此，拓扑实际上是一个任务路线图，或者对实时计算应用逻辑的封装，或者为编程逻辑。图4-48所示为拓扑示意图。

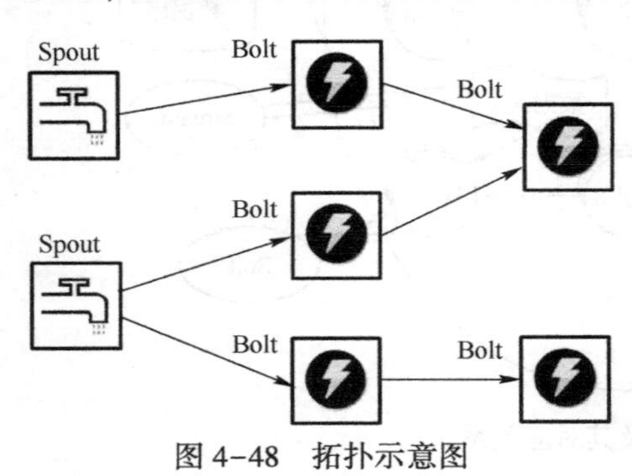

图4-48　拓扑示意图

实际上，在Storm中只有Spout和Bolt需要处理数据。

（5）Stream Groupings：数据流分组方式。这是Storm的元组分发策略，用于确定高速拓扑如何在数据源和流处理间分发元组。

图4-49所示为由数据流分组方式控制元组的流向图，其中圆圈表示任务（Task）。每个数据源和流处理都可以有多个分布式任务，每个任务在何时以何种方式发送元组均由数据流分组方式决定。

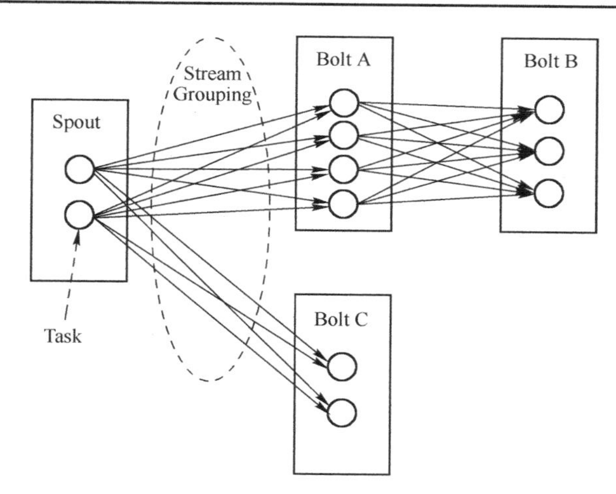

图 4-49　由数据流分组方式控制元组的流向图

数据流分组方式有 7 种，即随机分组、按字段分组、广播分组、全局分组、不分组、指向型分组、本地或随机分组。

☺ 随机分组（Shuffle Grouping）：随机分发元组给流处理的各个任务，每个流处理实例接收到相同数量的元组。

☺ 按字段分组（Fields Grouping）：根据指定字段的值进行分组。例如，一个数据流根据“word”字段进行分组，则所有具有相同“word”字段值的元组会路由到同一个流处理的任务中。

☺ 广播分组（All Grouping）：将所有元组复制后分发给所有流处理任务。每个订阅数据流的任务都会接收到元组的拷贝。

☺ 全局分组（Globle Grouping）：这种分组方式将所有的元组路由到唯一的任务上。Storm 按照最小的任务 ID 来选取接收数据的任务。

> 当使用全局分组方式时，设置流处理的任务并发度是没有意义的，因为所有元组都转发到同一个任务上了。由于所有的元组都转发到一个 JVM 实例上，可能会引起 Storm 集群中某个 JVM 或服务器出现性能瓶颈或崩溃。

☺ 不分组（None Grouping）：在功能上和随机分组相同，是为将来预留的。

☺ 指向型分组（Direct Grouping）：数据源会调用 emitDirect( ) 方法来判断一个元组应该由哪个 Storm 组件来接收。只能在声明了是指向型的数据流上使用。

☺ 本地或随机分组（Local or Shuffle Grouping）：与随机分组类似，但会将元组分发给同一个进程（Worker）内的流处理任务（如果进程内有接收数据的流处理任务）。在其他情况下，采用随机分组的方式。取决于拓扑的并发度，本地或随机分组可以减少网络传输，从而提高拓扑性能。

（6）Worker：进程。执行拓扑的工作进程，用于生成任务。每个工作进程都是一个实际执行拓扑的子集。

（7）Task：任务。在 Storm 集群中，每个数据源（Spout）和流处理（Bolt）均由若干个任务来执行。每个任务都与一个执行线程（Executor）相对应。数据流分组可以决定如何由一组任务向另一组任务发送元组。

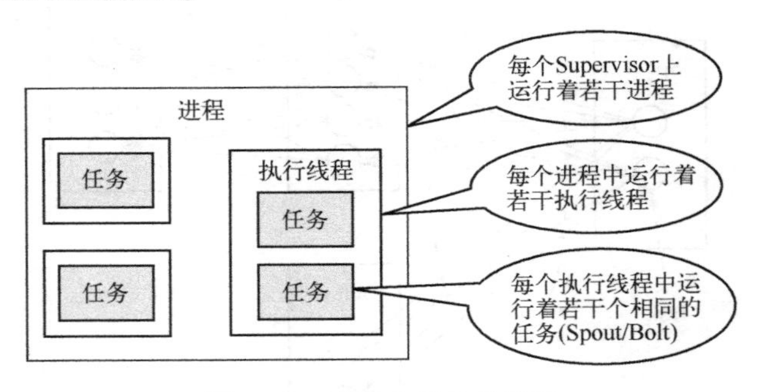

图 4-50　节点上运行的进程

3. Storm 集群架构与工作流程

如前所述，MapReduce 运行的是分 Map 和 Reduce 两个阶段的批处理任务，Spark 运行的是按 DAG 设定任务顺序的批处理任务，Storm 运行的是由“拓扑”设定任务处理顺序的流计算作业，拓扑有点像流水线作业。

MapReduce 作业完成批处理计算任务后就结束运行，而 Storm 的由“拓扑”设定的流计算任务将持续处理消息，直至人为终止。

Storm 集群采用“Master-Worker”的节点方式，这也是主-从结构。

Master 节点运行名为“Nimbus”的后台程序（类似 Hadoop 中的“JobTracker”），负责在集群范围分发代码，为进程（Worker）分配任务和监测故障。

Worker 节点运行名为“Supervisor”的后台程序（类似 Hadoop 中的“TaskTracker”），负责监听分配给它所在服务器的工作，即根据 Nimbus 分配的任务来决定启动或停止进程（Worker）。

与 Hadoop 类似，Storm 采用 Zookeeper 作为分布式协调组件，负责 Nimbus 和多个 Supervisor 之间的所有协调工作。

图 4-51 所示的是 Storm 的系统架构。注意，此图与图 4-5 十分相似。

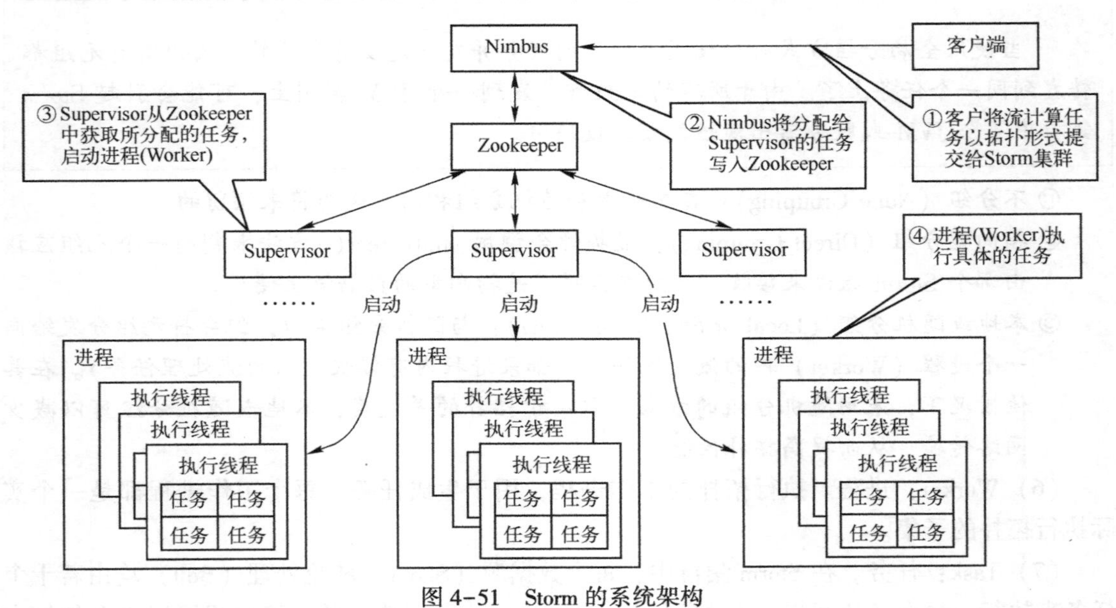

图 4-51　Storm 的系统架构

> 说明 在 Storm 的术语中，由于 storm 的本意是风暴，所以 Storm 中的很多术语采用的是气象领域的词汇，如 stream（溪流）、spout（喷口、水龙卷）、bolt（闪电）、nimbus（雨云）。

4.10.4 Spark Streaming

Spark Streaming 与 Storm 的相似之处在于，它们的处理模式都像流水线作业一样，故称流式计算；不同之处是，Spark Streaming 处理的是某个时间段窗口内的事件，而 Storm 处理的是每次传入的单个事件。

Spark 的组件 Spark Streaming 也是一个流式处理软件，它的基本原理是将输入数据流以时间片（秒级）为单位进行切分，然后以类似批处理的方式处理每个时间片数据，如图 4-51 所示。

Spark Streaming 把实时输入数据流以时间片 Δt（如 1s）为单位切分成一系列微块。Spark Streaming 会把每块数据作为一个 RDD，并使用 RDD 操作处理每一小块数据。每块数据都会生成一个 Spark 作业去处理，最终结果也将返回多块数据。

因此，Spark Streaming 兼有批量和实时数据的处理逻辑，可以称为微批处理。

Spark Streaming 与 Storm 的最大区别是前者无法实现毫秒级的流计算，而后者可以。

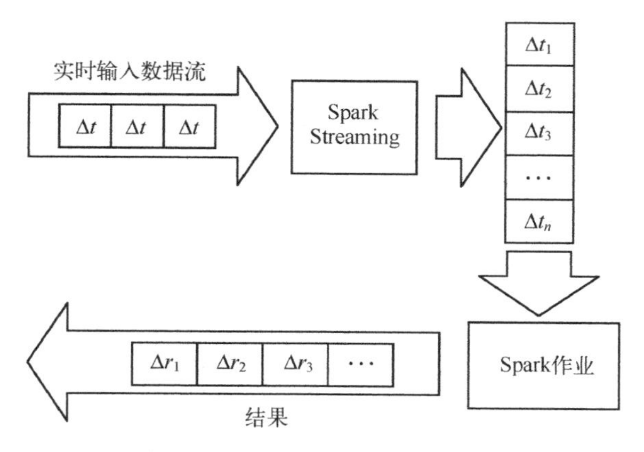

图 4-52 Spark Streaming 基本原理

4.10.5 流计算与批处理计算的区别

在数据采集阶段，流计算将数据采集到消息队列中，而批处理系统将数据采集到 HDFS 中。流计算实时读取消息队列中的数据进行运算，而批处理会攒一大批数据后再批量导入到计算系统中进行运算处理。

在数据计算阶段，流计算系统（如 Storm）的时延较小，其主要原因如下所述。

（1）Storm 进程是常驻的，有数据就可以进行实时处理；而 MapReduce 是在数据攒一批后再由作业管理系统启动任务去处理。

（2）Storm 的每个计算单元之间的数据传输是通过网络（ZeroMQ）直接进行的；而 MapReduce中 Map 任务运算的结果要先写入 HDFS，然后再由 Reduce 任务通过网络实现运算。

(3) 对于复杂运算，Storm 由 DAG 承担任务调度；而 MapReduce 需要分成多个 MR 过程。

(4) 在数据结果展现阶段，流计算将运算结果直接展示出来；而 MapReduce 需要将运算结果批量导入到结果集中。

表 4-6 所列的是 Storm、SparkStreaming 和 Hadoop 的主要区别。

表 4-6 Storm、Spark Streaming 和 Hadoop 的主要区别

产品名称	Storm	Spark Streaming	Hadoop MapReduce
血统	Twitter	UC Berkeley AMP lab	Google Lab
开源时间	2011 年 9 月 16 日	2011 年 5 月 24 日	2006 年 1 月
相关资料数量	多	多	极多
依赖环境	Zookeeper、Java、Python	Hadoop client、Scala	Java、ssh
技术语言	Java、Clojure	Scala	Java
支持语言	无限制	Scala、Java、Python	Java 或其他
延时性	实时	秒级	较高
网络带宽	一般	一般	一般
硬盘 I/O 数量	一般	少	较少
集群支持度	好	超过 1000 节点	数千个节点
吞吐量	较好	好	好
使用情况	淘宝、百度、Twitte、Groupon、雅虎	Intel、腾讯、淘宝、中国移动、Google	EBay、Facebook、Google、IBM
适用场景	实时的小数据块的分析计算	较大数据块且需要高时效性的小批量计算	低时效性的大批量计算

4.11 图计算

当今世界是一个万物互连、网络遍布的世界，许多数据源于网络，或者植根在网络之中。例如，电子商务、社交网络、交通管控、电力调度等都严重依赖网络，这些网络中的顶点或实体无时无刻不在产生着大量的数据。

这些数据的处理需要用到新的存储工具和计算模型，存储工具就是前述的图数据库，计算模型则是将要介绍的图计算。

图计算的应用越来越广泛，数据规模也越来越大，有的图已经有数十亿个顶点和数千亿条边，因此需要一个分布式计算环境来承担如此巨量的计算任务。显然，MapReduce 这种单输入、两阶段、粗粒度的计算框架，不适合大规模图计算这样的多迭代、稀疏结构和细粒度的应用。

之所以需要多迭代，是因为图计算往往会在相同的数据集上反复执行计算；而稀疏结构是指，一张大图在一个时间间隔内，可能大多数顶点并没有变化，需要计算的顶点往往是少数，因此呈现稀疏性；细粒度就更容易理解，因为图上每个顶点在一次计算处理中要执行的通常是一个小任务。

目前通用的图处理软件主要包括如下两种。

（1）基于遍历算法的、实时的图数据库，如Neo4j、OrientDB、DEX和Infinite GRAPH等。

（2）以图顶点为中心的、基于消息传递批处理的图计算并行框架，如Pregel、Hama、GoldenOrb和Giraph等。

本节主要介绍Pregel图计算框架。

4.11.1 Pregel图计算框架的提出

Pregel图计算框架源于Google在2010年国际数据库顶级学术会议上发表的一篇论文《Pregel：一种大规模图处理系统》。Pregel图计算框架的灵感来自图灵奖获得者莱斯利·瓦利安特（Leslie Valiant）教授于1990年提出的整体同步并行（Bulk Synchronous Parallel，BSP）计算模型。

Google将图计算框架起名为Pregel是有特殊含义的——Pregel就是著名的古典数学七桥问题中提到的柯尼斯堡（原东普鲁士首府，哲学家康德的故乡，今俄罗斯加里宁格勒）城内的那条河的名称。

1736年，年仅29岁的大数学家欧拉（Euler）访问柯尼斯堡。柯尼斯堡有一条Pregel河正好从市中心流过，河中心有两座小岛，岛与两岸之间有七座古桥，如图4-53（a）所示。当地人每到星期六就去这七座桥玩散步游戏，规则是每座桥只能经过一次，而且起点与终点必须是同一地点，但从来没有人成功过。这个问题困扰了当地居民很久，于是他们向欧拉请教。

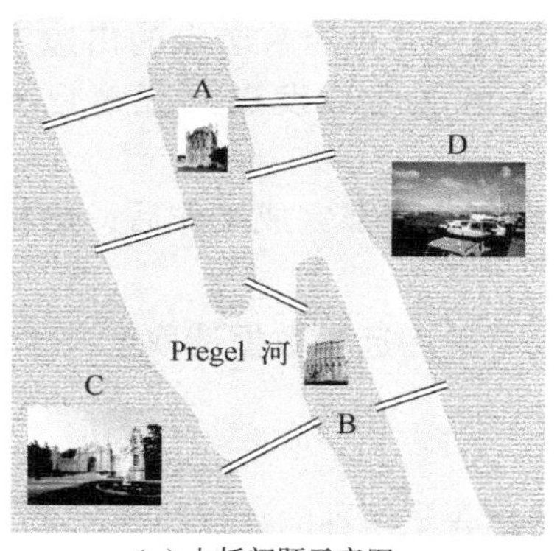

（a）七桥问题示意图

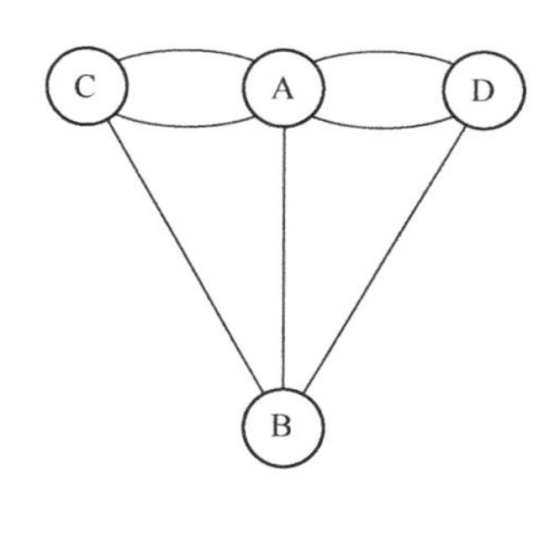

（b）七桥问题简化图

图4-53 七桥问题

欧拉对此问题进行了研究，将其归结为图4-53（b）所示的“一笔画”问题，并证明上述规则规定的走法是不可能完成的，同时也开创了数学一个新的分支——图论。

欧拉的解答是，假设每座桥只能走过一次，那么对于A、B、C、D四个节点中的每个节点，需要从某条边进入，并从另一条边离开；进入和离开节点的次数是相同的，即每个节点如果有多少条进入的边，就必须有相应数量出去的边，也就是说，与每个节点相连的边必须是成对出现的，即与每个节点的相连边的数量必须是偶数；如果有奇数点，最多只能有2个，且必须以其中一个奇数点出发，在另一个奇数点结束。

由于图4-53中与节点A相连的边的数量为5，与B、C、D三个节点相连的边的数量都是3，均为奇数，所以无法从一个节点出发，遍历每条边各一次。

4.11.2　超步

Pregel 计算框架处理的是与图有关的数据，而图的规模可能非常巨大，也许有数十亿个节点和数千亿条边。因此，图计算通常需要运行在由多个服务器构成的集群上。Pregel 首先将需要运算的大图拆分成若干张小图，然后将小图分配给集群中各个服务器去运算。这种处理思想与 Hadoop “分而治之”的思想是一致的。将大图拆分成子图的过程示意图如图 4-54 所示。

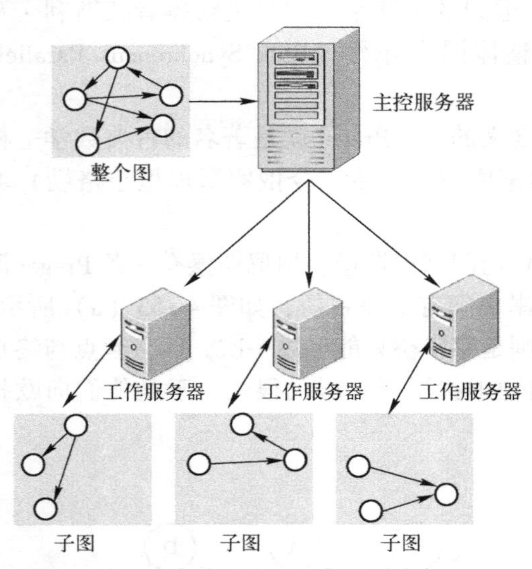

图 4-54　将大图拆分成子图的过程示意图

Pregel 的运算过程是由一轮一轮称为超步（Superstep）的计算单元迭代（Iteration）组成的。在每个超步内，Pregel 计算框架都会针对每个节点调用用户自定义的函数，这个过程是并行的（即不是逐个节点地串行调用，而是同一时刻可能有多个节点被调用）。

在每个节点上定义的函数描述的是该顶点在一个超步中需要执行的操作。该函数要完成三项工作：读入前一个超步传送过来的状态消息；修改该节点及相关边（出边）的状态；产生下一轮迭代的消息，并将其发送给其他节点。消息通常是沿着节点的出边发送的，但一个消息可能会被发送到任意已知 ID 的节点上去。

所有节点都完成工作后，这轮超步才算完成任务，才能启动下一轮超步。

对于图中不同节点之间的信息交换，Pregel 没有采用远程数据读取或共享内存的方式，而是采用纯消息传递模型实现的。

Pregel 计算框架采用检查点机制来实现容错。

Pregel 计算框架采用“以节点为中心”的计算模式，适合图计算的迭代式计算。与成串的 MapReduce 计算任务相比，Pregel 算法降低了网络开销和中间结果的读/写开销。

在 BSP 模型中，一次计算过程是由一系列超步组成的，超步就是图计算中的一次迭代。在图计算中，从起始节点每往前步进一层对应一个超步。

如图 4-55 所示，每个超步包括如下 3 个阶段。

（1）局部计算：每个处理器都调用一个用户自定义的函数进行计算，这个过程是并行的。

（2）通信：处理器之间通过消息完成通信，并且发生在当前超步转到下一个超步的过程中。

（3）栅栏同步（Barrier Synchronous）：当一个处理器遇到栅栏时，会等待其他处理器完成本次计算步骤。每次同步也是一个超步的完成和下一个超步的开始。

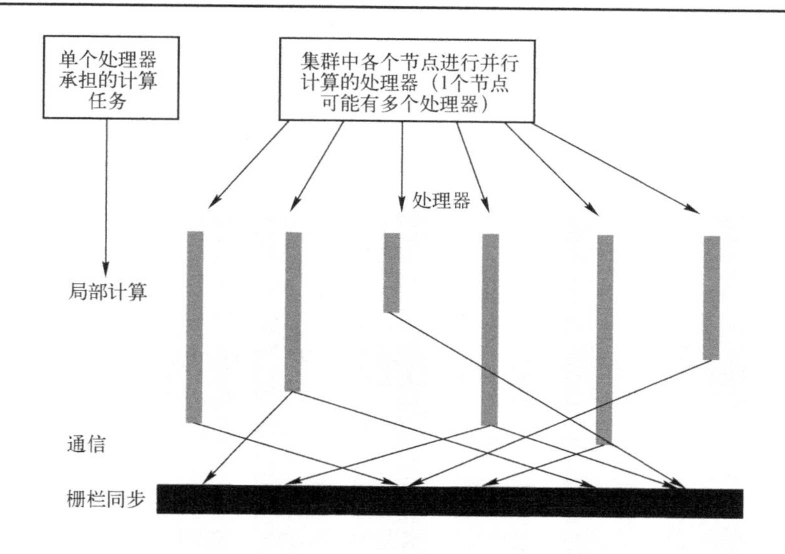

图4-55　一个超步的处理过程示意图

4.11.3　Pregel计算模型

在Pregel计算模型中，输入的是一个有向图，如图4-56所示。有向图的每个节点都有一个字符串型顶点ID，每个节点还有一些属性，这些属性可以被修改，其初始值由用户定义；每一条有向边与其源节点关联，并且也拥有一些用户定义的属性和值，还记录了其目的节点的ID。

在每个超步S中，图中所有节点都会执行用户自定义的函数。每个节点可以接收前一个超步（S-1）发送给它的消息，修改其自身及其出边的状态，并发送给其他节点。在边上不会进行计算，只有节点才会执行用户自定义函数进行计算。

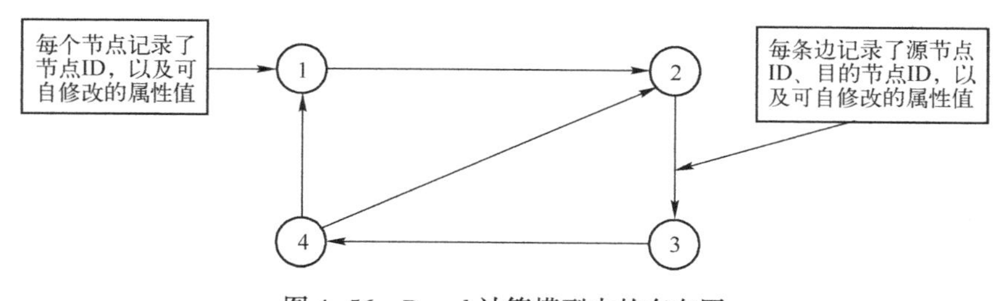

图4-56　Pregel计算模型中的有向图

图4-57所示的是节点之间纯消息传递模型示意图。之所以采用纯消息传递方式，是因为消息传递具有足够的表达能力，没有必要使用远程读取或共享内存的方式，这有助于提升系统整体性能。

一个Pregel计算过程如下：读取输入，初始化该图，然后运行一系列超步，直到整个计算结束，最后输出结果。

在每个超步中，节点的计算都是并行的，执行的是用户自定义的函数。每个节点可以修改其自身的状态信息或以它为起点的出边的信息，从前一个超步中接收消息并传送给其后续超步，或者修改整个图的拓扑结构。

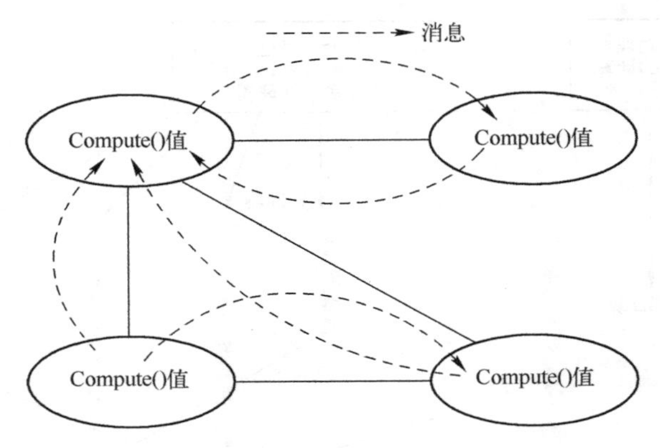

图 4-57　节点之间纯消息传递模型示意图

边在这种计算模式中不是核心对象，在其上没有运算任务。

图 4-58 所示的是 Pregel 计算模型中的超步计算过程示意图。

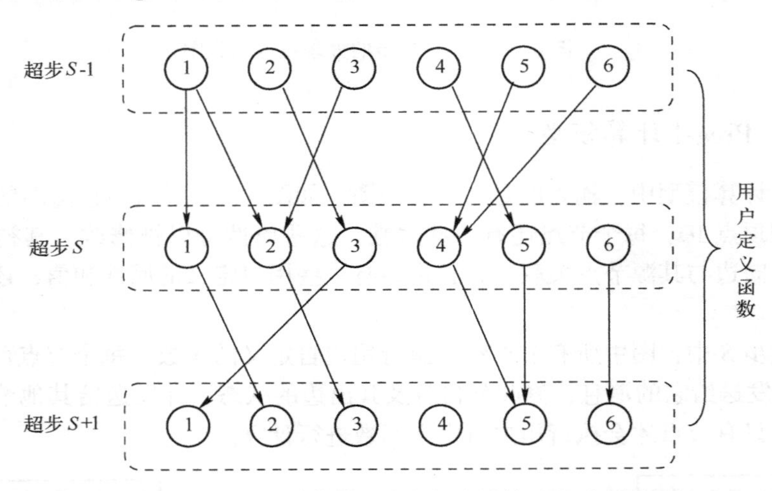

图 4-58　Pregel 计算模型中的超步计算过程示意图

在 Pregel 计算过程中，一个算法何时结束是由所有节点的状态决定的。如图 4-59 所示，节点的状态分为活跃和不活跃两种，它们之间可以相互转换。

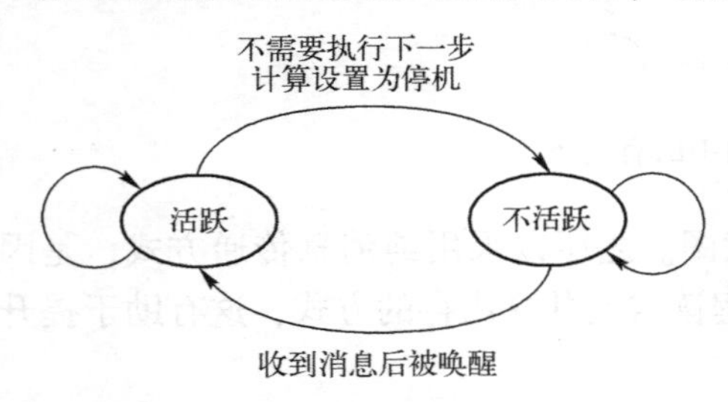

图 4-59　Pregel 节点状态转换示意图

在一个超步中，只有活跃的节点才会执行其上的计算。一个活跃的节点可以在计算过程中调用投票停止函数 VoteToHalt( ) 将自己转换为不活跃节点。如果一个不活跃的节点接收到消息，则会在下一个超步中变为活跃状态。

在初始时第 0 超步，所有节点均处于活跃状态，只有当所有节点均转换为不活跃状态，且没有消息传递时，这个计算过程才会结束。

下面以一个简单的例子来说明 Pregel 计算框架的计算过程，如图 4-60 所示。

在图 4-60 中，圆圈表示节点，每个节点赋以一个整数值，计算过程要求将图中所有节点中的最大值传播到每个节点。图中实线表示边，虚线表示一个超步发送给下一个超步的消息；白色圆圈表示处于活跃状态的节点，灰色圆圈表示处于不活跃状态的节点。

图中用4个超步完成了将最大值传播到每个节点的任务。

在每个超步中，每个节点将自己的值沿出边发送给邻近的节点。在下一个超步中，每个节点首先检查收到消息中的数值是否大于本节点的数值，如果是就替换，并将该值继续发送给邻近的节点；否则，就调用投票停止函数将本节点设置为不活跃状态。

在下一个超步中，只有数值发生变化的节点才会继续发送消息给邻近的节点。

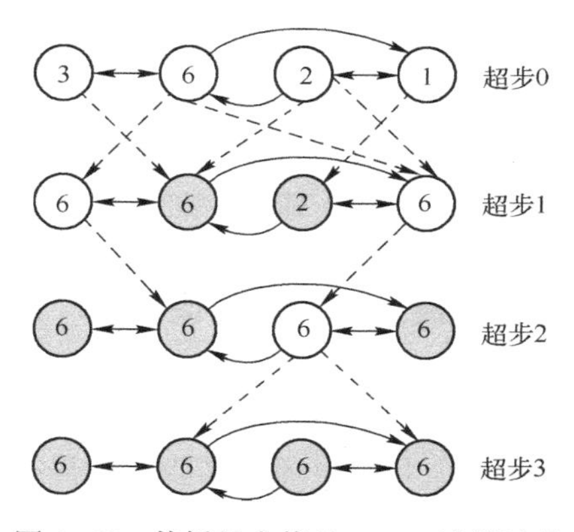

图4-60 传播最大值的Pregel计算过程

在超步3，所有节点都处于不活跃状态，算法终止。

由图4-60可见，这是一种以节点为中心的计算模式，在每个超步中，每个节点所承担的计算任务并不大，节点之间传递数据采用的是消息机制，因此十分适合图应用这样的迭代式计算场景。而且，由于抛弃了MapReduce计算框架中的分阶段同步、中间结果写入磁盘、Map处理结果网络传输给Reduce处理等网络开销，所以效率很高。

4.11.4 Pregel的C++ API

1. Vertex类

在Pregel计算过程中，各个节点运行的是用户自定义的函数。下面简要介绍如何用C++来编写这个函数。

编写一个Pregel程序需要继承Pregel中已预定义好的一个基类——Vertex类。

```
template<typename VertexValue, typename EdgeValue, typename MessageValue>
class Vertex {
    public:
    //定义虚函数 compute();用户的处理逻辑在此实现
    virtual void compute(MessageIterator * msgs) = 0;
    //参数节点 ID
    const string& vertex_id() const;
    //记录执行的超步数
    int64 superstep() const;
    //获取节点关联的值
    const VertexValue& GetValue();
    VertexValue * MutableValue();
    //出边迭代器,获取所有的出边
    OutEdgeIterator GetOutEdgeIterator();
    //发送消息
    void SendMessageTo(const string& dest_vertex, const MessageValue& message);
    //设为停机
    void VoteToHalt();
};
```

该类的模版参数中定义了 3 个值类型参数，分别表示节点、边和消息。每个节点都有一个对应的给定类型的值。

编写 Pregel 程序时，需要继承 Vertex 类，并且覆写 Vertex 中的虚函数 compute( )。

Pregel 执行计算时，在每个超步中都会并行调用每个节点上定义的 compute( ) 函数。

预定义的 Vertex 类方法允许 compute( ) 函数查询当前节点的值，或者调用 MutableVable( ) 函数来修改当前节点的值，还可以通过由出边的迭代器提供的函数来查看或修改出边的值。

对于被修改的节点而言，状态的修改是可以立即看见的；但是对于其他节点而言，则是不可见的。因此，不同节点并发进行的数据访问是不存在竞争关系的。

2. 消息传递

节点之间的通信是借助消息传递机制来实现的，每条消息都包含了消息值和需要到达的目标节点 ID，用户可以通过 Vertex 类的模版参数来设定消息的数据类型。

消息的发送和接收不是同步的。在一个超步 S 中，一个节点可以发送任意数量的消息，这些消息将在下一个超步 $S+1$ 中被其他节点接收。

发送消息与接收消息的两个节点不一定相邻。一个节点 V 通过与之关联的出边向外发送消息，并且消息要到达的目标节点并不一定是与节点 V 相邻的节点，一个消息可以连续经过多条连通的边到达某个与节点 V 不相邻的节点 U，节点 U 可以从接收的消息中获取到与其不相邻的节点 V 的 ID。

3. 合并器（Combiner）

在执行大图计算时，一个大图会被划分成多个分区，并分布在多个服务器上。因此，消息的发布者和接收者可能不在同一个服务器上，这会产生一些开销。

在有些情况下，可以用合并（Combine）功能来降低开销。这个情况就是，如果发往同一个节点的多个整型值是进行求和运算或求极值运算的，那么，可以先用合并器（Combiner）完成相应的运算，然后对外只发送这个运算结果，这样就可以将多个消息合并成一个消息，从而大大减少消息传输和缓存的开销。

在默认情况下，Pregel 计算框架并不会开启合并功能。当用户打算开启合并功能时，可以继承 Combiner 类并覆写虚函数 combine( )。此外，通常只对那些满足交换律和结合律的操作才可以开启合并功能。

图 4-61 所示的是应用合并器（Combiner）求最大值的一个例子：假设节点 A 和 C 在服务器 M 上，节点 B 和 D 在服务器 N 上，A 向 B 发送的数值是 3，C 向 B 发送的数值是 2，在

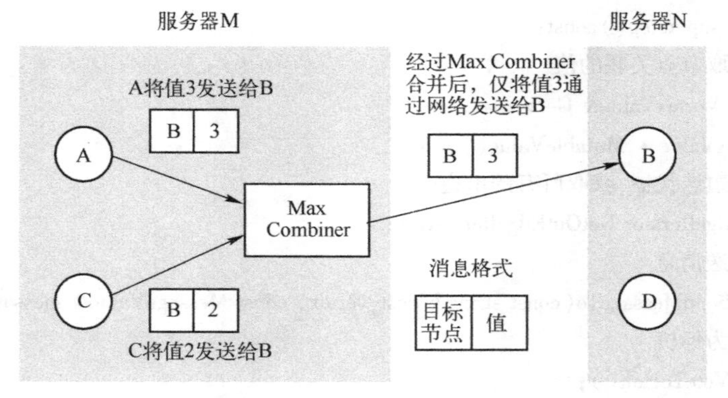

图 4-61　应用合并器（Combiner）求最大值的一个例子

服务器M上用求极值合并器（Max Combiner）将这两个消息合并，减少成一个消息再发送给B，这个消息就是其中较大的数值3。

4. 聚合器（Aggregator）

聚合器（Aggregator）提供了一种全局的通信、监控和数据查看机制。

在一个超步中，每个节点都可以向一个聚合器提供一个数值，Pregel计算框架对这些数值进行聚合操作，从而产生一个新的数值，在下一个超步中，图中所有节点都可以得到这个数值。

Pregel预定义了一些聚合操作，包括求最大值（max）、求最小值（min）、求和（sum）等，这些操作允许的数值类型为整数和字符串。

聚合器也可以用于全局协同。例如，可以设计与（and）逻辑聚合器来决定在某个超步中compute()函数是否执行某些逻辑分支，只有当与（and）逻辑聚合器显示所有节点都满足了某个条件时，才去执行这些逻辑分支。

5. 改变拓扑结构

Pregel计算框架允许用户在自定义函数compute()中定义操作，修改图的拓扑结构，如增加或删除图的边或节点。

对于全局的拓扑改变，Pregel采用惰性协调机制，在改变请求发出时，Pregel不会对这些操作进行协调，只有当这些改变请求的消息到达目标节点并被执行时，Pregel才会对这些操作进行协调。

对于本地的局部拓扑改变，因为不会引发冲突，所以节点或边的本地增减能够立即生效，这样可以在很大程度上简化分布式编程。

4.11.5 Pregel体系结构

在Pregel计算框架中，图的保存格式多种多样，包括文本文件、关系型数据库或键值数据库等。由于“从输入文件生成得到图结构”和“执行图计算”这两个过程是分离的，所以不会限制输入文件的格式。

对于输出，Pregel也采用了灵活的方式，可以以多种方式进行输出。

1. 执行过程

在Pregel计算框架中，一个大型图会被划分成许多个分区。

一个节点应该被分配到哪个分区是由函数hash(ID)mod n 决定的。n 为分区总数，ID是节点的标志符。无论在哪个服务器上，都可以通过这个函数及节点的ID，得知该节点属于哪个分区。

Pregel用户程序执行过程示意图如图4-62所示。

这个执行过程分成如下8个步骤。

（1）选择集群中的多个服务器执行图计算任务，其中一个作为主控服务器（Master），其余的作为工作服务器（Worker）。这与前面介绍的Storm是类似的。

（2）主控服务器负责协同管理，它将一个图划分成多个分区，并将每个分区分配给工作服务器。

（3）工作服务器需向主控服务器注册。每个工作服务器负责计算主控服务器分配给自己的一个或多个分区的计算任务。每个工作服务器维护自己的分区状态（如节点及边的增或删），对自己的节点执行comupte()函数，向外发送消息，接收发送来的消息。

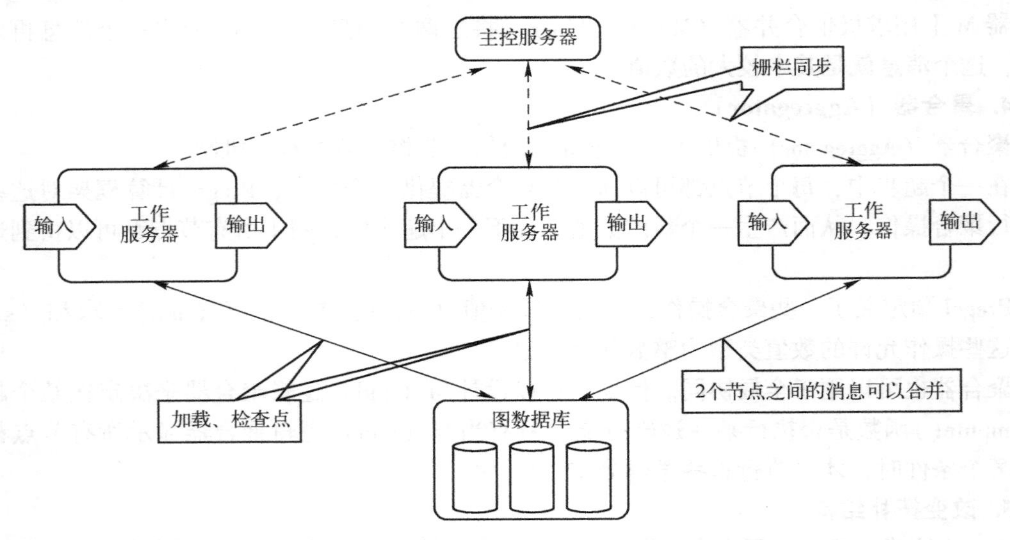

图 4-62　Pregel 用户程序执行过程示意图

(4) 当任务完成分区和分配后，将输入数据加载到所有工作服务器。此时，图中所有节点均处于活跃状态。

(5) 主控服务器向工作服务器发送指令，让其运行一个超步。工作服务器接收指令后，开始运行一个超步，它会为自己的每个分区分配一个线程来执行计算任务，处理消息。

(6) 当一个超步中的所有工作完成后，工作服务器会通知主控服务器，并将属于自己的、在下一个超步中还有多少个活跃状态的节点数量报告给主控服务器。

(7) 步骤 (1) 至步骤 (6) 不断被重复执行，直至所有节点均处于不活跃状态，且系统中没有任何消息在传递，执行过程才会结束。

(8) 计算过程结束后，主控服务器会给所有工作服务器发送指令，通知每个工作服务器，让它保存它那一部分的计算结果。

2. 主控服务器 (Master)

主控服务器主要负责协调各个工作服务器执行任务，每一个工作服务器在主控服务器上注册时会分配到一个唯一的 ID。

主控服务器将一个大图的计算任务分解到多个工作服务器中执行。

主控服务器内部维护着一个正常工作的工作服务器列表，该列表中包括每个工作服务器的 ID 和地址信息，以及工作服务器分配到的分区任务，即工作服务器负责运算整个图的哪一部分。

在每轮超步开始时，主控服务器向所有正常工作的工作服务器发送相同的指令，然后等待它们的回应。如果在指定时间内收不到某个工作服务器的回应，主控服务器就认为这个工作服务器失效，只要执行任务的任意一个工作服务器失效，主控服务器就会进入恢复模式。

为了保证各个节点计算的同步，在每轮超步中，图计算的各种工作，如输入、输出、计算、保存和从检查点中恢复，都会在“栅栏 (Barrier)”之前结束。如果栅栏同步成功，主控服务器便会进入下一个处理阶段，开始执行下一个超步。

主控服务器同时还保存着整个计算过程及整个图的状态的统计数据，如图的总的大小，关于出度分布的柱状图，处于活跃状态的节点个数，当前超步的时间信息和消息流量，以及所有用户自定义聚合的值等。为方便用户监控，主控服务器在内部运行了一个 HTTP 服务器来显示这些信息。

3. 工作服务器（Worker）

在一个工作服务器中，它所管辖的分区的状态信息是保存在内存中的。分区中节点的状态信息包括如下4项内容。

（1）节点的当前值。

（2）一个以该节点为起点的出边列表，每条出边包含目标节点 ID 和边本身的值。

（3）一个消息队列，包含该节点所有接收到的消息。

（4）一个标志位，标记该节点是否处于活跃状态。

在每个超步中，工作服务器会遍历自己所管辖分区中的每个节点，并调用每个节点上各自的 compute()函数。在调用时，会输入3个参数，即节点的当前值、一个接收到的消息的迭代器、一个出边的迭代器。

这里没有对入边的访问，其原因是每一条入边其实都是其源节点的所有出边的一部分，通常是在另外的服务器上。

关于状态信息的存储，出于性能的考虑，标志位和输入消息队列是分开存储的。每个节点只保存一份节点值和边值，标志位和输入消息队列则保存两份，分别用于当前超步和下一个超步。

关于消息的接收，在超步 S 中，当一个工作服务器进行节点处理时，会处理当前的消息，同时还会有另外一个线程负责接收来自同一个超步的其他工作服务器发来的消息，这些消息会在下一个超步 $S+1$ 中处理。因此，需要两个消息队列用于存储当前超步 S 处理的消息和下一个超步 $S+1$ 处理的消息。

如果节点 V 在超步 S 接收到了消息，表示节点 V 将会在下一个超步 $S+1$ 中处于活跃状态，但不改变当前超步中的状态。

关于消息的发送，当工作服务器上的一个节点 V 需要发送消息到其他节点 U 时，该工作服务器会首先判断目标节点 U 是否位于自己的服务器上。如果节点 U 在自己的服务器上，就直接将消息放入与目标节点 U 对应的输入消息队列中。如果节点 U 在远程服务器上，这个消息会暂时缓存在本地，当缓存中的消息数量达到一个事先设定的阈值时，这些缓存消息会被批量异步发送出去，传输到目标节点所在的工作服务器上。

如果用户提供了合并器（Combiner），那么在消息被加入输出队列或者到达输入队列时，会执行 combiner 函数。后一种情况并不会节省网络开销，但是会节省用于消息存储的空间。

4.11.6 容错性

Pregel 采用检查点机制来实现容错。

在每个超步开始时，主控服务器会通知所有的工作服务器将自己管辖的分区的状态写入持久化存储设备，这些状态包括节点值、边值、接收到的消息。主控服务器自己也会保存聚合值。

工作服务器是否失效是通过主控服务器发给它的周期性的 ping 消息来检测的。如果一个工作服务器在规定的时间间隔内没有收到 ping 消息，该工作服务器的进程会终止。如果主控服务器在规定时间内没有收到工作服务器的反馈，就会将该工作服务器进程标记为失效。

当工作服务器发生故障（失效）时，分配给它的分区的当前状态信息就会丢失。主控服务器监测到一个工作服务器失效后，会将属于失效工作服务器的分区重新分配给其他正常状态的工作服务器，然后这些分区会从最近的某个超步开始时写出的检查点中重新加载状态信息。

关于恢复所需要执行的重载操作量，由于故障超步 S 可能比在失效工作服务器上最后运行的超步 S' 早好几个阶段，为了恢复到最新的正确状态，需要重新执行从超步 S 到超步 S' 的所有操作。

本节全面介绍了 Hadoop 的生态系统，简单介绍了图计算引擎。

Spark 是基于内存的运算框架，较 MapReduce 有更快的运算速度，是一个大数据一体化解决方案，其成员包括 Spark Streaming 和 Spark SQL 等。

MapReduce 适合离线批处理，Spark Streaming 和 Storm 则更适合实时计算，ActiveMQ 和 Kafka 这样的消息机制也可以提升批处理系统的实时性。

大数据丰富的技术可以相互融合使用，如 ActiveMQ 和 Kafka 等消息机制可以与流式处理相结合，而 Hive 也可以架构在 Spark 之上。

分布式并行计算技术的主要分类及产品如图 4-63 所示（图中的问号“?”是留给下一阶段新出现的分布式并行计算模式的）。

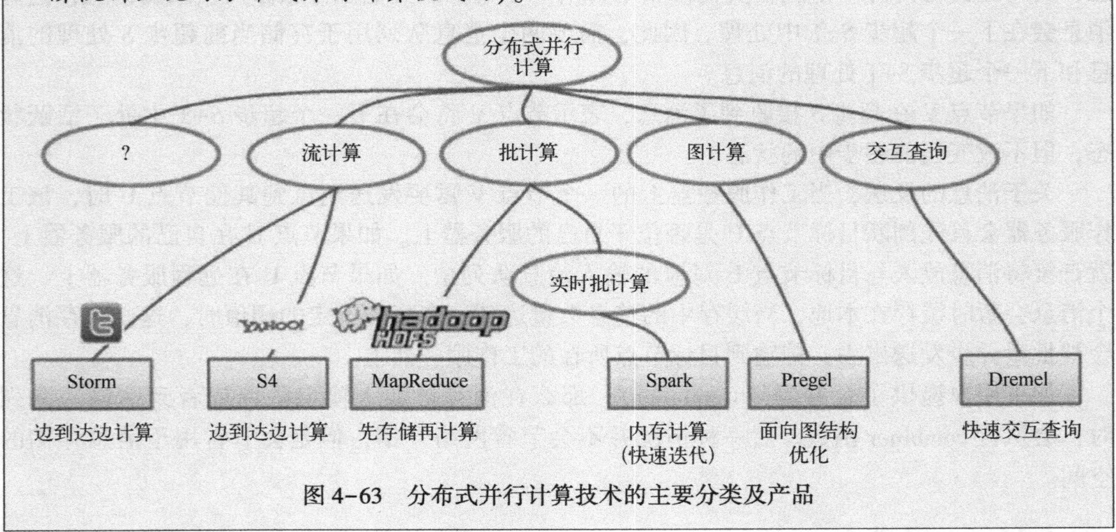

图 4-63　分布式并行计算技术的主要分类及产品

思考与练习

（1）利用 map() 函数，将用户输入的不规范的英文名字，变为首字母大写，其他小写的规范名字，输入为：['PINK','ADam','LISA','FLoaT']，输出：['Pink','Adam','Lisa','Float']（可使用 Java、Python 或者伪代码编写）。

答案：

```
m=map(lambda s: s[:1].upper()+s[1:].lower(),['PINK','ADam','LISA','FLoaT'])
print(list(m))
```

（2）请利用 map 和 reduce 编写一个 str2float 函数，把字符串“885.2156”转换成为浮点数“885.2156”（可使用 Java、Python 或者伪代码编写）。

答案：

```
Def str2float(s):
  Return reduce(lambda x,y:x+y*(0.1**(len(str(y)))),map(int,s.split('.')))
```

（3）请简要描述消息处理的模型。

答案：消息分发有两种基本的模型，即点对点（Point to Point，P2P）模型和发布-订阅模型（Publish/Subscribe）。点对点模型是一对一模型，发布-订阅模型是多对多模型。

（4）Spark 的设计的主要目标是（A）。

（A）运行速度快、编写程序容易

（B）突破低效运行问题

（C）解决批处理计算时延大问题

（5）请阐述 Storm、Spark Streaming 和 Hadoop 在适用场景中的区别。

答案：Storm 进程是常驻的，有数据就可以实时进行处理，适合实时的小数据块的分析计算；Spark Streaming 是将输入数据流以时间片（秒级）为单位进行切分，然后以类似批处理的方式处理每个时间片数据，适合较大数据块且需要高时效性的小批量计算；而 Hadoop 是在数据攒一批后再由作业管理系统启动任务处理，时延较大，适合低时效的大批量计算。

第 5 章　数据可视化

“让数据说话”是现代人经常说的一句话，很多人将其奉为圭臬。

实际上，让数据“说话”并“打动”听众，甚至与听众“交流”，是数据可视化要完成的任务。其中，让数据与听众交流非常重要，这有助于非数据处理专业人员参与数据分析设计。试想，如果一个企业的管理者能够直接参与数据分析设计，那么他对数据分析结果的评价一定很高。

“百闻不如一见”，这是一个汉语成语，翻译成英语就是“One picture is worth a thousand words”。由此可见，借助图形可以将数据中复杂的本质、变化趋势、统计特征、蕴含规律形象地表示出来。与形式单调的数据相比，人们对图形、色彩、大小的展示形式印象更深，更容易迅速捕捉到其中的显著特征和鲜明差异。

在大数据时代，庞大的数据量已经远远超出了人们观察、理解和处理数据的能力，因此数据可视化对大数据分析越来越重要。毫不夸张地说，数据可视化设计和实现水平的高低，已基本决定大数据工程的成败。

数据可视化真的有这么大的魔力吗？让我们看几个例子。

首先来看两个函数：$f_1(x,y)=\sin\sqrt{x^2+y^2}$ 和 $f_2(x,y)=100\,x(y-x^2)^2+(1-x)^2$，这是两个初等数学中的函数，非常简单。但是，如果用普通语言来描述这两个函数在三维坐标中的取值情况，将是十分困难的。图 5-1 所示的是利用 MATLAB 绘制的 $f_1(x,y)$ 和 $f_2(x,y)$ 函数图形。

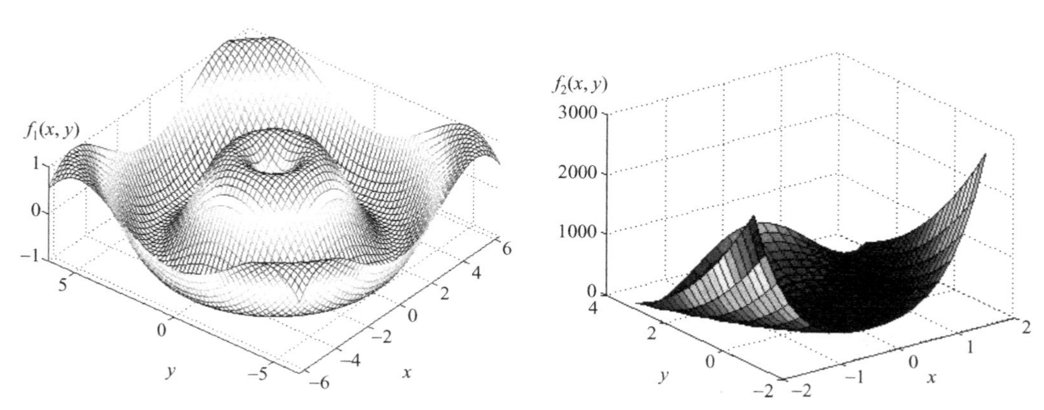

图 5-1　利用 MATLAB 绘制的 $f_1(x,y)$ 和 $f_2(x,y)$ 函数图形

再来看一张著名的麦当劳距离图，如图 5-2 所示。这张图可以从 Data Pointed 网站下载，图中颜色越明亮的部分，表示越能尽快吃到麦当劳的巨无霸。这幅图是否让您有“一图顶万言”的感觉？

图 5-2　麦当劳距离图

5.1　数据可视化定义

数据可视化是一门用形和色表达数据的艺术，这与美术中使用的线条和色彩是一个道理。形，指的是几何特征，包括形状、尺寸、方向、位置等视觉通道；色，指的是颜色、密度、纹理等视觉通道。所谓视觉通道，是指大脑接收外部世界视觉信息的通道，包括眼球、传导部分、大脑皮层的相应区。

数据可视化编码原理如图 5-3 所示。数据可视化本质上是由数据到视觉元素的编码过程。将数据信息表示成图形元素和颜色的过程，称为数据可视化编码。

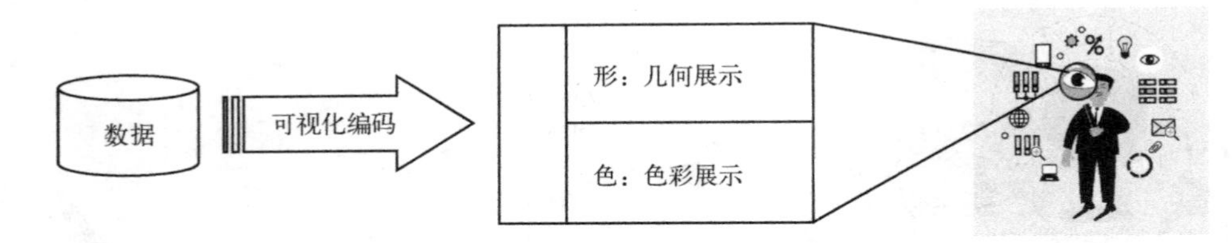

图 5-3　数据可视化编码原理

5.2　数据可视化发展历程

如同大部分机器学习算法可以追溯到上百年历史（如贝叶斯算法）一样，数据可视化的发展历程通常以约翰 · 斯诺（John Snow）利用一张霍乱患者分布地图分析 1854 年伦敦霍乱病因和 1858 年南丁格尔绘制极区图分析士兵死亡原因为最早的范例。之所以称其为范例，是因为他们首创了用图形表示数据的统计特性，让统计数据的展现形式焕然一新，而且一目了然。

图 5-4 所示的是约翰 · 斯诺绘制的伦敦霍乱疫情分布图。

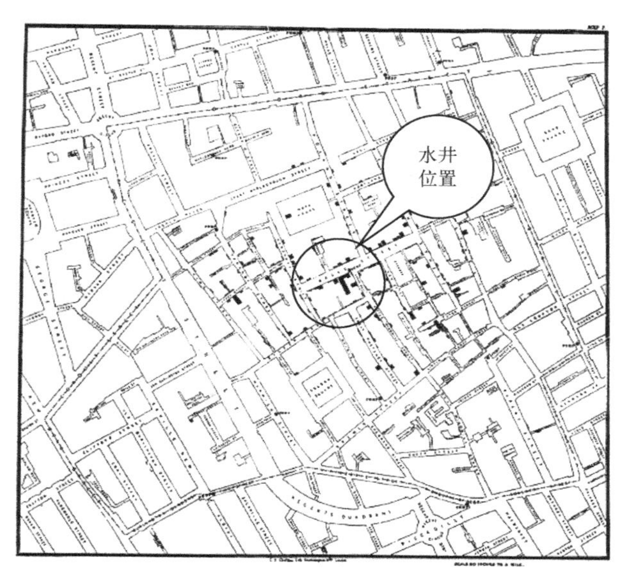

图 5-4　约翰 · 斯诺绘制的伦敦霍乱疫情分布图

19 世纪的英国正处于快速发展过程中，当时全社会只顾发展经济，完全没有环保意识，大量排污使得泰晤士河臭气熏天，并已殃及地下水。1854 年，伦敦第四次爆发霍乱，10 天内有 500 多人死亡。但比死亡更加让人恐慌的是，这种疾病的发生、传播和控制在当时都是一个谜。当时有人认为是有机物质的腐败释放出的有毒气体（即瘴气）导致了霍乱的发生。考虑到霍乱患者的主要表现症状是腹泻、呕吐等，约翰 · 斯诺认为，霍乱的致病物质是经口摄入、通过排泄物传播的，即传播途径为粪口传播。于是，约翰 · 斯诺将怀疑对象迅速锁定在水源上。约翰 · 斯诺绘制了霍乱患者分布地图，他发现一口水井周围霍乱患者明显多于其他地区（图 5-4 中的圆圈部分）。伦敦政府封闭了这个水井后，该区域的疫情就被有效地控制住了。

图 5-5 所示的是南丁格尔绘制的战地士兵死亡统计图。

19 世纪 50 年代，奥斯曼帝国、英国、法国和撒丁王国与俄罗斯帝国进行了克里米亚战争。当时战地医院的卫生条件极差，各种资源极度匮乏，英军伤病员的死亡率高达 42%。英国女护士弗洛伦斯 · 南丁格尔（Florence Nightingale）带领 38 名护士奔赴前线服务于战地医院，她竭尽全力、排除万难，对伤病员进行认真的护理，仅半年时间伤病员的死亡率就下降到 2. 2%。每个夜晚，南丁格尔都手执风灯进行巡视，因此伤病员们亲切地称她为“提灯女神”。战争结束后，回到英国的南丁格尔被人们视为英雄。

在为伤病员提供护理服务的同时，南丁格尔也对战地伤亡情况开展了资料收集和统计分析工作，她绘制了一种色彩缤纷的统计图表，以便让数据清晰易懂且印象深刻。后来很多人称这种统计图表为“南丁格尔玫瑰图”，但南丁格尔自己更喜欢称之为鸡冠花图。图中各扇区的角度相同，用半径及扇区面积来表示死亡人数，由此可以清晰、直观地看出每个月因各种原因死亡的人数。显而易见，1854—1855 年，因未得到及时治疗而造成的死亡人数远大于战死的人数，这种情况直到 1856 年年初才得到缓解。

南丁格尔不仅是一位“白衣天使”，还是一位“统计学家”。她利用自己掌握的统计学知识，不仅发明了新颖的展示数据的方法——南丁格尔玫瑰图，还制定了医疗统计标准模

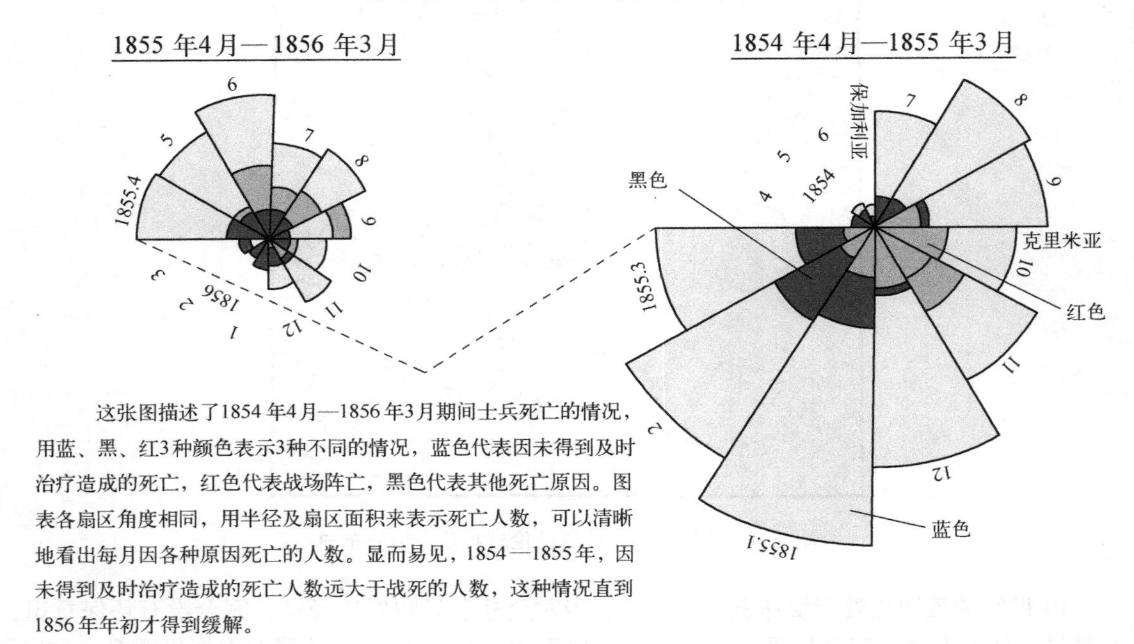
战地士兵死亡统计图
1855 年4月—1856 年3月
1854 年4月—1855 年3月
1855.4
1856
1854
1855.3
1855.1
保加利亚
黑色
克里米亚
红色
蓝色
这张图描述了1854 年4月—1856 年3月期间士兵死亡的情况，用蓝、黑、红3 种颜色表示3种不同的情况，蓝色代表因未得到及时治疗造成的死亡，红色代表战场阵亡，黑色代表其他死亡原因。图表各扇区角度相同，用半径及扇区面积来表示死亡人数，可以清晰地看出每月因各种原因死亡的人数。显而易见，1854—1855 年，因未得到及时治疗造成的死亡人数远大于战死的人数，这种情况直到1856 年年初才得到缓解。

图 5-5　南丁格尔绘制的战地士兵死亡统计图

式，为医疗和公共卫生事业做出了突出贡献。为此，南丁格尔被称为“视觉表现和统计图形的先驱”。1859 年，南丁格尔成为首位当选伦敦统计学会（即现在的“英国皇家统计学会”）的女会员；后来，她又当选了美国统计协会的名誉会员。

上述两个例子足以证明数据可视化的重要性。但是，由于当时绘制这样的图表不仅需要有丰富的专业知识，还需要有很好的美术修养，所以很难全面推广。

如今，人们利用计算机绘制图表变得十分便捷，图表的呈现形式越来越绚丽多姿，因此可视化技术得到了全面、高速的发展。

最初应用可视化技术的是统计分析领域，主要使用的是统计图表，如散点系列图表、柱形系列图表、面积系列图表、雷达系列图表、饼形系列图表等。后来，随着地理信息系统、数据挖掘分析、商务智能工具等的发展，又研发出更加生动、高效的数据可视化形式。

5.3　数据可视化的作用

数据可视化除了具有形象生动的特点，还具有如下作用。

1. 观测、跟踪数据

很多数据处于不断变化中。人们可以利用可视化图表动态展示数据，以便用户观察其中的变化趋势和结果。

2. 分析数据

利用数据可视化技术，可以实时呈现数据的统计情况，方便开展精准的数据分析。形象、快捷的技术手段便于非数据专业人员参与数据分析。

3. 辅助理解数据

数据可视化技术发展出了丰富的数据表现手段和形式，以利于用户更快、更准确地理解数据的含义。

4. 增强数据吸引力

数据可视化具有数据图表形式、多维形式、动态形式等多种表现力极强的手段，呈现效果十分吸引眼球，非常受用户欢迎。

5.4 数据可视化设计步骤

数据可视化设计属于应用软件设计，因此在设计过程中采取用户视角是至关重要的。另外一个要点是以数据为基础，即数据可视化是建立在数据之上的，必须先有大量的数据，再考虑其表现形式，而不是本末倒置地先设计可视化形式，再用其来套用数据。

《鲜活的数据：数据可视化指南》《数据之美：一本书学会可视化设计》的作者邱南森（Nathan Yau）是加州大学洛杉矶分校统计学博士，他总结出了数据可视化设计的 4 个阶段，受到了业界的普遍认同。在这 4 个阶段中，需要回答如下 4 个问题。

（1）你有什么数据？

（2）关于数据你想知道什么？

（3）应该选用哪种可视化方法？

（4）你看到了什么？有意义吗？

这 4 个阶段根据需要不断重复进行，直至到达要求为止。图 5-6 所示的是数据可视化设计过程示意图。

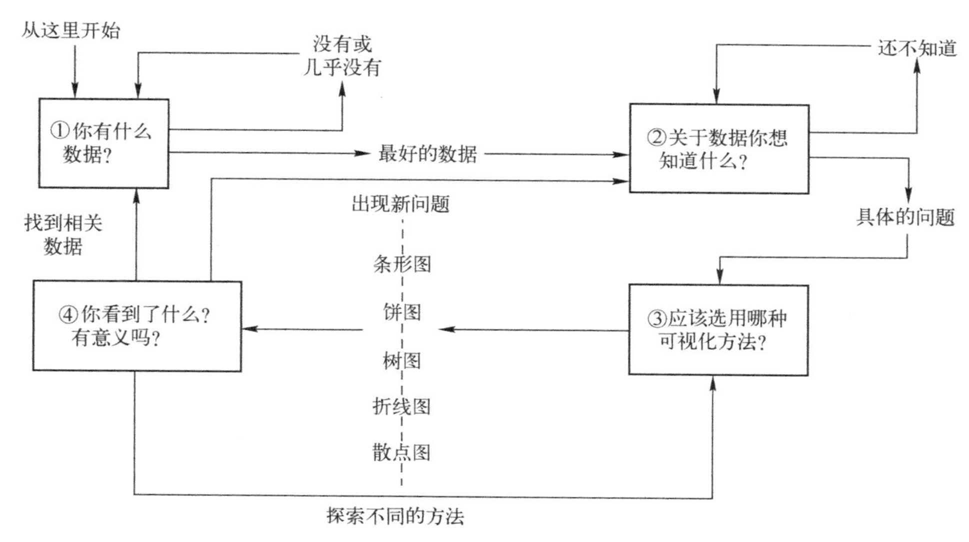

图 5-6　数据可视化设计过程示意图

5.5 数据可视化设计要素

如前所述，形状和颜色构成了数据可视化的基本手段，将数据信息表示成图形元素和颜色的过程称为数据的可视化编码。数据信息与“形”“色”之间匹配的好坏是个技术问题，也是个应用问题，还兼有艺术问题。

数据能够表示的信息无外乎3类，即分类、定序、定量。有时也将定序和定量统称为定量，这样数据就分成定性和定量两大类了。

图形的表现形式非常丰富，如点、线、面，或者一维、二维、三维，或者静态、动态，或者形状、尺寸、方向、密度、纹理等。

颜色的表现形式也很丰富，如色调、饱和度、亮度，或者色彩的感情倾向（如冷暖色调、悲喜色调）等。

一般而言，形状、颜色的色调、空间位置通常用来表示定性的信息，直线长度、区域面积、空间体积、斜度、角度、颜色的饱和度及亮度等可以表示定量的信息。

定量数据是要比较数值大小关系的，因此定量数据的可视化表示必须考虑精确度问题。在这么多的定量可视化要素中，哪个更能反映数据的精确度呢？

1985年，AT&T贝尔实验室的统计学家威廉·克利夫兰（William Cleveland）和罗伯特·麦吉尔（Robert McGill）发表了关于图形感知方法的论文，给出了数据精确度表示形式排序图，如图5-7所示。

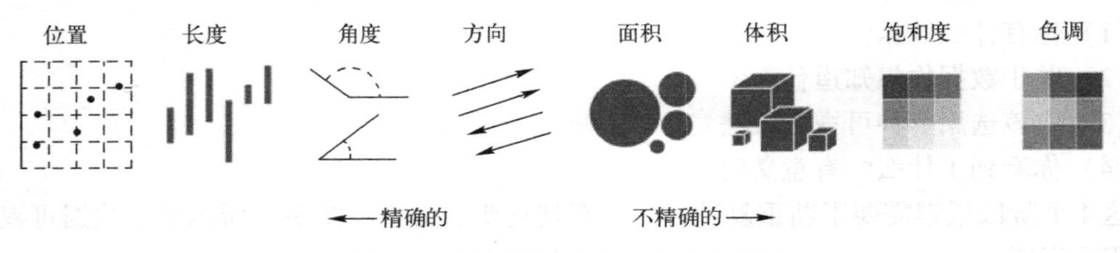

图5-7　数据精确度表示形式排序图

不仅数据的精确度表示形式不同，对分类、定序、定量3类数据使用各种可视化元素的优先级也是不同的。由于“形”“色”的可视化元素众多，只能给出一个总体的参考建议，这就是针对不同数据类型的可视化元素选用排序，如图5-8所示。

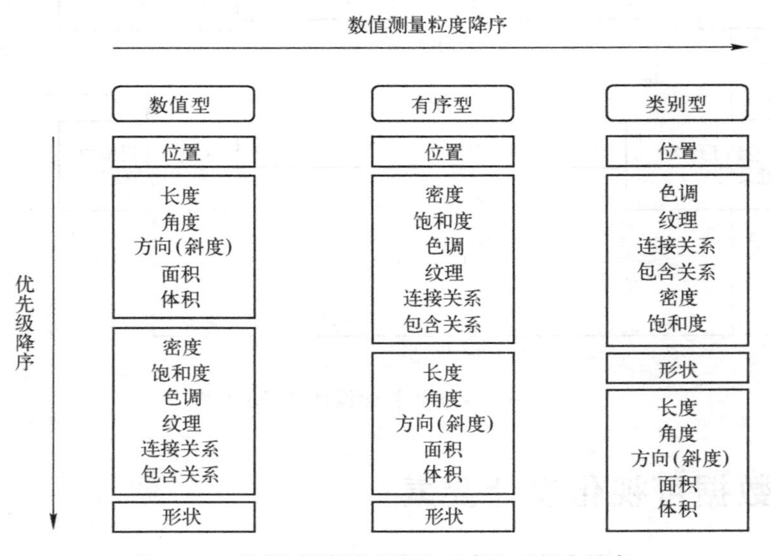

图5-8　不同数据类型可视化元素选用优先排序

5.6　颜色可视化设计

5.6.1　色彩空间

颜色是数据可视化的基本手段之一，它可以表示数据的很多信息。颜色可以通过“色彩空间”来描述。

从生理学上看，人眼的视网膜上有3种不同类型的光感受器，所以只要3个参数就能描述颜色。色彩空间使用3个或4个数值来描述颜色。

由于历史的原因，现在有多种色彩空间描述方法，如显示器上使用的RGB色彩空间，彩色印刷使用的CMYK色彩空间，还有比较符合人类对颜色认知习惯的HSV/HSL色彩空间等。不同色彩空间之间的颜色表示通常有一些差异。

1. RGB

RGB（红绿蓝）可以采用笛卡儿坐标系表示颜色，原点为黑色，3个坐标轴分别对应R（红）、G（绿）、B（蓝）。RGB是迄今为止使用最广泛的色彩空间，几乎所有电子显示设备都使用RGB色彩空间。如果每个分量用8位二进制数表示，RGB可以表达的色彩种类为256×256×256，约1670万种。

RGB有两个细分种类，即微软联合爱普生、HP等开发的sRGB（standard RGB），和Adobe推出的AdobeRGB。AdobeRGB能够表现的颜色更多，通常用在数码相机上，其他设备则更多使用sRGB。

RGB使用的是加法原色模型，即在黑色背景下混合不同强度的红、绿、蓝来表示所需的颜色。

2. CMYK

CMYK即青色（Cyan）、品红色（Magenta）、黄色（Yellow）、黑色（blacK）。虽然用青色、品红色和黄色可以合成黑色，但因混合出来的黑色不够浓郁，且用三色套印黑色也不经济，所以使用提纯的黑色油墨。

> 注意：目前，色彩空间所能表达的颜色还无法完整枚举人眼能分辨的颜色数量。人们经常会觉得自己拍出的照片不如看到的景色漂亮，怀疑是自己的摄影技术或摄影器材出了问题，其实真正的原因是目前的技术或设备的色彩表现能力远落后于人眼的辨色能力。

3. HSL

通常，人们谈论色彩时常问3个问题：什么颜色？纯度如何？亮度如何？

HSL色彩空间比较符合这样的习惯，计算机图形学标准委员会也推荐颜色设计者使用HSL色彩空间。HSL指的是色相或色调（Hue）、饱和度或纯度（Saturation）、亮度或明度（Lightness），这称为色彩三要素。这3个元素可以很好地回答上述3个问题。现在很多能够设置颜色的软件都支持RGB和HSL两种模式，如Word中文字颜色的设定。图5-9所示的是RGB和HSL色彩模式的对照。

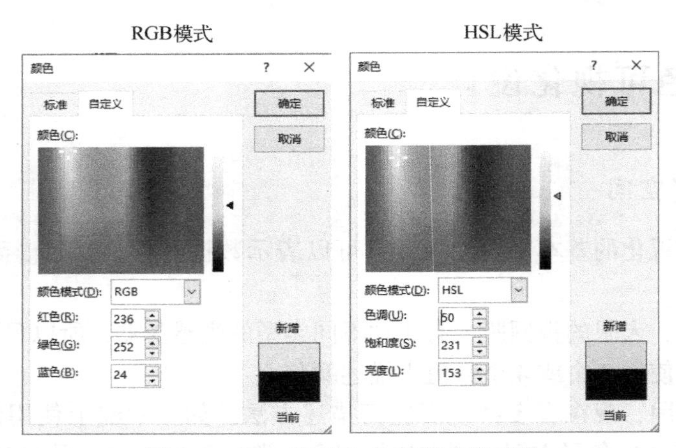

图 5-9　RGB 和 HSL 色彩模式的对照

5.6.2　色彩三要素

如前所述，色彩三要素指的是色调（Hue）、饱和度（Saturation）和亮度（Lightness）。

色调又称色相，是指色彩的不同相貌，也就是色彩的名称。如图 5-10 所示，在 HSL 颜色模式下，调整色调的数值，保持其他数值不变，可以看到丰富的色彩变化，这就产生了不同的色调。

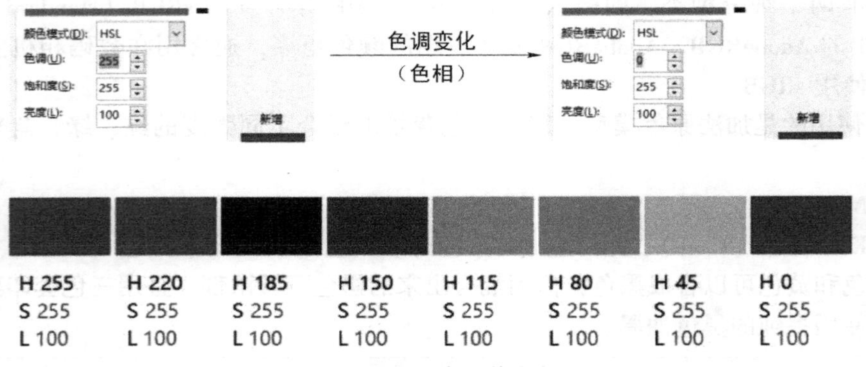

图 5-10　HSL 的色调值变化图

用色相环可以更好地理解色调：将色调值按从 0～255 的顺序排列，并形成环形，称之为色相环。图 5-11 所示的是红色色相环图示。

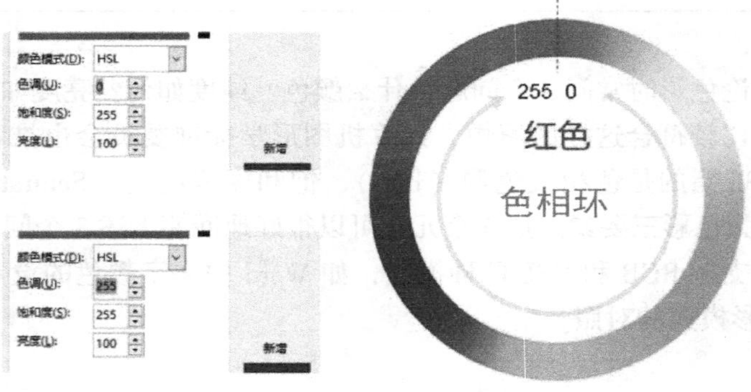

图 5-11　红色色相环图示

为了便于使用，可以均匀选取几个有代表性的值组成 12 色、24 色等色相环，如图 5-12 所示。

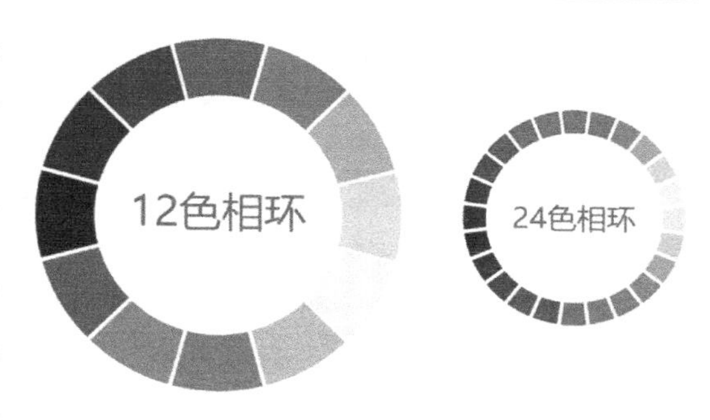

图 5-12 12 色相环和 24 色相环

饱和度又称纯度，是指色彩的浓度或鲜艳程度。如图 5-13 所示，在 HSL 颜色模式下，调整饱和度的数值（由高到低），保持其他数值不变，可以看到色彩的纯度逐渐降低；当数值为 0 时，就变成了灰色（无彩色）。饱和度的数值也是 0~255（255 表示饱和度最高，0 表示饱和度最低）。

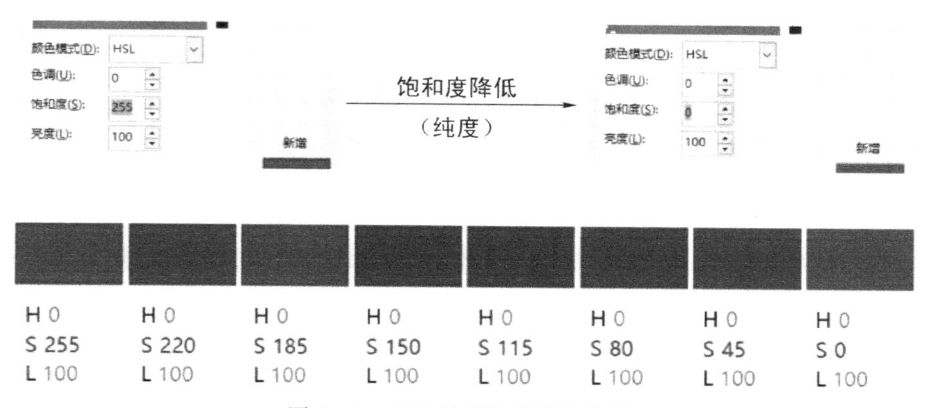

图 5-13 HSL 的饱和度值变化图

亮度又称明度，是指色彩的明亮程度。如图 5-14 所示，在 HSL 颜色模式下，调整亮度的数值，保持其他数值不变，可以看到色彩的明暗深浅逐渐变化，亮度值为 255 时是白色，亮度值为 0 时是黑色。在不同的色调中，亮度最高的是黄色，最低的是蓝紫色。

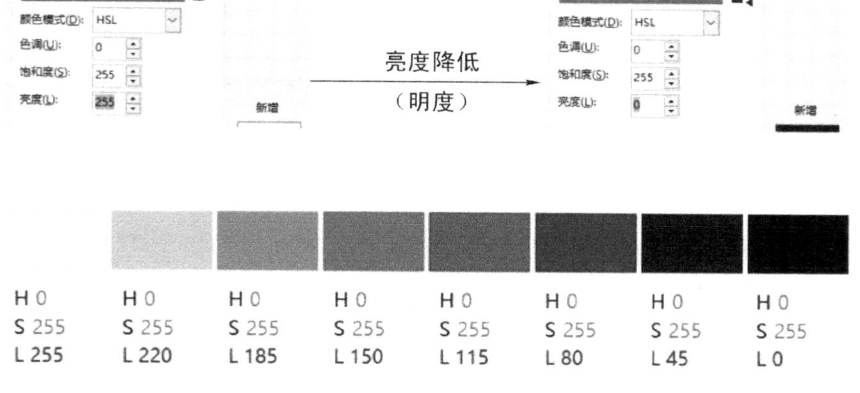

图 5-14 HSL 的亮度值变化图

图 5-15 所示为 HSL 色彩三要素的总结图示。

在进行数据可视化设计时，经常需要将两种以上的颜色搭配使用，如在白色底版上书写黑色字符。最常用的颜色搭配是双色搭配。颜色搭配的好坏对图表质量影响很大，要设计出既美观又清晰的颜色搭配方案是很不容易的。

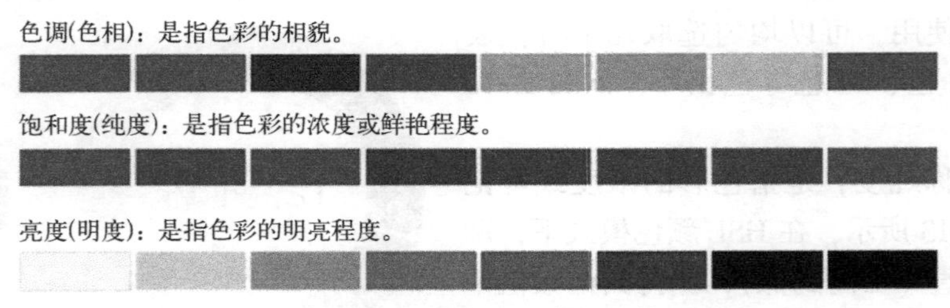

色调(色相)：是指色彩的相貌。
饱和度(纯度)：是指色彩的浓度或鲜艳程度。
亮度(明度)：是指色彩的明亮程度。

图 5-15　HSL 色彩三要素的总结图示

人对各种双色搭配的辨识度是不同的。在图 5-16 中，对比度最高的黑白搭配的辨识度设为 100%，其余的搭配根据其辨识度大小降序排列。在进行数据可视化设计时，应该在美观的前提下尽可能选用辨识度高的搭配方案。

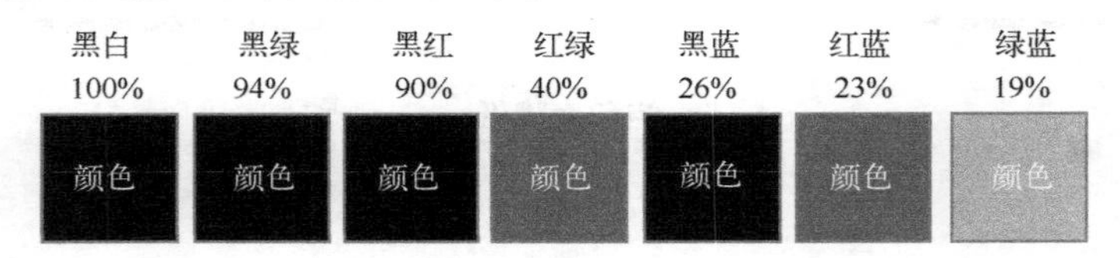

图 5-16　双色搭配辨识度图示

图表设计的美观性是一个美术学问题，对于理工科出身的程序员来说有些为难。因此，建议采用鲁迅先生提出的“拿来主义”。所谓拿来主义，就是模仿那些配色很专业的图表样例，如美国的《商业周刊》（www. businessweek. com)、《经济学人》（www. economist. com)、《华尔街日报》（www. wsj. com)、《纽约时报》（www. nytimes. com）网站上的图表。拿来的方法是：通过“取色器”或“颜色拾取”软件，获得其配色方案，即色彩空间的 3 个数值。

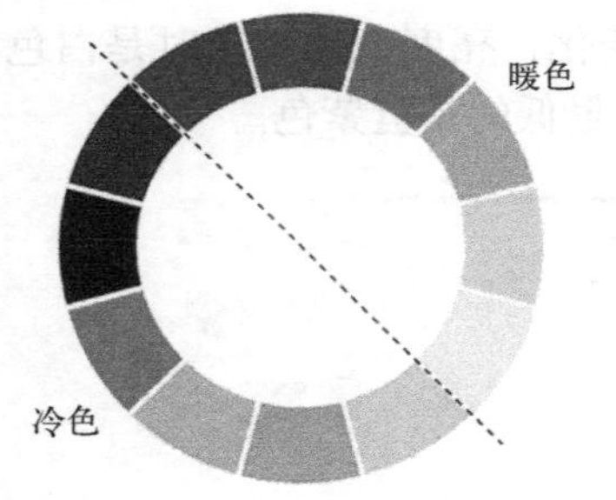

图 5-17　色彩的冷暖色调区分

色彩是蕴含主观感情的，可以表达喜庆、活泼、严肃、悲情等情感因素，不能用错。例如，红色表示喜庆，黑色表示肃穆。

在色彩理论中，色彩有冷色与暖色的区别。色彩的冷暖是人对色彩的心理感受。暖色主要是红色系，冷色主要是蓝色系，紫色、绿色为中性色。图 5-17 所示的是色彩的冷暖色调区分。

5.7　数据可视化基本图形选用

介绍了数据可视化的“形”“色”基本手段后，下面介绍数据可视化设计中经常采用的图形的选用建议。

统计图表是最早的数据可视化形式，也是最常用的形式，适合绝大多数应用场景，对初涉者来说更是如此。

安德鲁 · 阿贝拉（Andrew Abela）整理总结了数据可视化基本图表选择指南，如图 5-18 所示。

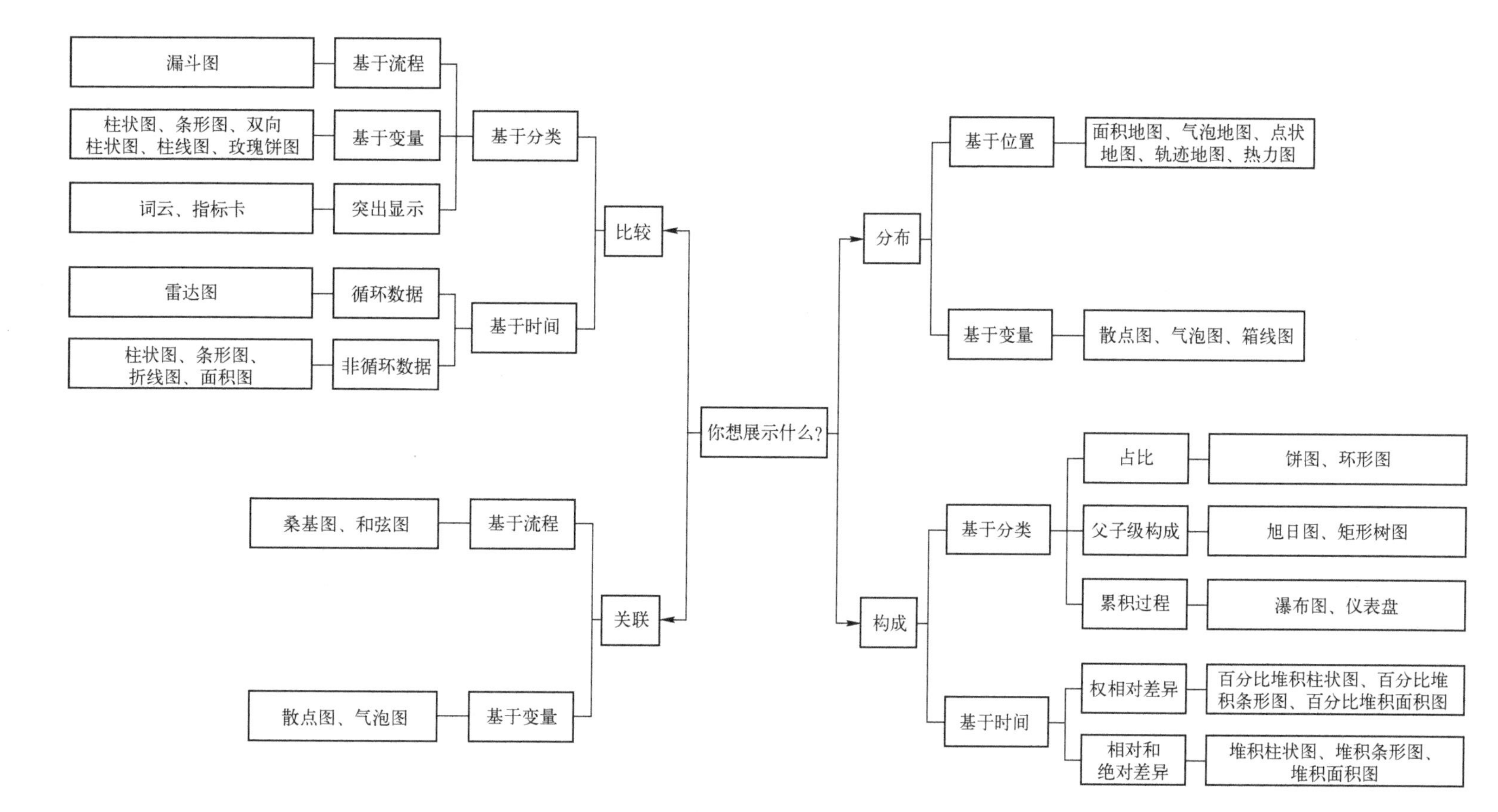

图5-18　数据可视化基本图表选择指南

由图 5-18 可以看出，不同类型的图表适用的场景也不相同。

（1）曲线图用来反映时间变化趋势；

（2）柱状图用来反映分类项目之间的比较，也可以反映时间趋势；

（3）条形图用来反映项目之间的比较；

（4）饼图用来反映构成，即部分占总体的比例；

（5）散点图用来反映相关性或分布关系；

（6）地图用来反映区域之间的分类比较。

在常用的数据可视化图形中，除了上述的散点图、折线图、柱形图、环形图、面积图等基本图形，现在还有很多表现力更强、形式更新颖的图形，如地图主题图、热点图、矩形树图、箱线图、桑基图、词云图、南丁格尔玫瑰图等。表 5-1 是常用数据可视化图形一览表。

表 5-1　常用数据可视化图形一览表

类型	名　称	用　途	备　注
散点图	普通散点图	用于考察两个变量的相关性和分布情况	
	气泡图	是一种通过改变各个数据标志大小，来表现第 3 个变量（可以是数值大小，也可以是不同类型数值）数值的图形	数值大小用气泡大小表示，类型则用颜色区分
	散点图矩阵	用来考察多个变量的相关性和分布情况，方法是将多维数据的各个维度两两组合，绘制成一系列按规律排列的散点图	
	密度散点图	用来展示二维特征分布情况，特别适用于聚类分析	
柱状图	普通柱形图	使用柱形高度表示第 2 个变量数值的图形。第 2 个变量可以是多个类型的数值，因此可以比较多个维度的数值	柱形图至少需要一个数值型维度
	堆积柱形图	可以分别比较各个项目的部分数值与整体之间的比例关系	
	条形图	可以用于比较项目较多，或者项目名称较长的情况，各个数值通常按照大小排序，所以视觉效果更好	
	直方图	与柱形图类似，用来统计某个数据的频率，更适合数据分析，方便了解数据的分布规律	
	瀑布图	可以展示一系列正值和负值对初始值的影响，常用于绘制收入、支出图示	
	三维柱形图	通过改变柱形的外形，达到更生动的显示效果	三维柱形甚至可以是统计数值的实物图像
环形图	饼图	可以形象地反映一组数据中各个部分占整体的比例	
	圆环图	可以绘制多组数据的各个部分占整体的比例关系	
	雷达图	用来比较数据的多个维度的数值变化情况	
	旭日图	适合显示具有层次结构的数据，层次结构的每个级别通过一个圆环表示，最内层的圆是层次结构的顶层，可以分析数据的层次和占比	
面积图	折线图	用来表现数据随时间变化的情况，可以同时展示多组数据	通常不超过 5 组
	面积图	将折线图下方部分用颜色填充，更强调数据量随时间变化的数据总值。如果是多根折线的下方用颜色填充，需要注意配色和重叠区的透明设计	
	堆积面积图	因为是堆积，所以没有遮盖问题，更适合展示多个数据总值随时间变化的情况	
	三维面积图	如果数据组不多，与三维柱形图一样，用三维形式展示面积更形象生动	通常不超过 3 组

续表

类型	名　　称	用　　途	备　　注
地图主题图	热力地图	在地图上通过颜色深浅，表达与位置相关的数据的大小和分布情况	
	气泡地图	气泡的位置和大小反映该区域指标数值的大小	
	分档添色地图	对地图的各个区域，按照其指标数值的大小，分别填充不同的颜色，通常颜色越深，表示数值越大	
	簇状柱形地图	对地图各区域的数值，用三维柱体的形式展示，数值越大，柱体越高，犹如在地图上盖起许多摩天大楼	
新型图	热点图	用来表示两组不同变量之间的关系，方法是对两组变量组成的二维表格的各个网格涂色，颜色越深，表示数值越大	
	矩形树状图	适合显示层次结构数据的各层数值与本层的比例关系	
	箱线图	用于分析一组数据的统计值和数据分布的方法，可以标出数据的最大值、最小值、中位数，以及异常值，很适合用于数值分析	
	南丁格尔玫瑰图	通过角度相同半径不同来区别数值大小，而不是饼图的角度不同半径相同区分数值大小，每个扇区内还可以堆积显示该指标值的多个维度数值。与饼图相比，信息量更大	
	马赛克图	马赛克图可以用来展示多个类型数据的关系。它通过空间剖分的方法展示多元类型数据的统计信息	实际很少用
	桑基图	通常用于能源、材料成分、金融等数据的可视化分析，也常用于网站用户细分分析（如活跃程度分析）	始末端的分支宽度总和相等
	漏斗图	适合业务流程比较规范、周期长、环节多的单流程单向分析，通过漏斗各环节业务数据的比较，能够直观地发现问题	
	词云图	通过关键词的频度，快速掌握文本的基本思想	
	关系图	展现事物（人物、物品等）相关性和关联程度（可以通过颜色和大小区分）	
	仪表盘图	展示一个数值型变量在最小值和最大值之间的变动情况	
	平行坐标图	可以在二维平面上展示多个对象在多个维度的数值的变化趋势，每个对象都用一根连接线关联其各个维度的数值	不同对象的连接线用不同颜色来区分
	文档散图	不仅能够用关键词可视化文本内容，还展示了关键词之间的语义层级关系	

5.8　数据可视化工具

数据可视化图形形式比较复杂，制作不易，但因其具有超强的表现力，所以受到了业界的追捧。幸运的是，在现有的很多数据可视化工具软件支持下，制作这些图形已然十分便捷，而且其中大部分工具是开源的，可以满足各种数据可视化需求。

根据用途的不同，可以将数据可视化工具分成如下 5 类，即入门级工具、信息图表工具、地图工具、时间线工具、专业级工具。

（1）入门级工具：Excel、Google Spreadsheets。

（2）信息图表工具：Google Chart API、D3、Visual. ly、Tableau、大数据魔镜。

（3）地图工具：Google Fusion Tables、Modest Maps、Leaflet。

（4）时间线工具：Timetoast、Xtimeline。

（5）专业级工具：R、Weka、Gephi。

1. 入门级工具

Excel 是一款使用广泛的电子表格软件，简单易学，是数据可视化入门级工具。

Excel 的可视化表现形式比较丰富，除了常见的柱状图、饼图、折线图、散点图、面积图，还有雷达图、箱线图、瀑布图、树状图和漏斗图等。2013 版本以后，Excel 拥有 Map Power 地图绘制功能，结合 Bing 地图，支持用户绘制可视化的地理和时态数据，并用 3D 方式进行分析，同时还可以实现动态效果并创建视频。

但是，如果要进行专业的数据分析，或者制作公开发表的图表，不建议使用 Excel。

Google Spreadsheets 可以看作谷歌版的 Excel。

2. 信息图表工具

信息图表是数据可视化最常用的工具之一。

Google Chart API 支持圆饼图、曲线图、折线图、柱状图、散点图、地质图、树映射、Table、组合图、阴阳烛图等。它取消了静态图片功能，目前只提供动态图表工具。它存在的问题是，图表在客户端生成，这就意味着不支持 JavaScript 的设备将无法使用该软件。

D3（Data-Driven Document）是一个 JavaScript 函数库，可以生成互动的图像，此处所谓的 Document 即文档对象模型（DOM）。D3 允许用户绑定任意数据到 DOM，然后根据数据来操作 DOM，从而创建可交互式的图像。D3 能够提供非常复杂的图表（可以登录 http://d3js. org/网站查看）。

Visual. ly 将自己定义为“信息图设计师的在线集市”。用 Visual. ly 制作信息图并不复杂，它是一个自动化工具。用户只要注册 Visual. ly，然后登录 http://create. visual. ly/，便可以尝试制作自己的信息图。但是，目前只能通过 Twitter、Facebook、Google 等账户链接到其 Visual. ly 账户中。

与 Excel 一样，Tableau 也是一款很容易上手的数据分析软件，它具有很好的可视化方式和交互操作性，只需要导入数据，通过简单的点选、拖曳即可生成图表。Tableau 当然比 Excel 功能要强大许多，其产品也很丰富，包括制作报表、视图和仪表盘的 Tableau Desktop，适合企业部署的 Tableau Server，移动终端使用的 Tableau Mobile，以及适合网上创建和分享数据的 Tableau Public 等。Tableau 是商用的软件，只有 Tableau Public 是免费的，但要求把数据保存到它的服务器上。相对而言，Tableau 的数据分析能力不算强。

大数据魔镜是国云数据旗下的一款开源大数据可视化分析工具（http://www. moojnn. com/），是基于 Java 平台开发的可扩展、自助式分析、大数据分析产品，拥有丰富的可视化效果，有 500 多种图形库，操作简单，用户体验良好。目前，大数据魔镜已拥有 1 万多家客户，包括中国移动、中国联通、中石油、伊利、中国海油、中国外运、1 号店、苏宁易购、好享购等行业巨头。

3. 地图工具

地图工具在数据可视化中较为常见。如果数据与空间或地理分布相关，这是首选工具。

Google Fusion Tables 是一个免费分享数据的网络工具，可用于国际科学研究合作。这一工具可以让数据呈现为图表、图形和地图等形式，使用者可以上传数据，并让任何人免费获得它们。与 Excel 相比，它可以管理更大容量的数据，着重于对数据进行批量操作（如分类、筛选、聚合、合并等）。

Modest Maps 是一个很小的地图库，只有 10KB 大小，是目前最小的可用地图库，但这并不意味着 Modest Maps 仅提供一些基本的地图功能。事实上，在一些扩展库（如 Wax）的配合下，Modest Maps 立刻会变成一个强大的地图工具。

Leaflet 是一个开源的 JavaScript 库，用于创建对移动设备友好的交互式地图。Leaflet 是另一个小型化的地图框架，通过小型化和轻量化来满足移动网页的需要。Leaflet 和 Modest Maps 都是开源项目，均有强大的社区支持，是在网站中整合地图应用的理想选择。

4. 时间线工具

时间线是表现数据在时间维度演变的有效方式，可以依照时间顺序，将事件的各方面串联起来，从而形成一个整体图文。常用的时间线工具有 Timetoast 和 Xtimeline。

5. 专业级工具

R 是一个非常复杂的、可用于分析大数据集的统计组件包，但需要较长的学习实践才能掌握。R 拥有强大的社区和组件库，而且还在不断成长。当设计者能驾驭 R 时，会发现一切付出都是物有所值的。

与 Tableau 对比，R 有如下不同之处。

(1) 从开发的角度讲，Tableau 开发上手容易、效率高，只要有 Excel 的基础，1 天内就可以上手 Tableau；但 R 是完全靠代码实现的，需要单独理解和学习一下 R 脚本。

(2) 从使用角度讲，Tableau 可以实现交互式报表，让用户自己参与和发现问题，数据可视化效果当然也比 R 要绚丽很多；R 通常是一份静态的统计报告，交互性差，尤其是对不懂统计学的用户，理解起来难度较高。

(3) 从架构上讲，Tableau 是 C/S 开发，B/S 访问，用户只需安装浏览器即可完成报表的浏览；但 R 是 C/S 开发，若有用户需要使用，则每个用户均需要安装一个 R 软件。

(4) 从费用上讲，Tableau 为商业软件，而 R 为开源软件。

(5) 从目的上讲，Tableau 适合将结果用图形化的方式表达出来，而 R 适合数据探索和数据挖掘。当然，在 Tableau 中也可以调用 R 的算法。

Weka 是一款开源的、基于 Java 环境的机器学习和数据挖掘软件，集成了大量的机器学习算法，包括对数据的预处理、分类、回归、聚类、关联规则，以及交互式的可视化功能等。

Gephi 是进行社交图谱数据可视化分析的工具，不仅能处理大规模数据集并生成漂亮的可视化图形，还能对数据进行清洗和分类。Gephi 是一种非常特殊的软件，也非常复杂，先于他人掌握 Gephi 将使你一骑绝尘。

思考与练习

(1) 数据可视化是如何进行定量化描述的？

答案：数据可视化的定量化描述可以从表示数据的精确度的角度来描述，从最精确的到最不精确的表示形式的排序为位置、长度、角度、方向、面积、体积、饱和度、色调。除此之外，对分类、定序、定量 3 类数据使用的各种可视化元素的优先级也是不同的。由于“形”“色”的可视化元素众多，可以针对不同的数据类型选用不同的可视化元素：针对数值型数据，可选用其位置、长度、角度、面积、体积、密度、饱和度等；

对于有序型数据，可选择其位置、密度、饱和度、色调、纹理、连接关系、包含关系等；对于类别型数据，可以选择色调、纹理、密度、形状等。

(2) 从网站上检索美国、俄罗斯、英国、法国、日本、韩国和中国在过去20年间的GDP总量，通过Tableau工具将其可视化表现出来。

(3) 从网站上搜索中美领导人互相访问的姓名、时间、地点，通过数据可视化设计，将其直观、有效地展示出来。

第6章 信息检索

6.1 信息检索定义

20世纪90年代以前，人们获取信息的途径通常是通过其他人传授或书本，不会想到使用信息检索系统。今天，Web搜索引擎已经成为人们获取信息的常用渠道。于是，信息检索从一个以学术研究为主的领域变成常见的信息检索工具所依赖的基础学科。其实，信息检索早就存在，只是当时是研究馆藏书籍的检索。信息检索所用的技术有些是非常经典的，有些是随着Web检索而发展起来的。

由于互联网的普及，信息检索变成了人们从互联网上获取信息的常用手段。信息检索处理的对象也从过去的图书资料，扩展到互联网上的文档、网页、联机目录、结构化和半结构化数据、多媒体对象等。

信息检索指的是从大规模非结构化数据（通常是文本）的集合中找出满足需求的资料（通常是文档）的过程。

以往我们熟悉的数据查询往往是指数据库的查询操作，信息检索与之有很大的区别。

数据库查询给出的结果固然是高质量的，但要求有精准的查询条件，如书名或书分类号，然后按此条件对数据库的相应字段进行精准匹配。数据库操作对结构化数据是非常高效的，对非结构化数据就显得十分乏力了。

如今，信息检索已经替代数据库查询成为信息访问的主要形式。

信息检索面对的是海量文档集，如果还是用词项去匹配查找，依照如今的计算能力来看，已是不可能完成的任务。这是因为，现在的检索范围（即文档数量）可能是数千万篇、数亿篇，甚至是数十亿篇，这些文档所包含的词项数量更是天文数字级别的，在这样的巨量数据中进行词项与文档的相关性匹配运算，显然超出了一台计算机的容量与运算能力。

走出上述困境的方法是引入倒排索引（Inverted Index），这是信息检索最核心的概念。所谓倒排索引，形象地说，就像图书中附上的索引，它是将书中的关键词挑选出来，并列出其在书中出现的位置（页码）。相比之下，数据库的索引好比书的目录，通常使用B树索引。

对于用户的输入，信息检索也不再严格囿于用户的原始输入，还需要对用户输入数据进行理解和信息扩充，包括扩充同义词、近义词，甚至仅摘取其中的关键词等。

数据库检索强调的是准确性和及时性。由于非结构化数据没有严格的数据格式定义，所以相应的检索操作所返回的结果就无法要求非常精准和全面了。因此，对信息检索的评价指标只有两个，即相关性和及时性。

由于检索结果不再是精确匹配的结果，因此检索结果往往是一个数量很大的集合而不是有限的几个，这就存在对众多结果进行排序的问题，需要将最贴近用户检索需求的结果呈现在最前面。完成这项排序任务是通过对检索项与数据集的相关性评价来实现的。

6.2　相关性

相关性是独立性的对立面，是数理统计中的术语。

如果一篇文档包含对用户需求（查询）有价值的信息，则认为这篇文档与该用户需求是相关的。判断需求与文档是否相关的过程，称为相关性判别过程。

那么如何来判别相关性呢？现在计算机通常是用一些模型来判断基于文本的相关性的。常用的模型有布尔模型、基于排序的布尔模型、向量空间模型和语言模型。

6.2.1　布尔模型

布尔模型（Boolean Model）是一个最简单的模型，其基础是布尔代数。布尔代数是数字化的基础，是逻辑和数学合二为一的纽带。

布尔模型通过一个布尔表达式来计算文档与查询是否相关。布尔表达式的计算结果只有真、假两个值，表达式的基本运算符只有 AND、OR、NOT 三种。

在布尔模型中，每篇文档被看作一系列词项的集合。相关性判别过程就是将查询文本形成的词项集与文档词项集进行比对，根据比对结果判断二者是否相关。

布尔模型简单易懂，系统成本较低。但是，其缺陷是对已经选定为相关的文档的相关性刻画不足。从逻辑上讲，相关性应该是一个关联度大小的问题，而不是简单粗暴的非此即彼的问题，这样会导致返回的文档无法根据其与查询条件的关联程度进行排序。不幸的是，通常满足布尔查询的相关文档数量非常多，会大大超出用户能够浏览的数量。

为了对检索结果进行合理的排序，考虑对已经匹配上的文档按照某种规则来打分，根据得分多少来区分相关性的高低程度，进而对相关的文档进行排序，由此引出了布尔模型的一种改进模型——排序布尔模型。

6.2.2　排序布尔模型

排序布尔模型是在布尔模型基础上，增加一种相关性打分机制，然后按照得分高低来排序。

首先想到的一个打分项是词频（Term Frequency），就是某个单词 t 在一篇文档 d 中出现的次数，记为 $tf_{t,d}$。这是一个比较容易得到的数字。例如，在一篇 1000 字的文章中，单词“量子”“和”“发展”分别出现 5 次、20 次、8 次，那么它们的词频分别是 0.005、0.02、0.008。

这个打分项认为，查询单词在某篇文档中匹配出现次数越多，说明二者的相关性越高。

但是，光靠词频 $tf_{t,d}$ 来判断一个单词与一篇文档的相关性是不够的，这是因为有些词是常用词，虽然出现频次很高，却对区分文档主题没有贡献，如“的”“和”等，这些词在信息检索中称为“停用词”，应将其剔除。

另一个常被忽视的原因是，从文档集合角度来看，如果一个词出现在这个集合的大多数文档中，对区分集合中各文档主题的作用不大，反而是那些仅在少数文档中出现的单词，可以用其区分出含有它的文档的主题，如“量子”很专业，如果文档中含有它，几乎可以确定这个文档与物理有关；而“发展”这个词很通用，用其区分文档主题的作用不大。

研究单词与文档集合之间的关系可以发现，如果一个词很少在文档中出现，那么通过它就容易锁定搜索目标，它的权值应该大一些；反之，如果一个词在大量文档中出现，它的权值就应该小一些。例如，对于数学论文集，函数（Function）这个词几乎在每篇论文中都会出现，而且次数不少，所以不能用它来区分相关性。这就说明，越是常用词，含有它的文章数量肯定就越多。如果 t 是一个特殊词，如摆线（Cycloid），可能在一个数学论文集中只有3篇提到了它，显然这3篇文章与摆线的相关性就远远高于其他文章，因而摆线（Cycloid）这个词在该论文集中应该拥有更高的权重。

因此，根据这个想法可以增加一个打分项——文档频率（Document Frequency）df_t，它表示的是文档集 C 中含有单词 t 的文档篇数。这次视点从一篇文档扩展到整个文档集，统计量从词频数变为文档篇数。

鉴于 df_t越大对锁定检索目标的贡献越小这样的事实，在设计文档频率这个打分项时，应采用它的倒数形式，即$\frac{N}{df_t}$，其中 N 是文档集中文档的总篇数。

但是，由于 N 通常很大，与词频 $tf_{t,d}$相比，$\frac{N}{df_t}$值通常大很多，将两个数值相差很大的项作为同一个打分系统设计显然不合理，因为较小的那个会显得无足轻重。因此，需要对这个数值进行缩小处理——取对数。如图 6-1 所示，由对数函数的取值趋势可以看出，当 x 值越来越大时，对数函数值 $y=\log_a x$ 与原值 $y=x$ 缩小的比例也越来越大。因此，取对数是常用的数值缩小方法之一。

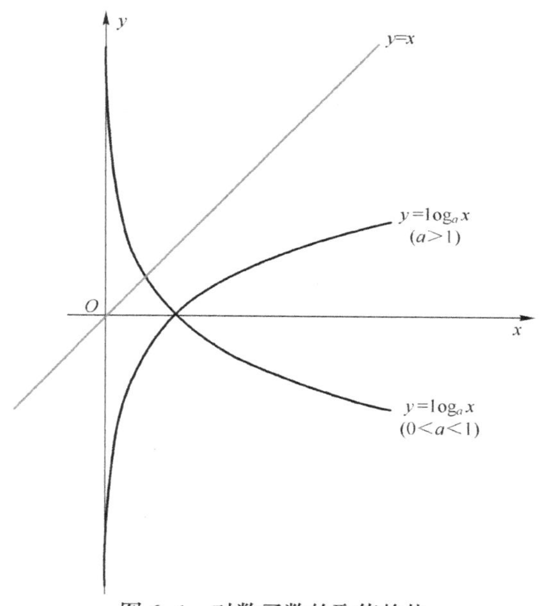

图 6-1 对数函数的取值趋势

于是，这个打分项变成了逆文档频率，即

$$idf_t = \log \frac{N}{df_t}$$

因为 df_t是分母，df_t越大，idf_t就越小，低频词的 idf_t 相比高频词的取值更大。通过对数运算，可以使 $tf_{t,d}$和 idf_t处于同一数量级。

将 $tf_{t,d}$ 和 idf_t 组合在一起，从而形成最终的权重：

$$tf\text{-}idf_{t,d} = tf_{t,d} \cdot idf_t$$

这就是著名的 tf-idf 权重算法。其结果正如所愿：

(1) 当 t 只在少数文档中出现时，其权重取值较大。

(2) 当 t 在一篇文档中出现的次数很少，或者在很多文档中出现，其权重取值次之。

(3) 如果 t 在所有文档中都出现，其权重取值较小。

通过比较每个相关文档与查询词项的 tf-idf 值，就可以将数值大的，也就是相关性大的文档排在前面呈现给用户——这就是排序布尔模型。

6.2.3　向量空间模型

tf-idf 不仅可以用于构建排序布尔模型，而且它还是向量空间模型（Vector Space Model，VSM）的基础。

图 6-2 所示的是向量空间模型中文档转换为向量的示意图。

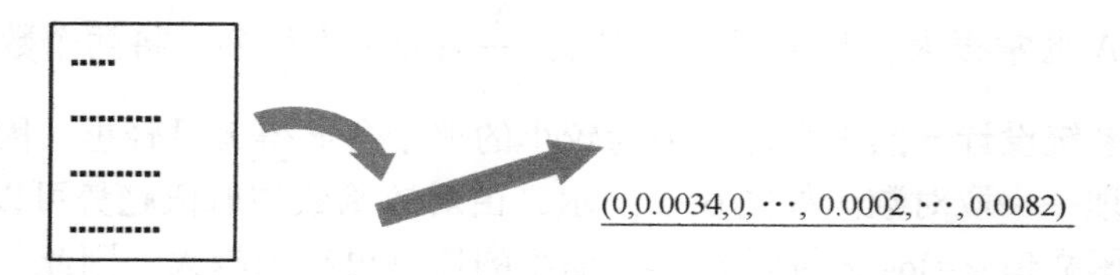

图 6-2　向量空间模型中文档转换为向量的示意图

具体做法是，先为每篇文章统计出有多少个不同的单词（去除停用词和虚词），比如有 500 个单词，那么这篇文章的向量就有 500 个维度。对于一篇文章中的所有实词，计算出它们各自的 tf-idf 值。将这些值按照词汇表的位置依次排列，就得到一个 500 维的向量。

一篇文章可以转换为一个向量，一个文档集合可以转换为一组向量，用户输入的查询也可以转换成一组向量。

至此，相关性问题就转变为计算查询向量与文档向量之间的相似度了。

> 只有相同维度的向量才可以进行向量运算，因此只能用 0 值来扩充查询向量维度，直至与文档向量维度一致为止。

文档向量 $\boldsymbol{D}=(k_1,k_2,k_3,\cdots,k_n)$ 是一个多维向量。如果维数很多，将来计算时就很麻烦，所以需要进行降维处理。所谓降维，就是选出有代表性的特征词，这样就降低了维数。有代表性的特征词可以人工选择，也可以自动选择，如采用主成分分析法（Principal Component Analysis，PCA）。

如何计算两个向量之间的相似度呢?

试图直接用向量的差运算是不可能的，因为两篇文档即使相似，其向量的差向量可能也很大。因此，现在改用向量的内积运算来计算向量之间的相似度。

向量的内积就是两个向量的长度乘以其夹角的余弦函数值。以三维空间的向量内积计算为例，$\boldsymbol{a}$、$\boldsymbol{b}$ 表示两个向量，$\boldsymbol{a}=(a_1,a_2,a_3)$，$\boldsymbol{b}=(b_1,b_2,b_3)$，其分量分别用 a_i、b_i 表示，于是有：

$$\boldsymbol{a} \cdot \boldsymbol{b}=a_1b_1+a_2b_2+a_3b_3$$

$$\boldsymbol{a} \cdot \boldsymbol{b}=|\boldsymbol{a}| \cdot |\boldsymbol{b}|\cos\theta$$

$$\cos\theta=\frac{\boldsymbol{a} \cdot \boldsymbol{b}}{|\boldsymbol{a}| \cdot |\boldsymbol{b}|}=\frac{a_1b_1+a_2b_2+a_3b_3}{\sqrt{a_1^2+a_2^2+a_3^2}\sqrt{b_1^2+b_2^2+b_3^2}}$$

$\cos\theta$ 是介于 0~1 之间的值，用它来描述其相关度非常适合！这是因为：

$$\cos\theta=\begin{cases}1 & \theta=0\text{(两个向量重叠,显然相关度最大)}\\ 0\sim1 & 0<\theta<90°\text{(两个向量夹角越小,相关度越大)}\\ 0 & \theta=90°\text{(两个向量垂直,不相关)}\end{cases}$$

至此，计算查询向量与文档向量之间的相似度实际上简化为计算两个向量夹角的余弦函数值。向量空间模型是基于向量运算的简单模型，非常容易理解，而且采用 tf-idf 算法很好地刻画了文档之间相似的程度。

但是，当文档很大时，仅靠计算两个向量夹角的余弦值来评判其相似度往往是不够的。词项的语义和词序对相似度的评判非常重要，在向量空间模型中却没有考虑这两项，因此在工程应用中需要对向量空间模型进行改进。

6.2.4 语言模型

前面介绍的布尔模型、向量空间模型都是从查询角度出发，计算查询和文档之间的匹配程度，并以此来评判相关性的。

语言模型也称概率模型，它采用了与布尔模型和向量空间模型不同的逆向思维，为文档的每个词项序列预测其出现的概率，并将这个概率值作为以后查询实际发生时选取的依据。

早期的自然语言处理系统是基于人工撰写的规则，这种方法既费时又费力，且不能覆盖各种语言现象。20 世纪 80 年代后期，引入了机器学习算法，研究对象主要集中在统计模型上，这种方法采用大规模的训练语料（Corpus）对模型的参数进行自动的学习。

语言模型已经成为如今所有自然语言处理的基础，并且广泛应用于机器翻译、语音识别、印刷体或手写体识别、拼写纠错、汉字输入和文献查询等领域。

为了简单起见，将文档简化成只含一个句子用于举例。语言模型就是用来计算一个句子的概率的模型，即 $P(W_1,W_2,\cdots,W_n)$。利用语言模型，可以确定哪个词序列的可能性更大，或者给定若干个词，可以预测下一个最可能出现的词语。

例如，有这样 3 个句子，由于其中含有一些次序错误，所以在真实世界中出现的概率差别很大。

句子 1：研究表明，汉字顺序并不一定影响阅读，比如当你看完这句话后，才发现这里的字全都是乱的。

句子 2：研表究明，汉字序顺并不定一影阅响读，比如当你看完这句话后，才发这现里的字全是都乱的。

句子 3：研汉是表究影明，字序顺并不都定看一阅响字全读，比如当你完这现里句话后，才发的乱这的。

根据语言模型统计，句子 1 出现的概率大致是 10^{-20}，句子 2 出现的概率是 10^{-25}，句子 3 出现的概率是 10^{-70}。第 1 个句子出现的概率是第 2 个句子的 10 万倍，是第 3 个句子的一百亿亿亿亿亿亿倍。因此，即使计算机完全不理解这 3 个句子的含义，它仍能准确判断出哪个句子是符合常理的。

再举一个拼音输入选词的例子，假如输入拼音字符串为“nanrenjiuyinggaizou”，对应的汉字字符串有多个，如“男人就应该走”“难忍就应该揍”“男人就应该揍”等。那么到底应该选哪个呢？利用语言模型，我们知道第 1 个汉字字符串出现的概率最大，因此在多数情况下选前者比较合理。

再举一个机器翻译的例子，汉语句子是“李明正在家里看电视”，可以翻译为“Li Ming is watching TV at home”“Li Ming at home is watching TV”等。同样，根据语言模型，我们知道前者出现的概率大于后者，所以翻译成前者比较合理。

那么如何预测一个词项序列生成的概率呢？这就要用到“逆概率”的概念。

有逆概率就必定有正概率。正概率就是类似下述概率问题：已知袋中有 5 个红色球和 8 个蓝色球，闭着眼睛拿一个，问拿到红色球的概率是多少？

而相应的逆概率问题与之相反——只知道袋中有很多红色球和蓝色球，闭着眼睛拿了 5 个，发现 2 个是红色球，3 个是蓝色球，问袋中红色球和蓝色球的比例可能是多少？

其实这样的问题早在 18 世纪就由英国数学家贝叶斯（Thomas Bayes）研究并给出计算方法了，这就是贝叶斯公式：

$$P(A_j \mid B) = \frac{P(B \mid A_j)P(A_j)}{\sum_{i=1}^{n} P(B \mid A_i)P(A_i)} \qquad j = 1,2,\cdots,n$$

式中，$A_1,\cdots,A_n$为完备事件组，即这些事件完全覆盖所有可能性，且事件之间没有重叠，若用数据表示，即

$$\bigcup_{i=1}^{n} A_i = \Omega \qquad A_iA_j = \varnothing(i \neq j) \qquad P(A_i) > 0$$

如果只有两个事件，即可将其简化为

$$P(A \mid B) = \frac{P(AB)}{P(B)} = \frac{P(B \mid A)P(A)}{P(B)}$$

通俗地讲，就是当某一个事件发生的概率不能确定时，可以依靠与该事件本质属性相关的事件发生的概率，去推测该事件发生的概率，也就是在已知$P(B \mid A)$的情况下去求$P(A \mid B)$。这个推理过程有时也称贝叶斯推理。

举一个“香艳”一点儿的例子来说明贝叶斯公式的厉害吧——很多年前有一首歌叫“香水有毒”，其中有一句歌词是“你身上有她的香水味”。现在就利用贝叶斯公式来计算这首歌中的“你”的出轨概率的大小。

假设事件A表示“你”出轨，B表示“你”身上有其他女人的香水味，那么当“你”身上有其他女人的香水味时的出轨概率就是$P(A \mid B)$。

由贝叶斯公式可知：

$$P(A \mid B) = \frac{P(B \mid A)P(A)}{P(B)}$$

$$P(B) = P(B \mid A)P(A) + P(B \mid \bar{A})P(\bar{A})$$

于是，

$$P(A \mid B) = \frac{P(B \mid A)P(A)}{P(B \mid A)P(A) + P(B \mid \bar{A})P(\bar{A})}$$

假定相信“你”感情较为专一，出轨概率取$P(A) = 2\%$（注意，这个假设非常重要，它对最后的结果影响很大）；$P(B \mid A)$表示已经出轨后还留下香水味的概率，假设为 50%

(因为正常情况下会注意不留下痕迹);$P(B|\bar{A})$表示没有出轨,但误沾了香水味的概率,这应该不高,假设为10%。下面用贝叶斯公式来计算:

$$P(A|B)=\frac{50\%\times 2\%}{50\%\times 2\%+10\%\times(1-2\%)}\approx 9.26\%$$

由计算结果可知,“你”出轨的概率不到10%,于是完全可以“擦掉一切陪你睡”(歌中的一句歌词)。

但是,如果将$P(A)$上调为20%,出轨的概率将是$P(A|B)\approx 50.51\%$;当$P(A)$上调为40%时,出轨概率升至约67.11%;当$P(A)$上调为50%时,出轨概率更是高达约71.84%!可见对一个人是否专一的事先评价(先验概率)对最终的结果影响非常大!

下面再举一个例子来说明贝叶斯公式是如何运用的。

假设某种疾病在人群中的感染率为0.1%,医院现有的技术检测该疾病的准确率为99%(即在已知患有该疾病的情况下,检查结果为阳性的概率是99%;而对正常人进行检查时,检查结果为阴性的概率是99%)。如果从人群中随机抽一个人去检查,医院给出的检查结果为阳性,那么这个人实际得这种疾病的概率是多少呢?

很多人会脱口而出:“99%!”但真是这样吗?

假设事件A表示这个人患有该疾病,事件B表示医院检测的结果是阳性,目标就是求出病人在检测结果为阳性的情况下得这种疾病的概率$P(A|B)$。

$P(B|A)$表示已知病人检出阳性的概率,因此$P(B|A)=99\%$;$P(B)$表示检测结果为阳性,因此$P(B)=100\%$;$P(A)$表示该疾病在人群中的感染率,因此$P(A)=0.1\%$。

由贝叶斯公式可知:

$$P(A|B)=\frac{P(B|A)P(A)}{P(B)}=\frac{99\%\times 0.1\%}{100\%}=9.9\%$$

计算结果表明,他真的得这种疾病的概率不到10%!这个结论是否让人感到惊讶?

再回到信息检索中看一看贝叶斯公式是如何被运用的。

假定S表示某个句子,它是由一连串特定顺序排列的词组成的,表示为$S=W_1,W_2,\cdots,W_n$,n为句子的长度。

句子S在文件中出现的概率为

$$P(S)=P(W_1,W_2,\cdots,W_n)$$

为了计算这个概率,首先要利用条件概率公式,即

$$P(W_1,W_2,\cdots,W_n)=P(W_1)P(W_2|W_1)P(W_3|W_1,W_2)\cdots P(W_n|W_1,W_2,\cdots,W_{n-1})$$

$P(W_n|W_1,W_2,\cdots,W_{n-1})$非常难算。借助马尔科夫假设,可以将该问题简化为

$$P(W_1,W_2,\cdots,W_n)=P(W_1)P(W_2|W_1)P(W_3|W_2)\cdots P(W_i|W_{i-1})\cdots P(W_n|W_{n-1})$$

这个公式称为语言模型的二元模型(Bigram Model)。

马尔科夫(Markov)假设:任意一个词W_i出现的概率只与它前面的词W_{i-1}相关。

为了更加精确,可以假定当前词W_i和前面$N-1$个词有关,则

$$P(W_i|W_1,W_2,\cdots,W_{i-1})=P(W_{i-N+1},W_{i-N+2},\cdots,W_{i-1})$$

对应的语言模型称为N元模型。因为计算量的限制,通常只用到三元模型。Google的语音搜索系统使用的是四元模型。

接下来的问题是，如何计算条件概率 $P(W_i \mid W_{i-1})$？

根据定义，

$$P(W_i \mid W_{i-1}) = \frac{P(W_{i-1}, W_i)}{P(W_{i-1})}$$

实际计算时，采用语料库中的统计数据频度#来近似替代概率值，上式变为

$$P(W_i \mid W_{i-1}) \approx \frac{\#(W_{i-1}, W_i)}{\#(W_{i-1})}$$

6.3 及时性

解决了相关性问题后，就轮到及时性问题了。

从 6.2 节的内容可以得知，相关性判别结果取决于模型的合理性。但是，越是精细的模型，其计算也就越复杂，花费的时间也越多。互联网查询的特点是，得到的结果不一定要求那么精确和全面，但一定要尽可能快地给出结果（时限通常要求在 3s 以内）。及时性就是要协调解决相关性计算的速度和精度，以满足用户的综合需求。

保证检索及时性用到的技术就是经典的倒排索引（Inverted Index），或称逆向索引。

倒排索引示意图如图 6-3 所示。倒排索引包括两个部分，即词项词典和倒排记录表。词项词典是指文档中去掉停用词后的所有词项列表（实际存储的数据文档 ID）。每个词项都有一个列表，记录了出现这个词项的所有文档列表，这个列表称为倒排记录表。

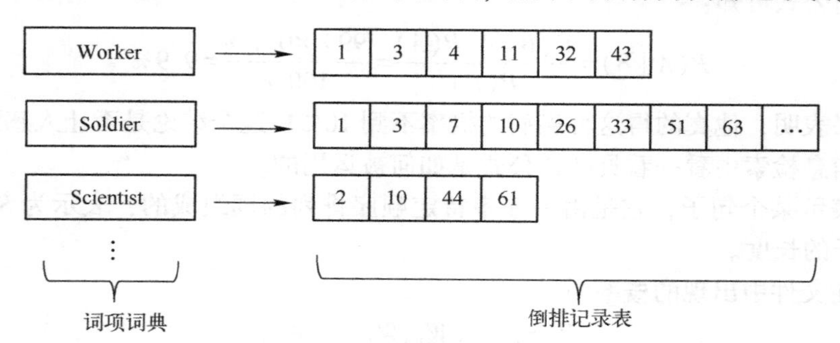

图 6-3　倒排索引示意图

为了提高检索速度，词典部分往往存储在内存中；因为指针指向的每个倒排记录表都比较大，所以常存储在磁盘中，如图 6-4 所示。

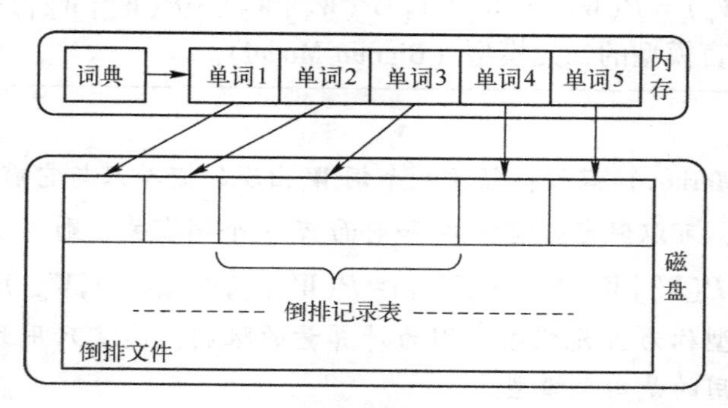

图 6-4　倒排索引存储示意图

在信息检索中，仅知道词项在哪些文章中出现是不够的，还需要知道词项在文章中出现的次数和位置。倒排索引文件示例如图 6-5 所示。

1	词项	文档 ID [出现次数]	出现位置
2	Guangzhou	1[2]	3,6
3	he	2[1]	1
4	I	1[1]	4
5	live	1[2]	2,5,2
6	she	2[1]	2
7	Shanghai	2[1]	3
8	Tom	1[1]	1

以live为例说明：live在文档1中出现了2次，在文档2中出现了1次；它出现的位置为“2，5，2”，表示在文档1中出现在第2和第5这两个位置，在文档2中出现在第2个位置。

图 6-5 倒排索引文件示例

6.4 搜索引擎

随着互联网的发展，搜索引擎的地位日益提高。

使用搜索引擎的用户主要是普通大众，他们使用搜索引擎通常有 3 种形式，即信息查询、搜索网站、操作事务（包括网上购物、下载文件等）。普通大众的使用习惯与专业人员的习惯有明显区别，他们在查询时往往只输入少量的关键词，并且很少使用语法操作符（如布尔连接符、通配符等），对检索结果的期望不会过于苛刻，通常只要求能够迅速找到需要的信息，而不会要求信息全面、精确。

对于大部分用户的查询，现有的搜索引擎都会反馈成千上万条结果，因此如何对海量的查询结果进行排序变得越来越重要。

搜索结果的排序主要取决于如下两个因素。

☺ 网页的质量。

☺ 查询与网页的相关性。

当然，实际排序时，搜索引擎考虑的因素不止这两个，如广告费等也是必须考虑的因素。

相关性已经在 6.2 节介绍过，本节主要介绍网页的质量评价方法。网页的质量可以通过网页链接分析法计算得出。

6.4.1 网页链接分析法

Web 中拥有海量信息，但是由于没有严格的检审制度，网页提供的信息常常良莠不齐、鱼龙混杂。因此，在互联网上找到相关信息并不难，难的是要在尽可能短的时间内找到用户满意的、可靠的、有价值的信息。通过分析 Web 网络图的链接情况，可以区分各种链接对特定用户、特定需求的价值的高低。这样的思路有点像根据客流量的大小可以大致判定门店服务的优劣。常用的网页链接分析方法有 PageRank 和 HITS。

PageRank 是 Google 的核心算法，2001 年 9 月取得美国专利，专利拥有者是 Google 创始人之一拉里·佩奇（Larry Page）。PageRank 算法是基于以下两个假设计算网页的重要性的。

（1）数量假设：在 Web 网络图中，如果一个页面节点接收到的其他网页指向的入链数量越多，那么这个页面就越重要。

（2）质量假设：指向页面的入链质量不同，对被指向页面的贡献也不同。质量高的页面会通过链接向被链接的页面传递更多的权重。

利用这两个假设，PageRank 算法在初始时赋予每个页面相同的分值（PageRank 值，简称 PR 值），然后通过迭代递归算法更新每个页面节点的得分，直到得分稳定为止。这个算法的关注点是网页之间的关系，而不是网页内容与查询语句之间的相关性。

现在，Google 已是全球最成功的互联网搜索引擎。Google 之所以能够击败其他竞争对手，很大程度是因为解决了前辈们遇到的最大难题——对搜索结果按重要性进行排序！而解决这个问题的算法就是 PageRank。毫不夸张地说，正是 PageRank 算法成就了 Google 今天的地位。为实现这个算法，Google 研发了分布式文件系统 GFS 和分布式并行计算框架 MapReduce，由此为大数据时代的到来奠定了坚实的技术基础。

图 6-6 所示为 PageRank 网页随机访问模型示例。

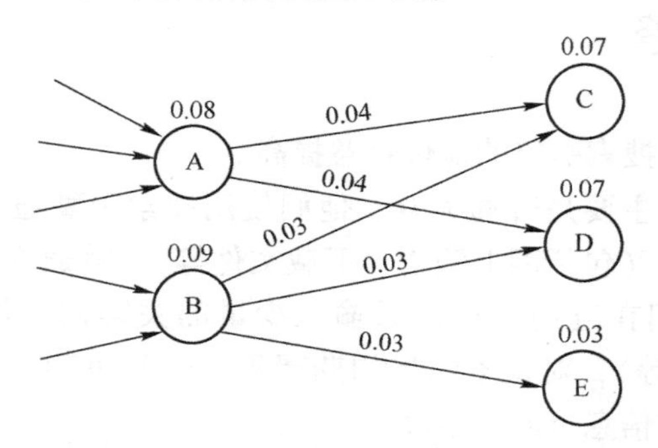

图 6-6　PageRank 网页随机访问模型示例

图 6-6 中共有 5 个节点。假定网页 A 的 PR 值是 0.08，网页 B 的 PR 值是 0.09。

网页 A 链接到网页 C 和 D，分别以 0.5 的随机概率访问，因此分别有 0.04 的 PR 值传递到网页 C 和 D。

网页 B 链接到网页 C、D 和 E，分别以 1/3 的随机概率访问，因此分别有 0.03 的 PR 值传递到网页 C、D 和 E。

最终，网页 C、D 和 E 的 PR 值分别是 0.07、0.07 和 0.03。

实际上，PageRank 算法是比较复杂的，它主要包括如下两项内容。

（1）当网页没有链出时，将以 $1/N$ 的概率随机跳转（N 为网络图中的节点数）。

（2）当网页有链出时，网页访问者将以概率 w 随机跳转，概率 $1-w$ 表示选择页内的一个出链做下一步链接访问。w 是根据网页访问者的耐心设定的，w 越大，网页访问者的耐心越小。PR 值的计算公式为

$$\mathrm{PR}(p_i) = \frac{1-w}{N} + w \times \sum_{p_j} \frac{\mathrm{PR}(p_j)}{L(p_j)}$$

式中，p_i为当前页面，p_j为p_i链入页面的集合，$L(p_j)$是p_j链出页面的数量。

PageRank算法仅关心链接关系，与用户输入的查询需求没有关系，也就是说无论查询请求如何，返回的结果都与PR值有关。

但是，对用户而言，页面的重要性与用户提出的检索需求之间是有关系的。康奈尔大学的乔恩·克莱因伯格（Jon Kleinberg）博士于1998年提出了超链接导向的主题搜索（Hyperlink Induced Topic Search，HITS）算法，他将衡量网页重要性的分值分成两个，即权威值（Authority）和中心值（Hub）。权威值指的是网页自身的质量，中心值指的是网页所链接的网页的质量。

权威值是按主题来区分的。也就是说，在某个主题内，如果这个网页的内容比较权威，那么它的权威值就高，这有点像某大学中如果某个专业强，其权威性就高一样。通过与主题关联，网页的重要性排序就兼顾了用户的查询需求。

与PageRank算法一样，HITS的权威值和中心值也是通过迭代计算来求解的，最终达到收敛的状态。

6.4.2 电子商务中的商品排序

如今网店多如牛毛，豆瓣网统计2018年年底淘宝网店的数量已超过一千万家，所卖商品更是五花八门、包罗万象，顾客要想迅速找到心仪的商品不是一件容易的事。另一方面，众多电商则想方设法让自己的商品先于别人的商品呈现给顾客，这就像在传统实体商场中争夺柜台位置一样。

与普通的搜索引擎不同，电商商品的排序除了前述的相关性排序，还需要考虑价格、口碑、服务、质量、品牌等因素。电商管理者（如淘宝）还要约束店家合法经营，防止弄虚作假，打击商业欺诈。

（1）打击电商的虚假行为。现在几乎人人都在网购，大家最痛恨的是电商弄虚作假。电商的常见作弊手法如下所述。

☺ 关键词作弊：在标题、分类、属性中放入与所卖商品无关的品牌和属性词。例如，加入名牌商品名称，希望在顾客检索名牌商品时“顺带展示”出来。

☺ 故意错放类目。

☺ 自买自卖式刷单。

☺ 超低价引流等。

因此，电商平台的搜索系统需要有管控功能，自动侦测作弊行为，对作弊商家进行处罚（包括搜索排名降权、沉底，直至屏蔽）。

如同现实世界一样，电商的作弊行为总是不断翻新的，因此管控系统也需要不断更新才能及时打击不法商贩。

（2）服务质量评价是网店的命门。2016年央视春晚小品《网购奇遇》表现的就是网店负责人为了消除一个差评而费尽心机，历尽磨难，因为一个差评对店主来说“那是灭顶之灾啊！”

评价电商服务质量的指标主要有两项，即商家质量指标和商家服务指标。

☺ 商家质量指标：包括卖家服务评级（Detailed Seller Rating，DSR）、店铺转化率、店铺动销率。

自2007年5月起，eBay开始启用DSR。淘宝规定商家试运营期为3个月，若第4个月的月初其 DSR<4.2，则会被淘汰。

$$\text{店铺转化率}=\frac{\text{产生购买行为的客户人数}}{\text{所有到达店铺的访客人数}}$$

$$\text{店铺动销率}=\frac{\text{成交的商品数}}{\text{当天上架商品数}}$$

☺ 商家服务指标：包括消费者投诉率、退货率、24 小时发货率。

$$\text{消费者投诉率}=\frac{\text{消费者投诉人数}}{\text{消费者光顾人数}}$$

(3) 商品排序还会考虑店铺的人气指数。其主要指标包括近期销量、商品成交转化率、顾客评分、收藏数、UV/PV。

看商品的人越多，商品销量越多，商品的人气值就越高。

UV（Unique Visitor）即独立访客量，一个访问终端为一个访客；PV（Page View）即页面访问量，每打开一次页面，PV 计数加 1，刷新页面也会增加 PV 计数。

另外，出于公平性考虑，根据商品的上架时间、曝光次数，电商平台会对新品和低曝光高转化率商品进行优先推荐。

当然，商业上的事，难免存在“钱做主”的现象——谁出钱多，谁就排在前面。

6.4.3　开源搜索引擎

搜索引擎是最主要的信息检索应用，它几乎囊括了信息检索的全部要素：预处理文本信息、构建倒排索引、匹配查询关键词、计算相关性。在大数据应用中，不可避免地需要构建搜索引擎，好在如今已经有多种很好的开源系统可以帮助用户方便地构建搜索引擎。Lucene、Solr 和 Elasticsearch 是目前非常流行的开源相关产品。

1. Lucene

Lucene（http://lucene.apache.org）是 Apache 软件基金会的一个项目，是一个开源的全文检索引擎工具包。也就是说，它不是一个完整的全文检索引擎，而是一个全文检索引擎的架构，提供了完整的查询引擎和索引引擎，以及部分文本（英文与德文）分析引擎。

开源 Lucene 的目的是为软件开发人员提供一个简单易用的工具包，用来开发全文检索功能，或者以此为基础建立完整的全文检索引擎。

2. Solr

Solr（http://lucene.apache.org/solr/）是一个高性能的、采用 Java5 开发的、基于 Lucene 的全文搜索服务器。Solr 提供了比 Lucene 更为丰富的查询语言，同时实现了文档集合可配置、架构可扩展，并对查询性能进行了优化，提供了一个完善的功能管理界面，是一款非常优秀的全文搜索引擎。

Solr 依存于 Lucene，因为 Solr 底层的核心技术是利用 Lucene 来实现的。Solr 与 Lucene 之间的区别有以下三点：Lucene 本质上是搜索库，并不是独立的应用程序，而 Solr 是搜索服务器；Lucene 专注于搜索底层的建设，而 Solr 专注于企业级应用；Lucene 不负责支撑搜索服务所必需的管理功能，而 Solr 负责。所以说，Solr 是 Lucene 面向企业搜索应用的扩展。

3. Elasticsearch

Elasticsearch 是一个建立在 Lucene 基础上、实时的分布式搜索和分析引擎，可以高效地处理大规模数据。Elasticsearch 是用 Java 开发的，并作为 Apache 许可条款下的开放源码发布，是非常流行的企业搜索引擎，它还包括结构化搜索和分析功能。

Lucene 只是一个框架，需要使用 Java 实现其功能，但要弄明白 Lucene 是如何运行的并不是一件容易的事。而 Elasticsearch 在开发全文搜索时，只需要使用统一开发好的 API 即可，并不需要了解 Lucene 的运行原理。

与 Solr 相比，Elasticsearch 的配置较灵活，实时更新和查询性能更好，更适合有经验的用户；而 Solr 上手更快，更适合入门者使用。

6.5　推荐系统

6.5.1　何谓推荐系统

在大数据时代，大众常常面对的是海量数据。如果用户有明确的诉求，搜索引擎可以帮其在海量数据中快速找出有用的信息；如果用户没有明确的需求，那就要借助推荐系统了。

对于电商来说，让客户自己搜索商品是一种被动式服务，电商利用推荐系统为客户推荐商品则是主动式服务。被动式服务的对象很明确，因此其针对性较强；而主动推荐是一种猜测客户需求的服务，其针对性肯定不如被动式服务。

其实，推荐方式在日常生活中经常用到，如早餐点的老板就经常会问顾客要不要来杯豆浆，这就属于推荐。随着互联网的发展，线下的这种模式被搬到线上，从而大大扩展了推荐系统的应用，如亚马逊的商品推荐、Facebook 的好友推荐、Digg 的文章推荐、豆瓣的豆瓣猜等。在如今互联网信息过载的情况下，信息消费者总想方便地找到自己感兴趣的内容，信息生产者则想将自己的内容推送给最合适的目标用户。推荐系统正是要充当这二者之间的中介，一箭双雕地解决这两个难题。

计算机实现的推荐系统是通过分析用户的历史数据，统计分析（根据历史猜测未来）用户的需求或兴趣点，再“猜测”用户的需求，然后将用户可能感兴趣的物品主动推荐给用户。

推荐系统是建立在海量数据基础上的，是针对每个用户自身数据分析得出的结论，因此属于个性化的推荐。

6.5.2　推荐系统与电商

推荐系统在电子商务中的应用非常广泛。以往商家常用的推荐手段是热门推荐，或称店长推荐，所推荐的商品瞄准大众需求，而不是某一部分人群的需求，更不会是某个人的需求。与传统商店相比，网点销售的种类更加繁多，很多商品不是热门商品，每样商品可能只有少部分客户感兴趣，这类商品称为“长尾商品”。长尾商品的销售只能借助推荐系统。推荐系统通过分析用户的行为记录，找到其个性化需求，从而将长尾商品准确地推荐给用户，形成用户和商家双赢的局面。

推荐系统的本质是建立用户与物品的联系，建立联系的手段是匹配算法。系统根据使用情景（如时间、地点等）、用户过往数据（包括浏览和成交数据，也包括具有同样兴趣的其他用户的数据)，使用匹配算法，对电商的商品进行筛选，为用户推荐其可能感兴趣的商品。

6.5.3 推荐系统数据基础

在构建推荐系统之前，系统需要为匹配算法准备数据，这些数据包括物品属性数据、用户属性数据、用户行为数据等。

物品是推荐系统的客体。在不同的应用场景下，物品指代不同的待推荐事物。例如，在书籍推荐中，物品表示书籍；在电商推荐中，物品表示商品；在电影推荐中，物品表示电影；在社交网络推荐中，物品表示人。

物品有多种属性标识自己，包括品牌、类别、重量、尺寸、标签、款式、价格、材质等。

用户是推荐系统的主体。用户属性一般指的是用户自身固有的属性，包括人口统计学信息（如性别、年龄、身高、体型、教育程度、腰围等)，以及从用户行为数据中挖掘分析得到的偏好信息（如购物类型、消费水平、品牌偏好、颜色偏好等)，还有涉及一定隐私的信息（如个人收入、婚否、信用水平、是否有房有车等)。

用户行为是用户的动态属性。用户的每一次操作行为无不反映用户内心的本质需求，包括页面浏览、点击、收藏、购物、搜索、打分、评论等。这些数据是个性化推荐系统的最重要的数据。根据用户自身独有的行为数据，可以为每位用户生成特有的画像。

6.5.4 推荐方法

根据用户属性数据和行为数据，可以为每位用户生成各自的“画像”，以后就可以根据用户的画像为其提供精准的个性化推荐了。

这些日积月累的数据是个性化推荐系统的最重要的基础。推荐系统需要海量数据的支撑，数据量越大，推荐系统就越高效。

有了足够的数据，就可以利用匹配算法为用户推荐其最可能需要的物品了。匹配算法主要计算物品与用户需求之间的相似度。比较相似度可以以物品客体为主，也可以以用户主体为主，这就形成了如下两类相似度算法。

(1) 基于物品的相似度：如果用户对物品 A 感兴趣，物品 B 与物品 A 相似，那么用户也可能对物品 B 感兴趣。

(2) 基于用户的相似度：如果用户 1 与用户 2 相似，那么用户 2 感兴趣的物品也可能引起用户 1 的兴趣。

相似度是可以“接力”传播的，利用接力传播可以发现更多潜在的兴趣。

> 说明 搜索系统利用相关性对关键词与文档进行匹配，而推荐系统利用相似度对物品与用户需求进行匹配。相似度计算方法与相关性计算方法类似，如余弦相似度、欧氏距离、皮尔逊相关系数等。

评判推荐系统好坏的标准通常包括预测准确度、覆盖率、多样性、新颖性、惊喜度等指标。简而言之，一个好的推荐系统就是在推荐准确的基础上，给所有用户推荐的物品尽量广泛（挖掘长尾)，给单个用户推荐的物品尽量覆盖多个类别，同时不要给用户推荐太多热门物品，最厉害的是能让用户看到推荐的物品后有“相见恨晚”的感觉。

实际上，电子商务中的推荐系统始于亚马逊公司的售书系统。

早先，亚马逊聘请了20多人作为书评家来写书评和推荐新书，并在网页上开辟了“亚马逊的声音”板块，这一竞争绝招使得亚马逊书籍的销量猛增。

后来亚马逊公司想出了一个新招——根据客户以前的购物喜好为其推荐书籍。为此，他们收集了每位客户的大量数据，包括他们购买了哪些书，哪些书只浏览并没有购买，浏览时长，哪些书是一起购买的，等等。

再后来，他们觉得推荐系统可能没有必要将客户与其他客户比较，因为那样非常烦琐。他们进而研究产品之间的关联性，于是诞生了著名的“由商品直接推荐商品（item-to-item）”协同过滤技术，这使得亚马逊的推荐系统变得准确且有效。如今，亚马逊认为其销售额的1/3是由推荐系统贡献的。

6.5.5 开源推荐系统

构建推荐系统的需求非常旺盛，而且同样有开源的系统可以帮忙。Mahout就是一个很有代表性的开源推荐引擎，它已经是Apache的顶级项目。Mahout的算法运行于Apache Hadoop平台，通过MapReduce模式来实现。但Mahout并不严格要求算法的实现要基于Hadoop平台，单个节点或非Hadoop的也可以。

Mahout还是一个很强大的数据挖掘工具，一个分布式机器学习算法的集合，包括聚类、分类、推荐过滤、频繁子项挖掘等。此外，通过使用Apache Hadoop库，Mahout可以有效地扩展到云中。

在Mahout的推荐场景中，用户对物品偏好的数据可以形成一个二维矩阵，矩阵的列对应所有用户，行对应所有物品，矩阵的每个元素为某个用户对某个物品的评价值。可以通过将一个用户对所有物品的偏好作为一个向量来计算用户之间的相似度，或者将所有用户对某个物品的偏好作为一个向量来计算物品之间的相似度。相似度度量就是向量间的距离，距离越近，相似度越大。

在Mahout中，计算向量间距离的算法有多种，包括欧氏距离、曼哈顿距离、余弦相似度、皮尔逊相关系数、斯皮尔曼相关系数、谷本系数、最大似然估计等。具体公式将在第7章数据挖掘中介绍。

说明 英语中mahout的词义是“驭象的人”，Mahout的徽标就是一个驭象人骑着一头大象。

6.6 互联网广告

互联网广告又称网络广告或在线广告。互联网广告始于1994年，美国《连线》（WIRED）杂志的数字版上线（Hotwired. com）时，约有12个赞助商为该网站的横幅广告（Banner，又称旗帜广告或页旗）付费。中国的第一个商业性的互联网广告出现在1997年3月，Intel和IBM是最早在中国投放互联网广告的广告主，发布网站是比特网（Chinabyte. com），广告表现形式为468×60像素的动画横幅广告，IBM为其AS400的互联网广告宣传支付了3000美元。中国的互联网广告市场一直到1999年年初才初具规模。

现在，互联网广告已经成为一种全新的产业，包括广告出售、广告创作和广告展示数统计等业务在内。多数大公司将互联网广告视为正规广告媒体组合中的一部分，认为其与广播、电视、印刷品和户外广告等传统广告形式同等重要。

互联网广告的焦点是精准化投放问题，即广告商希望更有效地将流量变现，投放者希望将广告推送给最感兴趣的人。据普华永道咨询公司（PWC）预测，2019年，全球互联网广告费用将达到2400亿美元，超过电视广告费用（2000亿美元）。

与其他传统广告形式相比，互联网广告具有如下7个特点。

☺ 互动性和纵深性：由于可以互动，所以用户可以获取更详细的广告信息。

☺ 实时性和快速性：互联网广告的制作、发布和更新比传统广告更快。

☺ 效果监测更准确：互联网广告可以通过广告的浏览量、点击率等指标及时准确统计广告效果，其他形式的广告很难实现准确监测。

☺ 传播范围广、受限少：只要有网络，任何人都可以在任何时间、任何地点浏览互联网广告。

☺ 具有可重复性和可检索性。

☺ 针对性强：广告主可以根据网站特性、时间特性有的放矢地投放广告。

☺ 形式灵活多样：互联网广告具有多媒体特性，它可以将文字、图像、声音、三维空间、虚拟视觉等有机地组合在一起。

经过30多年发展，互联网广告已经衍生出横幅广告、竖幅广告、文本链接广告、电子邮件广告、按钮广告、浮飞广告、弹出式广告、插播式广告等多种形式。

互联网广告的计费方式与传统广告的计费方式也有所不同，它们大多是自动计费的，现在已形成10多种方式。按照其计费基准的不同，大致可以分成如下3类。

（1）按展示计费。

☺ CPM：即按照千次展现计费，这是最常用的网络广告定价模式之一。

☺ CPT：即按照单位时间计费，因此时间段是其关键因素。

（2）按行动计费。

☺ CPC：按每次点击来收费，关键词广告一般采用这种定价模式。

☺ CPA：按每次行动来收费，即根据每个访问者对互联网广告所采取的行动收费的定价模式。

☺ CPL：按注册成功数支付佣金。

（3）按销售计费。

☺ CPO：即根据每个订单或每次交易来收费。

☺ CPS：根据最终成交情况收费。

互联网广告除了自动计费，还有一套自动化的广告拍卖机制，主要有广义第一价格竞价和广义第二价格竞价。

20世纪90年代，Overture公司提出了一套全新的广告竞价排名机制，称为广义第一价格（Generalized First Price，GFP）竞价。在这个方法中，广告商首先选择与自己广告内容可能相关的关键词，并出价对其进行竞拍。当用户输入关键词时，搜索引擎按照竞价高低顺序，依次展示所匹配的广告。

GFP 竞价与传统第一密封竞价类似，出价高者得，需要支付自己提出的报价。其缺点是，由于自动竞价机器人的出现，广告商可以尝试降低竞价，最终以极其低廉的价格竞标成功。其核心问题是竞拍的价格是由广告商自己决定的，他们当然只考虑自己一方的利益。

2002 年，Google 对 GFP 进行改进，提出了广义第二价格（Generalized Second Price，GSP）竞价。GSP 竞价与传统第二密封竞价类似，出价高者得，但仅须支付出价第二高者的报价再加上一个货币最小值。这样，价格决定者由广告商自己变成了其竞争对手。

举例说明：假定有 3 家广告商 A、B、C 竞拍 3 个广告位。在采用 GFP 竞价方式时，最初广告商 A、B、C 分别出价 8 元、6.5 元、2.7 元，总的广告收入应该是 17.2 元。如果 B 广告商使用竞价机器人不断尝试降低其竞价，最终它只要给出 2.71 元就可以保住第 2 广告位；同样，A 广告商也使用竞价机器人，发现只要出 2.72 元就可以保住第 1 广告位。这样广告收入就会大幅缩水，从 17.2 元降至 8.13 元。

如果改用 GSP 竞价方式，B 广告商不必更改自己的出价，仍然可以用 2.71 元得到第 2 广告位；而 A 广告商需要支付 6.51 元。这样，广告收入就可以从最糟糕的 8.13 元上升至 11.92 元。

当然，互联网广告是新兴的产业，还存在不少的问题。例如，监管立法落后、无序竞争、受众被强迫绑架、公信力不足等。随着互联网广告的不断发展，相信这些问题会得到妥善解决。

相关性和及时性是信息检索的两大关键因素。

布尔模型、向量空间模型、语言模型是常见的用于判断相关性的方法。

倒排索引极大地提高了检索的效率。

搜索引擎是信息检索最基本、最重要的应用级系统。除了需要建立相关性模型，搜索引擎还需要考虑应用领域的特性，如 Web 网络的链接和电子商务系统的各项商品指标。

利用开源项目 Lucene，开发者可以迅速构建一个搜索引擎。

Solr 和 Elasticsearch 在 Lucene 的基础上极大地丰富和增强了搜索功能，还加入了可扩展和可伸缩的架构，适合企业级的应用开发。

推荐系统是搜索引擎的有益补充和增强，推荐系统的输入依据、相似度的定义和相似度传播的方式是其主要因素。其中典型的协同过滤是基于一组喜好相同的用户进行推荐，这与生活中的“口碑传播”颇为类似。

开源的 Mahout 项目提供了常见的推荐算法和评估系统的实现途径。

互联网广告大多建立在搜索和推荐的技术之上。但是，由于涉及广告付费，竞价排名之类的拍卖机制和各种计费机制需要单独设计。

思考与练习

（1）判断文本相关性的常用模型有哪些？

答案：现在计算机通常是用一些模型来判断基于文本的相关性的。常用的模型有布尔模型、基于排序的布尔模型、向量空间模型和语言模型。

布尔模型通过一个布尔表达式来计算文档与查询是否相关。布尔表达式的计算结果只有真、假两个值，表达式的基本运算符只有AND、OR、NOT三种。在布尔模型中，每篇文档只被看作一系列词项的集合。相关性判别过程就是将查询文本形成的词项集与文档词项集进行比对，根据比对结果判断二者是否相关。

排序布尔模型是在布尔模型基础上，增加了一种相关性打分机制，然后按照得分高低来排序。

向量空间模型是将一篇文档转换成一个向量，先为每篇文章统计出有多少个不同的单词（去除停用词和虚词），计算出它们各自的tf-idf值。将这些值按照词汇表的位置依次排列，就得到一个多维的向量。一篇文章可以转换为一个向量，一个文档集合可以转换为一组向量。用户输入的查询也可以转换为一组向量。这样，相关性问题就转变为计算查询向量与文档向量之间的相似度问题了。

语言模型也称概率模型，它为文档的每个词项序列预测其出现的概率，并将这个概率值作为以后查询实际发生时选取的依据。

（2）从中科院自动化所的中英文新闻语料库（http://www.datatang.com/data/13484）中选择20个中文文本，计算这些中文文本的tf-idf值，形成每篇文档的向量，然后通过向量相似度计算，判断文档之间的相关性（可以使用Python、MATLAB或R进行编写）。

（3）今天是周末，爸爸、妈妈要带孩子去郊外旅游，不过一大早天空多云。通常，50%的雨天的早上是多云的；但早上多云的日子约占40%，而任意一天下雨的概率为10%。请问，今天下雨的概率是多少？

答案：用“雨”代表今天下雨，“云”代表早上多云。

$P(雨|云)$表示早上多云时，当天会下雨的可能性。则

$$P(雨|云)=P(雨)\cdot\frac{P(云|雨)}{P(云)}$$

$P(雨)$表示任意一天下雨的概率，则$P(雨)=10\%$；$P(云|雨)$表示在下雨天早上有云的概率，则$P(云|雨)=50\%$；$P(云)$表示早上多云的概率，则$P(云)=40\%$。

由此可知，今天下雨的概率为

$$P(雨|云)=10\%\times\frac{50\%}{40\%}=12.5\%$$

第7章 数据挖掘

7.1 基本概念

"The observation of and the search for similarities and differences are the basis of all human knowledge." —— Alfred B. Nobel

"人类所有知识的基础就是观察和寻找相似与相异"——阿尔弗雷德·贝恩哈德·诺贝尔的这句话非常适合描述数据挖掘任务。

自20世纪70年代以来，数据库技术已经从层次和网状结构发展到较为成熟的关系型数据库系统。此后，几乎所有的应用系统都是在关系型数据库系统的基础上研发的。用户通过专用的界面系统可以方便地对数据进行联机事务处理（OLTP）。20世纪80年代后期，计算机技术的发展突飞猛进，人们研发了大量的应用系统，随之建立了众多数据库，由于这些数据库管理系统的供应厂商不同，加之各自对数据模式定义的不同，使得大量数据被存储在不同类型的数据库中。当人们发现这些数据对管理决策有很大帮助时，不得不通过一系列烦琐的清理、集成、变换等技术手段，开始从这些五花八门的数据库中收集数据，并将其存放在新建的数据仓库中，然后在其上开展联机分析处理（OLAP）。再后来，随着互联网技术的快速发展，数据呈现出爆发式增长，数据类型更加多样化，OLAP对此也已力不从心，于是被称为数据挖掘的一系列新技术陆续登场。图7-1所示为数据处理发展历程示意图。

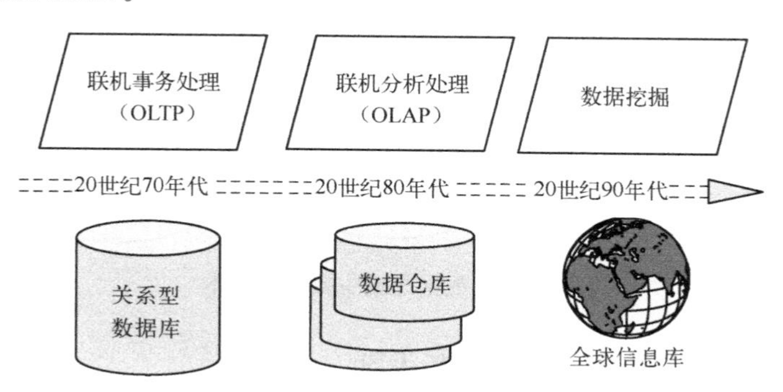

图7-1 数据处理发展历程示意图

7.1.1 数据挖掘的定义

数据挖掘就是从海量数据中发现有趣模式的过程，通常包括数据清洗、数据集成、数据归约、数据变换、模式发现、模式评估和知识表示等。

有趣模式是指有意义的、蕴含的或难以发现的、以前未知的或新颖的、潜在有用的模式或知识。可以将模式理解成一种数据规律。

数据挖掘就是从大量数据中挖掘知识的过程，大量数据的来源包括数据库、数据仓库、Web、其他信息存储库、动态流入系统的数据。

在海量数据中挖掘知识，如同沙里淘金，非常困难。与传统的格式化数据相比，非格式化的大数据的数据质量相差太多，因此在开始进行数据挖掘前，首先要进行数据清洗，去除与需要解决的问题无关的维度，将与问题有关的数据内容进行格式化整理。需要指出的是，在清洗过程中，会损失部分数据，这是必须付出的代价。

数据准备好后，就可以进行挖掘处理了。很多数据挖掘的方法其实多年前已经提出并相当成熟，只是由于过去没有这么大的数据量，没有机会充分展示其能力，所以没有引起大众的注意。当然，如果认为简单地将那些方法搬过来就可以使用，这又过于天真。前面说过，今天的数据量大得惊人，而且数据挖掘过程通常是一个不断迭代、逐步逼近的过程，这更增加了计算量。因此，今天的数据挖掘必须采用大规模的并行计算机处理技术。从工程实践上讲，让经典的挖掘方法在数十台、数百台，甚至成千上万台计算机上实现，实在不是一件容易的事，况且还有一些方法是新近才发展起来的。

7.1.2　相关技术

毫无疑问，数据挖掘是植根于应用场景的。也就是说，应用领域的不同，应用问题的不同，都将决定采用不同的数据挖掘技术。当然，数据挖掘技术本身就是计算机技术的一个分支，与计算机技术中的很多分支相关。同时，数据挖掘的理论基础大部分属于数理统计，因此数据挖掘技术与众多技术相关，包括机器学习、模式识别、统计学、数据可视化、高性能计算、数据库技术、算法、应用知识等，如图 7-2 所示。

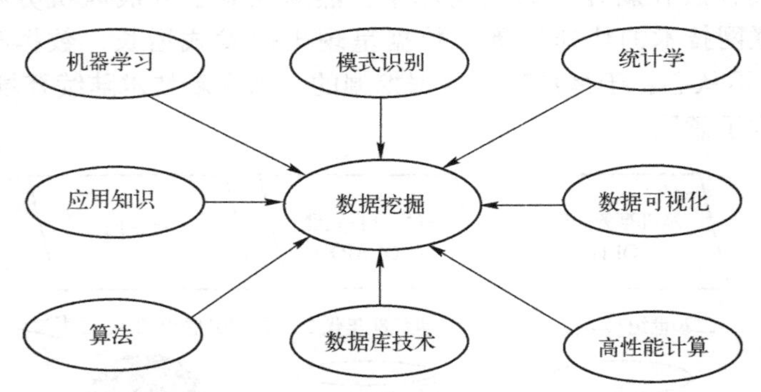

图 7-2　数据挖掘主要相关技术

其中，机器学习是数据挖掘的主要分析手段。

7.2　数据来源

数据挖掘是数据库技术发展的结果，从 20 世纪 70 年代的联机事务处理（OLTP）、80 年代的联机分析处理（OLAP），到 90 年代开始的数据挖掘，起初都是将数据库作为数据源的。因为数据库中积累了大量的数据，通过挖掘促成了数据库中的知识发现（Knowledge

Discovery in Database，KDD）。如今，数据挖掘的数据来源包括关系型数据库数据、数据仓库数据、事务数据和其他类型数据。

关系型数据库是数据挖掘最常见、最丰富的信息源，是数据挖掘研究的主要数据形式。由于关系型数据库的数据质量高，数据操作功能强大且结果精确，所以在其中挖掘出的知识含金量高，最受用户重视。

数据仓库是从多个数据源汇集的信息存储库，具有一致的模式，通常驻留在单个站点。由于数据来自多个数据源，而且还需要在一致的模式下存储，因此数据在存入数据仓库前，需要进行清洗、变换、集成、装入等处理。

数据仓库中的数据具有如下特点：通常是面向主题组织的；是经过预先处理的，可以保证质量；汇集自各个节点，所以是全局的；通常是存储了相当长一段时间的历史数据；对各节点原始数据进行了处理，去除了过于细致的、只与个别局部有关的内容，是汇总整理后的数据。所以，数据仓库的数据可以展示成包含多维数据结构的数据立方体，如图 7-3 所示。

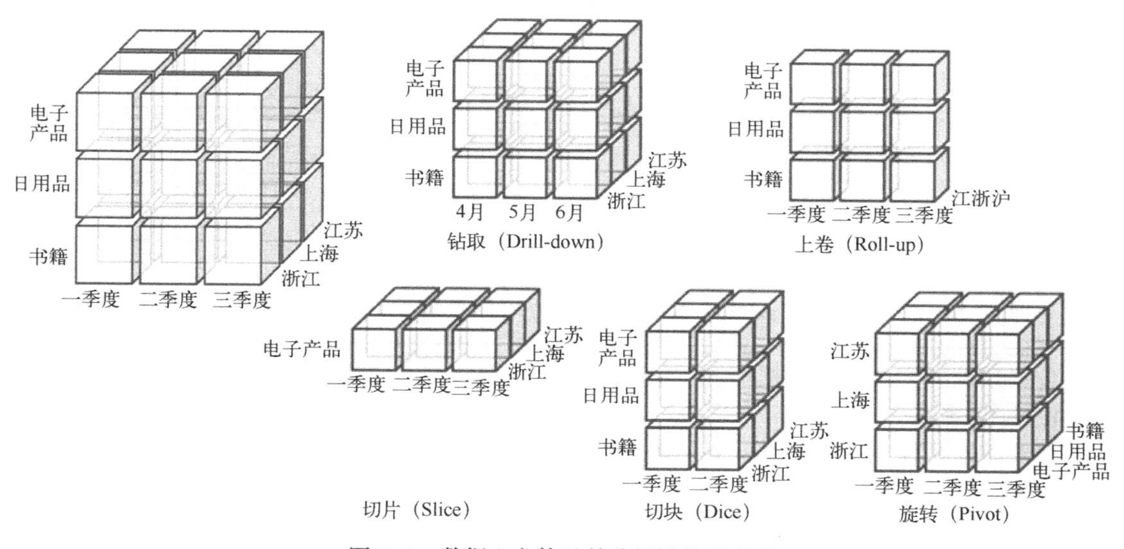

图 7-3 数据立方体及其分析操作示意图

数据仓库中的数据有多个维度，所以进行联机分析处理时，可以从多维度的立方体的各个层面对数据进行分析。例如，可以从数据立方体的各个侧面（旋转）进行分析；也可以对某个层面的细节进行放大（钻取），或者上卷观察其宏观信息；还可以专注于某个细节信息（切片）或某几个细节信息（切块）。

事务处理产生的事务数据非常有价值，它来自顾客的购物、旅行订票、银行转账等事务活动。“购物篮数据分析”是事务数据处理的典型案例，对频繁项集挖掘非常有用。

除了关系型数据库数据、数据仓库数据和事务数据，还有很多其他类型的数据，包括时间相关或序列数据、空间数据、工程设计数据、超文本和多媒体数据、图和网状数据、Web 数据等。这些类型的数据包含更丰富的信息，为数据挖掘提供了肥沃的土壤，同时也带来了更具挑战性的研究课题。

7.3　数据表示与预处理

进行数据挖掘前，必须解决如何将现实对象转换成计算机能够处理的数据对象的问题，这就是数据表示问题。

通常情况下，是将现实对象转化为包含多维度特征的向量，每个特征表示数据对象的一个属性或字段。数据的特征提取非常关键，俗话说“栽什么树苗结什么果，撒什么种子开什么花”，特征提取的质量在很大程度上决定了数据挖掘的质量。因此，有必要将特征提取作为一项工程——特征工程来对待。

完成数据表示后，接下来的问题就是如何保证数据转换后的质量。

如前所述，数据的质量很难衡量，涉及的因素非常多。影响数据质量的主要因素包括准确性、完整性、一致性、时效性、可信性、可解释性等。

☺ 准确性：如错误的或不精确的数据。

☺ 完整性：如缺少属性值的数据。

☺ 一致性：如可能是版本不一致，也可能是设计不一致的数据。

☺ 时效性：如未及时修改的数据。

☺ 可信性：如不可信赖的数据。

☺ 可解释性：如不容易理解的数据。

准确性、完整性和一致性是数据预处理的工作重点。

数据预处理主要包括数据清洗、数据集成、数据归约和数据变换。

1. 数据清洗

数据清洗包括填写缺失值，光滑噪声数据，识别或删除离群点，解决不一致性等。缺失值、噪声和不一致性是数据清洗需要发现并弥补的问题，重复数据也是需要在这一阶段去除的。幸运的是，现今已经有很多商业化的数据清洗工具，如 DataWrangler、Google Refine 等。

2. 数据集成

数据集成指的是集成来自多个数据源（如数据库、数据立方体、数据文件）的数据。数据挖掘经常需要集成来自多个数据源的数据。数据语义、结构定义的多样性对数据集成提出了重大挑战。当然，数据集成的前提是必须公开被集成应用数据的结构，即必须公开表结构、表间关系、编码含义等。数据集成是一个比较麻烦的过程，可以借助开源的 Talend、Penthao、CloverETL 等工具完成数据集成工作。

3. 数据归约

数据归约指的是在信息损失最小的前提下，最大限度减少数据量。

从技术实现角度来看，希望数据挖掘用的数据量尽可能小，以便降低数据处理的复杂度。数据归约的目的是在几乎不影响分析结果的前提下，对数据进行精简处理，使数据量明显降低。数据归约策略包括维度规约、数量规约和数据压缩。

（1）维度规约：就是减少数据的属性，将原来的数据立方体投影成较小的子立方体。常用的维度规约方法有小波变换和主成分分析。

（2）数量规约：就是用较小的数据，甚至用其他的数据，来替代原有的数据。替代数据来自一些数据模型，这些模型有些是有参数的，有些是无参数的。参数模型只存放模型参数，而非实际数据，如线性回归模型；非参数模型包括直方图、聚类、抽样等。

（3）数据压缩：通过压缩变换，使得原数据量大幅度减小。从信息还原角度来看，数据压缩方法分为有损压缩和无损压缩两类。

4. 数据变换

数据变换是将数据变换成适合挖掘算法使用的形式。数据变换的策略包括光滑、属性构造、汇总、规范化、离散化和概念分层等。

经过数据预处理后，得到的就是符合数据挖掘要求的数据。

数据挖掘是采用一些算法来分析数据，找出其中的价值。算法涉及的学科主要是统计学和机器学习。统计学往往侧重理论研究，其中的很多技术通常需要在机器学习领域做进一步的研究，才能成为有用的工程实现。

7.4 机器学习算法

图7-4所示的是人类学习与机器学习的类比。

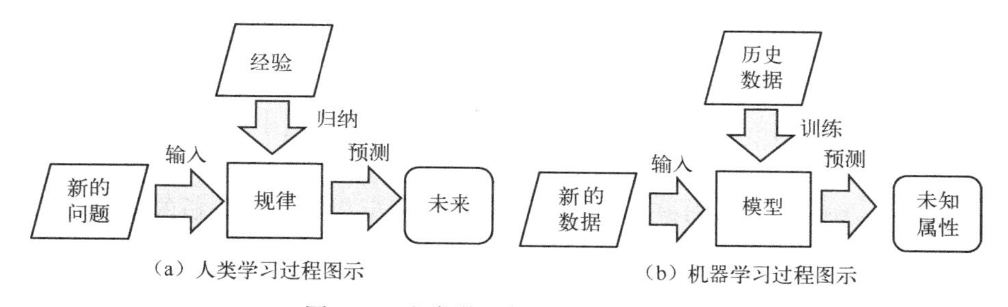

图7-4 人类学习与机器学习的类比

从图中可以看出，人类学习是通过有限次数的实践或体验，也包括从书本中学习，逐渐从中找出规律，然后运用这些规律来解决新的问题。在解决新问题的过程中，如果发现了之前没有掌握的规律，那么这个过程也是一个学习过程。

机器学习指的是计算机使用模型或算法，借助数据迭代地提升自己的性能。与人类学习类似，机器学习是通过大量的数据训练，不断地改进初始时人们设计的模型，确切地说是优化模型中的参数，使得模型越来越符合实际情况。

机器学习通常需要大量的训练数据，而人类学习往往可以从有限的实践中快速总结出规律。这是目前人类学习仍然远超机器学习的地方。

当然，机器学习从大量数据训练过程中总结出来的是事件之间的相关性，而不是像人类学习那样能够总结出来其中的因果关系。

从广义上来说，机器学习是要赋予机器学习的能力，使它能够完成直接编程所无法完成的功能。从实践的意义上来说，机器学习是一种通过输入大量数据，训练出合格的模型，然后使用模型预测的一种方法。

机器学习与模式识别、统计学习、数据挖掘、计算机视觉、语音识别、自然语言处理等领域有着密切的联系，如图7-5所示。从范围上来说，机器学习与模式识别、统计学习、数据挖掘是类似的，同时机器学习又与计算机视觉、语音识别、自然语言处理有深度交叉。

因此，一般说数据挖掘时，可以等同于说机器学习。同样，通常所说的机器学习应用，应该是通用的，不局限于结构化数据，还包括图像、音频等应用。

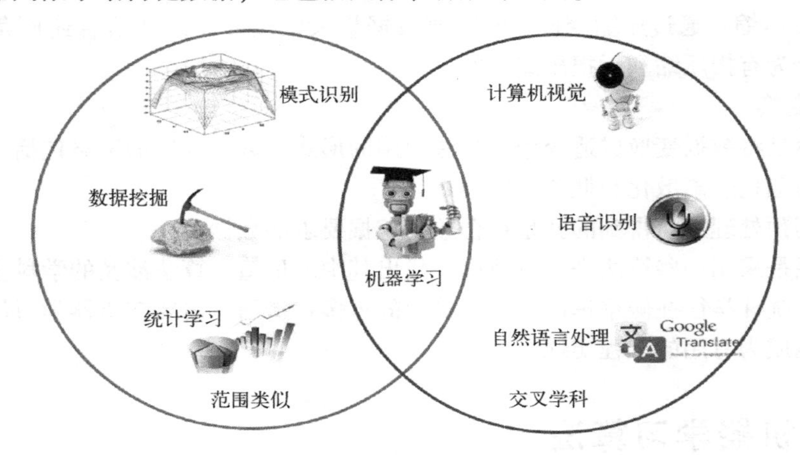

图 7-5　与机器学习相关的学科

机器学习的主流算法包括关联分析、分类、回归和聚类。

7.4.1　关联分析

关联分析是数据挖掘的重要内容，其目的是在大量的数据中发现对象之间的相互关联关系。

关联分析是人类的一种认知模式，有点儿类似条件反射。关联分析的典型应用场景是智能商业（BI）中的“购物篮分析”。

购物篮分析指的是对顾客每次购物时，放入购物篮中的单品集合的分析。进行购物篮分析时，不关心购物篮中单品的放入次序，只关心单品同时出现的次数（或称频度）。如果某些单品经常同时出现在购物篮中，这是我们感兴趣的，并称这些经常同时出现的单品为频繁项集。

在 BI 中，我们还会对接续的购物行为感兴趣。例如，顾客经常先购买 PC，再购买数码相机，然后购买内存卡，这样的购物习惯也是一种关联关系，称为频繁子序列。

很显然，频繁项集和频繁子序列可以帮助实现精准的推荐销售。那么，如何才能在浩瀚的销售数据中找出频繁项集和频繁子序列呢？换句话说就是，如何判断一些单品“频繁”地出现在购物篮中？如何判断顾客的哪些系列购物行为是“频繁”发生的？这就是如何衡量“频繁”的问题。

衡量是否频繁的指标有两个，即支持度、置信度。支持度指的是同时购买 A、B 两件单品的概率 $P(AB)$；置信度指的是购买单品 A 后，又购买单品 B 的概率 $P(B|A)$，置信度是有次序关系的，因为 $P(B|A)$ 与 $P(A|B)$ 不一定相同。

关联分析常用的算法是 Apriori 算法，它是通过从事务数据库中反复产生候选项目集，来找出所有频繁项目集，进而推导出关联规则的。

找出频繁项集，实际是找出同时满足最小支持度和最小置信度的单品。这个问题看上去似乎很复杂，其实很简单。通过一个例子就能说明这一点。

假定事务数据库中记录了一个超市的如下 5 笔购物记录。

☺ 记录 1：啤酒、香烟、白菜、鸡蛋、酸奶、卫生纸。

☺ 记录 2：红酒、香烟、巧克力糖、酸奶。

☺ 记录 3：牙刷、奶糖、食盐、冷冻鸡肉、卫生纸。

☺ 记录 4：啤酒、一次性酒杯、香烟、瓜子、花生、油炸薯片。

☺ 记录 5：酸奶、巧克力糖、味精。

第一步：统计各个单品在这 5 笔购物记录中出现的次数，也就是统计单品的支持度，见表 7-1。5 笔购物记录中共有 17 种单品，假定一个单品与另一个单品组合的最小支持度为 40%（阈值），那么单品的支持度应该不小于 40%（表中标灰底色）。

表 7-1　统计单品的支持度

商品类别	支持度	商品类别	支持度
啤酒	40%	奶糖	20%
香烟	60%	食盐	20%
白菜	20%	冷冻鸡肉	20%
鸡蛋	20%	一次性酒杯	20%
酸奶	60%	瓜子	20%
卫生纸	40%	花生	20%
红酒	20%	油炸薯片	20%
巧克力糖	40%	味精	20%
牙刷	20%		

过滤掉单品支持度低于阈值的部分（这个过程在算法上称为剪枝），余下的单品数量就少了很多，从 17 件变为 5 件，见表 7-2。

表 7-2　过滤掉单品支持度低于阈值部分后的结果

商品类别	支持度	商品类别	支持度
啤酒	40%	酸奶	60%
香烟	60%	卫生纸	40%
巧克力糖	40%		

对余下的 5 件单品，从购物记录中逐个计算它与其他单品的 2 项组合模式支持度，结果满足最小支持度要求的只有 3 个，如图 7-6 所示。

2项组合模式	支持度
啤酒，香烟	40%
啤酒，酸奶	20%
啤酒，卫生纸	20%
啤酒，巧克力糖	0%
香烟，卫生纸	20%
香烟，酸奶	40%
香烟，巧克力糖	20%
酸奶，巧克力糖	40%

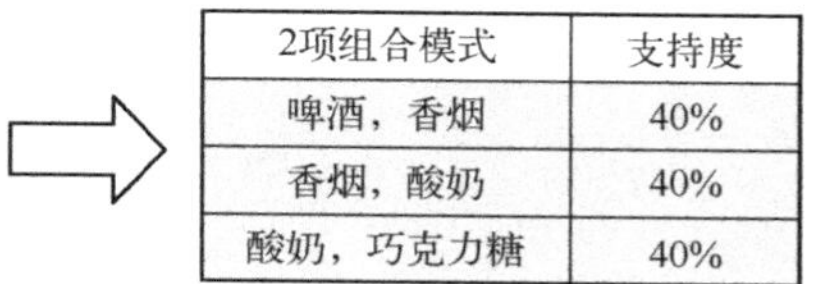

2项组合模式	支持度
啤酒，香烟	40%
香烟，酸奶	40%
酸奶，巧克力糖	40%

图 7-6　2 项组合模式支持度过滤

在余下的3个2项组合模式中有4个单品，即啤酒、香烟、酸奶、巧克力糖，对其类似地查找3项组合模式，如图7-7所示。

2项组合模式	支持度
啤酒，香烟	40%
酸奶，巧克力糖	40%
香烟，酸奶	40%

3项组合模式	支持度
啤酒，香烟，酸奶	20%
啤酒，香烟，巧克力糖	0%
香烟，酸奶，巧克力糖	0%
啤酒，酸奶，巧克力糖	0%

图7-7　3项组合模式支持度过滤

至此，所有的3项候选模式均未达到40%阈值要求，算法结束。

7.4.2　分类

1. 监督学习与无监督学习

通俗地说，监督学习就像是先听课学习，具备能力后再去工作；而无监督学习就像是无师自通，没有系统学习过程，上来就工作，边工作边学习。

严谨一点，监督学习是指通过训练资料学习，并建立、完善一个模型，再依此模型推测出新的实例。训练资料包括输入数据对象和预期输出两部分。模型的输出可以是一个离散的标签，也可以是一个连续的值。如果是离散的标签，称为分类问题；如果是连续值，称为回归分析。因此，回归问题本质上是属于分类问题的。回归问题通常研究时间序列的数据，卡尔曼滤波就是一类典型的回归问题。监督学习中的监督是指用训练数据集合中标记的实例来检验模型是否正确。

在监督学习中，目标是学习从输入到输出的映射关系，其中指导者已经提供了一部分正确的输出值。而在无监督学习中，没有这样的指导者，只有输入数据，其目标是发现输入数据中的规律。

分类和回归属于监督学习，而聚类属于无监督学习。

下面通过一个系列例子来对分类、聚类和回归算法有一个感性认识。

在农村，一个6岁男孩很可能已经有准确区分蛇、鳗鱼、黄鳝（见图7-8）的能力，而许多城市里的16岁的男孩仍不具备这个能力。之所以那个6岁农村男孩能分清蛇、黄鳝和鳗鱼，是因为他多次见过这三类动物，很可能还吃过它们，甚至被它们咬过。他一定已经知道这三类动物的不同的形态特征，蛇有鳞，鳗鱼有鳍，黄鳝光滑呈黄褐色，这就是他脑子里的识别模型。当他再次见到一条活生生的蛇形动物时，小男孩只是使用已经印刻在脑子中的识别模型来辨识它而已。这个识别过程就是分类。

图7-8　黄鳝、蛇与鳗鱼

一年后，那个小男孩上学了。在学校，他被分在有30个小朋友的一个班级。一个月后，这30个小朋友自发地聚成了若干个小组，他们或是因为共同的爱好，或是脾气相投，或是能力类似。这些理由老师和家长事先并不知晓，更谈不上指导或要求了，甚至连小朋友们自己也是在不知不觉中形成一个个小圈子的。这些小朋友自发分群组的行为就是聚类，俗话说“物以类聚，人以群分”。

十年后，这群孩子都长大了。再聚到一起，发现与10年前初相识时身高变化很大。是什么原因让他们的身高出现明显差异呢？有没有规律可以在10年前预测他们现在的身高呢？

父母遗传肯定很重要，但不能说孩子的身高一定会超过父母，父代和子代的身高有规律可循吗？这个问题在20世纪初由英国数学家卡尔·皮尔逊（Karl Pearson）研究过，他观察了1078对夫妇，将他们的身高（单位为in）标在二维坐标系中，每对夫妇的平均身高为x，取他们的一个成年儿子身高为y。尽管这些值成散点状，但经过仔细观察后发现，其趋势近乎一条直线，其方程为

$$\bar{y}=33.73+0.516x$$

式中，$\bar{y}$表示y的平均值。这种数值研究方法就是回归分析。

2. 分类算法定义

分类、回归和聚类算法都需要用到相似度的数学知识，利用相似度进行相关性分析是数据挖掘技术的基石。

分类就是根据事物的特点分别归类。在机器学习中，分类就是一种利用一系列已知类别的样本，对模型进行训练，调整分类器的参数，使其达到所要求性能的过程。完成训练的分类器即可用于对未知事物进行分类处理了。

因此，分类首先需要得到大量的样本对象，并且知道这些样本对象的特征和所属类别，将这些“告诉”计算机，让计算机总结分类的原则，从而形成一个分类模型；再将新的待分类样本“交给”计算机，让计算机自动完成分类。

由此可见，分类过程通常包括如下两个阶段。

（1）用来构建分类模型的学习阶段（模型构建）。

（2）使用模型为新输入的数据分类并贴上类别标签的分类阶段（模型使用）。

在学习阶段，首先要准备好分类算法，以及一定数量的训练数据。训练数据是已经分好类并且贴上了类别标签的。然后将训练数据输入分类算法，根据不同的算法，通过训练数据，或者得到分类的（IF-THEN）规则，或者得到概率值，或者构建一棵决策树，或者给出一个已经确定参数的数学公式。

分类算法是机器学习中的一大类算法，用来预测离散变量。典型的分类算法有决策树分类法、朴素贝叶斯分类法、k最邻近分类法和基于规则分类法，以及支持向量机、遗传算法、人工神经网络等。

下面举个例子来说明分类算法的构建和运用过程。

首先，根据已有的6条人事记录，来找出长期聘用（Tenured）的条件。这6条记录就是训练数据，长期聘用条件就是分类模型。从这6条记录中可以找出这样的规律：如果职称是教授（Professor），或者工作年限超过6年，就可以长期聘用。这个规律就是要构建的分类模型，如图7-9所示。

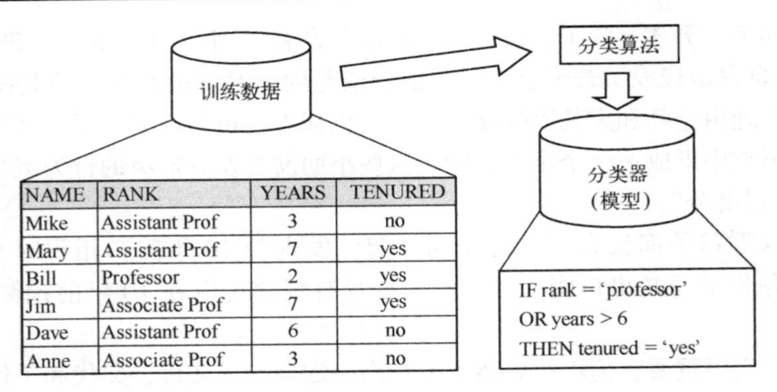

图 7-9　构建分类模型

分类模型构建完成后，可以使用检验数据对分类模型进行检验，如图 7-10 所示。

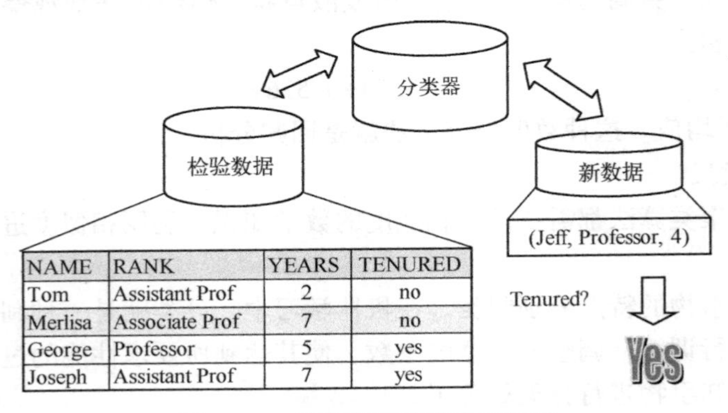

图 7-10　分类模型的检验和运用

通过检验的分类模型就可以正式运用了。现在又有一位员工“Jeff，教授，工作年限为 4 年”，根据分类模型，因为他是教授，所以可以长期聘用。

分类的准确性是十分关键的因素，只有达到用户满意的准确率的算法才有生命力。

分类算法有很多，主要包括决策树分类算法、朴素贝叶斯分类算法、KNN 分类算法、基于规则分类法、组合分类器、贝叶斯信念网络、人工神经网络、支持向量机等。

3. 决策树分类算法

决策树（Decision Tree）是一种类似流程图的树形结构，其中每个内部节点表示一个属性测试，每个分支代表一个测试输出，每个叶节点代表一种类别，树的顶端节点是根节点。

决策树是一个自上而下的决策过程，其中每一步判别都是离散值目标函数。节点分为 3 种类型，即根节点、内部节点和叶节点。根节点是决策树的起始位置；内部节点是分类过程中的一个属性判别过程，也称测试过程；叶节点是终结节点，存放了经判别产生的分类结果。

图 7-11 所示为相亲决策树模型。这是一个女青年相亲决策树的例子，相亲条件从根节点“年龄”开始，总共设了“年龄”“长相”“月收入”“是否为公务员”4 个属性，每一步是一个属性判断，其结果或是产生一个分类结果“见”或“不见”，或是继续进行下一个属性判断。所有属性判断结束后，就形成了一棵相亲决策树。

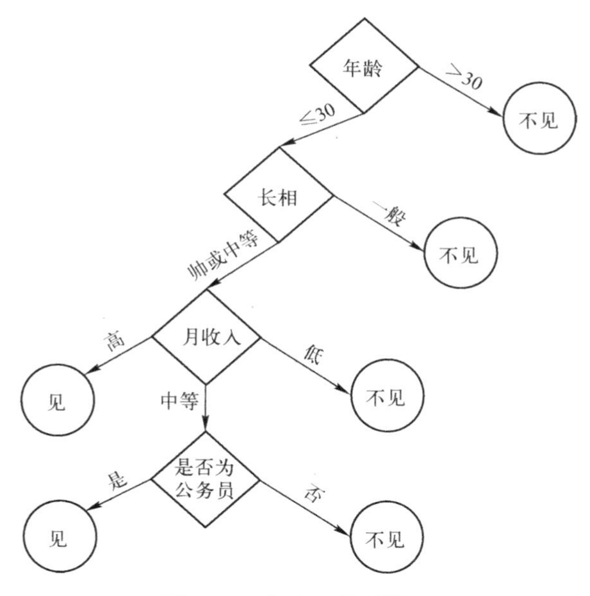

图 7-11　相亲决策树模型

图 7-11 所示的例子容易造成一个错觉，那就是这个女青年的相亲条件好像是她相亲前就提出来的，决策树只是将其整理成一棵判断树。事实上，这棵决策树是根据女青年以往的多次相亲记录归纳出来的。表 7-3 列出了这位女青年的历次相亲记录。

表 7-3　女青年的历次相亲记录

男青年 ID	年龄	长相	月收入（万元）	是否为公务员	是否见面
XXX1	31	中等	2.5	否	否
XXX2	29	中等	1.8	否	是
XXX3	28	一般	1.8	否	否
XXX4	25	中等	1	是	是
XXX5	28	中等	2	否	否
XXX6	30	帅	1	是	是
XXX7	27	帅	1.6	否	是
XXX8	25	中等	0.9	否	否
XXX9	26	帅	2	否	是
XXX10	33	帅	3	否	否
XXX11	28	一般	2.2	否	否
XXX12	26	中等	0.8	是	否

说明　表中约定月收入 1 万元至 1.5 万元为中等，多于 1.5 万元的为高收入，少于 1 万元的为低收入。

决策树判别过程是对每个属性依次进行判别，比较简单、明确，利用多次判别可以处理高维数据。一般而言，决策树分类器的分类结果大多比较满意，因此其应用比较广泛。

构建决策树看似简单，实则不然。在上述例子中，有如下两个问题是必须考虑的。

☺ 在年龄、长相、月收入、是否为公务员这 4 个属性中，选哪个作为根节点？一定是年龄吗？比较科学的方法是根据信息增益来选择根节点。

☺ 训练数据质量可能有问题，如数据不准确、不完整，甚至有错误数据。依此构造的树，有些枝杈是“枯枝”，需要进行剪枝。

1）信息增益

要说清楚信息增益，必须先介绍信息度量。

信息是个十分抽象的概念，不像长度、体积、质量那样便于度量。其实，信息度量问题早在 70 多年前已经由信息论创始人香农（Claude Elwood Shannon）在其著名的论文《通信的数学原理》中解答过了。

在介绍信息度量前，先回顾一下信息的定义。

1928 年，哈特利（R. V. L. Hartley）给出的信息定义是“信息是被消除的不确定性”。不确定性容易让人联想到令人望而生畏的数学，这个定义的确有些抽象。下面举个例子来帮助我们理解这个定义。

假设有一天巴西足球队与德国足球队比赛，结果是“德国队赢了”，这是一条信息；如果再说“巴西队输了”，因为没有再消除不确定性，所以这句话就不是信息；但是，如果说“巴西队以 2∶3 惜败”，则又是信息了，因为它消除了比分的不确定性。

现在要介绍信息度量了，也就是如何计算信息量。

对信息进行度量的想法最早还是由哈特利提出的。他指出，如果信息源有 m 种消息，且每种消息是以相等可能产生的，则该信息源蕴含的信息量 I 等于 m 的以 2 为底的对数，即

$$I=\mathrm{lb}m$$

例如，中国女排与美国女排比赛，比赛结果只有两种，要么中国队获胜，要么美国队获胜。假设比赛结果为信息源，则 $m=2$，信息量 $I=\mathrm{lb}2=1$，单位是比特（bit）。

因为中国女排与美国女排的实力相当，所以认为其胜负概率是均等的。

再举一个胜负概率不同的例子：2018 年俄罗斯世界杯有 32 支球队杀入决赛圈。如果按照哈特利的算法，每支球队获得冠军的信息量均为

$$I=\mathrm{lb}32=\mathrm{lb}\,2^5=5$$

这显然是不严谨的，因为 32 支球队获得冠军的概率是不同的。事实上，国际足联在为 32 支参赛球队分组前，先根据 FIFA 排名将它们划分成 4 档。

第 1 档：德国、巴西、葡萄牙、阿根廷、比利时、波兰、法国、俄罗斯。

第 2 档：西班牙、秘鲁、瑞士、英格兰、哥伦比亚、墨西哥、乌拉圭、克罗地亚。

第 3 档：丹麦、冰岛、哥斯达黎加、瑞典、突尼斯、埃及、塞内加尔、伊朗。

第 4 档：塞尔维亚、尼日利亚、澳大利亚、日本、摩洛哥、巴拿马、韩国、沙特。

球队的档次越高，其夺冠概率越大；球队的档次越低，其夺冠概率越小。

针对概率不同的情况，如何计算其信息量呢？这就是香农的贡献了。根据“事件出现的概率越小，信息量越大”原理，事件 S_i 的信息量定义为

$$\mathrm{entropy}(S_i)=-\mathrm{lb}P(S_i)$$

式中，$P(S_i)$ 表示事件 S_i 发生的先验概率。

因为概率 $P(S_i)<1$，根据对数函数性质，$\mathrm{lb}P(S_i)$ 为负数，所以在对数函数前要加负号。而且，概率值 $P(S_i)$ 越小，信息量 $\mathrm{entropy}(S_i)$ 就越大。

综合 32 支参赛球队近期表现、球员实力、比赛经验，认为巴西队最终夺冠的概率最高，有 $1/16$ 的可能性，则巴西队夺冠的信息量为

$$\mathrm{entropy}(\text{巴西}) = -\mathrm{lb}\,\frac{1}{16} = -\mathrm{lb}\,2^{-4} = 4$$

如果认为韩国队夺冠的概率只有巴西队的 $1/16$，则韩国队夺冠的信息量为

$$\mathrm{entropy}(\text{韩国}) = -\mathrm{lb}\left(\frac{1}{16}\times\frac{1}{16}\right) = -\mathrm{lb}\,2^{-8} = 8$$

由此可见，韩国队夺冠的信息量比巴西队夺冠的信息量大，这也印证了小概率事件蕴含的信息量大的原理。

前面度量的都是单个事件的信息量，那么对于一个样本整体而言，如何度量其信息量呢？

香农是用熵来描述整体的信息量的。熵（Entropy）最初是一个物理学概念，后来在数学中用于描述信息的混乱程度，若信息的混乱程度越高，其熵值越大；若信息的混乱程度越低，其熵值越小。

对于样本集 S，如果最终分类的结果是集合 $\{s_i\}$，那么它的熵的定义为

$$\mathrm{entropy}(S) = -\sum_{s_i\in S} p(s_i)\,\mathrm{lb}\,p(s_i)$$

式中，$p(s_i)$ 为样本集中属于类 s_i 的概率。这个公式的解释为，对于样本集 S，它的熵就是被划分成若干个类 s_i 产生的概率乘以该类的信息量，然后各项累加，再取负值。

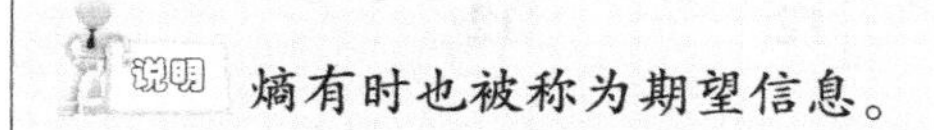

熵有时也被称为期望信息。

因此，“谁是 2018 年世界杯冠军”的信息量公式应该修改为

$$\mathrm{entropy} = -(p_1\,\mathrm{lb}\,p_1 + p_2\,\mathrm{lb}\,p_2 + \cdots + p_{32}\,\mathrm{lb}\,p_{32})$$

式中，p_1，p_2，…，p_{32} 分别是 32 支参赛球队夺冠的概率。

大家可以检验，当各支球队夺冠概率相差越大时，熵越小；当各支球队夺冠概率相差不大时，熵越大；当各支球队等概率时，熵为 5，这是最大值。

这是因为，各支球队夺冠概率越难以区分大小，说明竞争形势越混乱，此时熵越大；如果能够确定某些球队夺冠概率很大（或很小），说明竞争形势较明朗，此时熵就小。

如果用属性 A 将样本集 S 分类，得到 m 个子集，那就需要计算这些子集的熵，以便进一步分类。

根据属性 A 划分得到的子集的熵为

$$\mathrm{entropy}(S,A) = \sum_{i=1}^{m}\frac{|S_i|}{|S|}\mathrm{entropy}(S_i)$$

式中，S_i 表示根据属性 A 划分的 S 的第 i 个子集，$|S|$ 和 $|S_i|$ 分别表示 S 和 S_i 中的样本数量。

有了用于度量信息的熵后，就可以定义信息增益了。

讲到增益，显然是指现在值与原来值的比较。信息增益的定义为，原来的信息需求与新

的信息需求之间的差值。

信息增益用于衡量熵的期望减少值。因此，使用属性 A 对 S 进行划分后，获得的信息增益为

$$\text{gain}(S,A)=\text{entropy}(S)-\text{entropy}(S,A)$$

信息增益越大，说明测试属性 A 对分类提供的信息越多。因此，可以按照每个属性的信息增益大小排序，以此作为决策树的分支排序。

对于一棵决策树，我们有如下两个希望。

（1）每一次决策能够确定分类的元素越多越好（后续分类工作量少）。

（2）对于整个决策过程，判断次数越少越好。

问题变成选择哪个字段作为“树根”可以达到上述两个目的，即消除信息混杂的能力最强。

下面以前面介绍的相亲决策树为例，计算其信息增益：

$$\text{entropy}(S)=-\sum_{i=1}^{2}p_i\text{lb}\,p_i=-\frac{5}{12}\text{lb}\,\frac{5}{12}-\frac{7}{12}\text{lb}\,\frac{7}{12}\approx 0.98$$

属性“长相”将样本 S 划分成 3 个部分（$m=3$），即帅、中等、一般，其取值为 $|S_{帅}|=4$，$|S_{中等}|=6$，$|S_{一般}|=2$。

在属性值为“帅”的子集中，相亲见面的有 3 次，不见面的 1 次，则

$$\text{entropy}(S_{帅})=-\frac{3}{4}\text{lb}\,\frac{3}{4}-\frac{1}{4}\text{lb}\,\frac{1}{4}\approx 0.81$$

同理可以算出 $\text{entropy}(S_{中等})$ 和 $\text{entropy}(S_{一般})$ 的值分别是 0.92 和 0。

属性“长相”划分的子集的熵为

$$\text{entropy}(S,A)=\sum_{i=1}^{m}\frac{|S_i|}{|S|}\text{entropy}(S_i)=\frac{4}{12}\times 0.81+\frac{6}{12}\times 0.92+\frac{2}{12}\times 0=0.73$$

此时的信息增益为

$$\text{gain}(S,A)=\text{entropy}(S)-\text{entropy}(S,A)\approx 0.98-0.73=0.25$$

可以用同样的方法计算以其他三个字段作为根节点的信息增益，比较大小，选择信息增益最大的作为根节点即可。如此迭代，可以找出第 2 节点、第 3 节点和第 4 节点，完成整棵决策树的构建。

2）剪枝

对决策树进行剪枝是克服数据噪声的基本技术，其结果可以使决策树更加简洁，更容易理解。通常有如下两种基本的剪枝策略。

☺ 预先剪枝（Pre-Pruning）：在生成决策树的同时，决定是继续对不纯的训练子集进行划分，还是停止。

☺ 后剪枝（Post-Pruning）：首先生成与训练数据完全拟合的一棵决策树，然后从决策树的叶节点开始剪枝，逐步向根节点的方向剪。剪枝时，要用到一个测试数据集合。如果存在某个叶节点，剪去该叶节点后，测试集上的准确度不降低，则剪去该叶节点；否则停止。

理论上，后剪枝比预先剪枝效果好，但是其计算复杂度较大。剪枝过程一般要涉及一些统计参数或阈值。

3）ID3算法

ID3和C4.5是常用的决策树分类算法。

ID3算法是由J. Ross Quinlan于1975年提出的，它是按照信息增益大小次序来选择属性的。Quinlan后来又提出了C4.5算法（ID3算法的后继者），该算法成为新的监督学习的性能比较基准。

ID3算法采用自顶向下递归式的方法构造决策树，其基本思路如下所述。

（1）决策树以代表训练样本的单个节点开始。

（2）如果样本都在同一个类中，则这个节点称为叶节点，并标记为该类别。

（3）否则，算法使用信息增益作为启发知识来帮助选择合适的分类属性，以便将样本集划分为若干个集。

（4）对测试属性的每个已知的离散值创建一个分支，并据此划分样本。

（5）算法使用类似的方法，递归地形成每个划分上的样本决策树，一个属性一旦出现在某个节点上，那么它就不能再出现在该节点之后所产生的子树节点中。

（6）整个递归过程在下列条件之一成立时即停止。

☺ 给定节点的所有样本属于同一类。

☺ 没有剩余属性可以来进一步划分样本，此时该节点作为叶节点，并用剩余样本中出现最多的类型作为叶节点的类型。

☺ 某一分支没有样本，在这种情况下，以训练样本集中占多数的类创建一个叶节点。

下面给出的例子是根据天气预报数据，包括outlook（光照，三值）、temperature（温度，三值）、humidity（湿度，二值）、windy（是否有风，三值），这4个指标的不同情况组合，决定是否出行。

表7-4列出了24天气象记录数据及出行情况。现在利用ID3算法构造一棵决策树。

表7-4　24天气象记录数据及出行情况

序号	outlook	temperature	humidity	windy	出行情况
1	overcast	hot	high	not	no
2	overcast	hot	high	very	no
3	overcast	hot	high	medium	no
4	sunny	hot	high	not	yes
5	sunny	hot	high	medium	yes
6	rain	mild	high	not	no
7	rain	mild	high	medium	no
8	rain	hot	normal	not	yes
9	rain	cool	normal	medium	no
10	rain	hot	normal	very	no
11	sunny	cool	normal	very	yes
12	sunny	cool	normal	medium	yes
13	overcast	mild	high	not	no
14	overcast	mild	high	medium	no
15	overcast	cool	normal	not	yes
16	overcast	cool	normal	medium	yes
17	overcast	mild	normal	not	no
18	rain	mild	normal	medium	no

续表

序号	outlook	temperature	humidity	windy	出行情况
19	overcast	mild	normal	medium	yes
20	overcast	mild	normal	very	yes
21	sunny	mild	high	very	yes
22	sunny	mild	high	medium	yes
23	sunny	hot	normal	not	yes
24	rain	mild	high	very	no

在表 7-4 中，类 yes 和类 no 的数量正好相等，都是 12 个。在没有给出任何气象信息时，根据历史数据，我们只知道某一天的出行概率是 1/2，所以此时的熵值为

$$\text{entropy}(S)=-\frac{12}{24}\text{lb}\frac{12}{24}-\frac{12}{24}\text{lb}\frac{12}{24}=1$$

如果选取 outlook 属性为测试属性，则其熵为

$$\text{entropy}(S,\text{outlook})=\frac{10}{24}\left(-\frac{4}{10}\text{lb}\frac{4}{10}-\frac{6}{10}\text{lb}\frac{6}{10}\right)+\frac{7}{24}\left(-\frac{1}{7}\text{lb}\frac{1}{7}-\frac{6}{7}\text{lb}\frac{6}{7}\right)+\frac{7}{24}\left(-\frac{7}{7}\text{lb}\frac{7}{7}-0\right)\approx 0.5517$$

如果选取 temperature 属性作为测试属性，则其熵为

$$\text{entropy}(S,\text{temperature})=\frac{8}{24}\left(-\frac{4}{8}\text{lb}\frac{4}{8}-\frac{4}{8}\text{lb}\frac{4}{8}\right)+\frac{11}{24}\left(-\frac{4}{11}\text{lb}\frac{4}{11}-\frac{7}{11}\text{lb}\frac{7}{11}\right)+\frac{5}{24}\left(-\frac{4}{5}\text{lb}\frac{4}{5}-\frac{1}{5}\text{lb}\frac{1}{5}\right)\approx 0.9172$$

如果选取 humidity 属性作为测试属性，则其熵为

$$\text{entropy}(S,\text{humidity})=\frac{12}{24}\left(-\frac{4}{12}\text{lb}\frac{4}{12}-\frac{8}{12}\text{lb}\frac{8}{12}\right)+\frac{12}{24}\left(-\frac{8}{12}\text{lb}\frac{8}{12}-\frac{4}{12}\text{lb}\frac{4}{12}\right)\approx 0.8899$$

如果选取 windy 属性作为测试属性，则其熵为

$$\text{entropy}(S,\text{windy})=\frac{8}{24}\left(-\frac{4}{8}\text{lb}\frac{4}{8}-\frac{4}{8}\text{lb}\frac{4}{8}\right)+\frac{6}{24}\left(-\frac{3}{6}\text{lb}\frac{3}{6}-\frac{3}{6}\text{lb}\frac{3}{6}\right)+\frac{10}{24}\left(-\frac{5}{10}\text{lb}\frac{5}{10}-\frac{5}{10}\text{lb}\frac{5}{10}\right)=1$$

由上述计算结果可知，entropy(*S*, outlook)值最小，也就是其信息增益最大，因此选择 outlook 作为测试属性。outlook 属性有 3 个值，即 sunny、overcast、rain，所以生成 3 个叶节点；对其迭代使用上述方法，当系统的信息熵降为 0 时，构造过程结束，最终构造出的决策树如图 7-12 所示。

4）C4.5 算法

ID3 算法的基础是信息增益。信息增益度量偏向具有更多输出的测试，换言之，它更倾向于选择具有大量不同取值的属性。举个极端一点的例子，如果选择数据库中的主键作为测试属性，如员工号属性，按员工号对人事数据集进行划分，其结果是一条记录对应一个子集，每个子集都是纯的，其 entropy(*S*,*A*)= 0，因此通过该属性的划分得到的信息增益最大。显然，这种划分对分类没有意义。

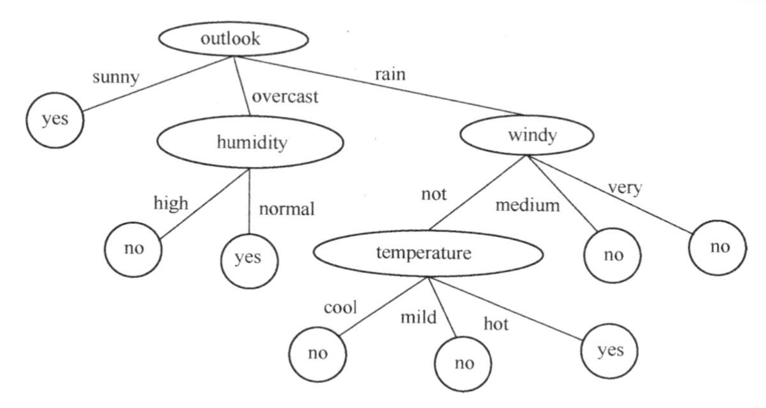

图 7-12　利用 ID3 算法构造决策树示例

ID3 算法具有如下缺点。

（1）ID3 算法所选的分类属性偏向于特征值数量多的分类属性，这是由于信息增益的计算依赖于特征数量较多的属性，而属性取值最多的属性不一定最优。

（2）ID3 算法没有进行剪枝，可能会出现规则过拟合的情况。

（3）ID3 算法可能收敛于局部最优解而丢失全局最优解。其主要原因是，在分类属性选择时，采用的都是贪心策略，具体说就是自顶向下的深度优先搜索策略。

（4）ID3 算法没有对数据进行一定的预处理，因而对噪声数据比较敏感。

在 ID3 算法的 4 个缺点中，缺点 1 和缺点 4 是其固有的缺点。对于缺点 2，则可以通过设置一定的信息增益阈值来限定节点的分裂条件，从而使其减弱；而对于缺点 3，则是决策树算法共有的缺点。决策树本身就是使用贪心策略进行属性选择的。

1993 年，J. Ross Quinlan 提出了 ID3 算法的改进版本 C4. 5 算法，主要改进如下所述。

（1）采用信息增益率来选择属性，克服用信息增益选择属性时偏向选择取值多的属性的不足。

（2）在决策树构造过程中进行剪枝。

（3）能够完成对连续属性的离散化处理。

（4）能够对不完整数据进行处理。

改进的核心是用信息增益率替代信息增益。那么什么是信息增益率（Gain Ratio）呢？

信息增益率是由信息增益 Gain（S，A）和分裂信息 Split_Info（S,A）共同定义的。

分裂信息（Split Information）用于衡量属性分裂数据的广度和均匀性，其定义为

$$\text{split\_info}(S,A) = -\sum_{i=1}^{m}\frac{|S_i|}{|S|}\text{lb}\frac{|S_i|}{|S|}$$

式中，S_i表示根据属性 A 划分的第 i 个样本集。样本在 A 上的取值分布越均匀，split_info 的值就越大。

属性 A 的信息增益率定义为

$$\text{gain\_ratio}(S,A) = \frac{\text{gain}(S,A)}{\text{split\_info}(S,A)}$$

式中，gain(S,A)为信息增益。

在构造决策树时，首先选择信息增益比最大的属性作为根属性，引出第 1 层分支，然后就可以与 ID3 算法类似地通过迭代方法构造出整个决策树。

4. 朴素贝叶斯分类算法

朴素贝叶斯分类思想是，对于待分类项，求解在此项出现的条件下各个类别出现的概率，哪个最大，就认为此待分类项属于哪个类别。通俗地讲，如果我们在街上遇到一个黑人，会猜他十有八九来自非洲。为什么呢？因为黑人中非洲人的比例最高，其实人家也可能是美洲人、大洋洲人、亚洲人或欧洲人。但在没有其他可用信息的情况下，我们会选择条件概率最大的类别，这就是朴素贝叶斯分类思想，如图 7-13 所示。

图 7-13　朴素贝叶斯分类思想示意图

朴素贝叶斯分类算法的理论基础是概率论中的贝叶斯定理。贝叶斯定理是利用人们以往经验可以估算出的先验概率，再通过贝叶斯公式推算出原来难以估算的概率值。其分类方法是采用贝叶斯公式计算各种可能性的概率值，然后根据概率值大小来决策分类。

下面先介绍主观概率与客观概率。

经典概率研究的是不以人的意识变化的客观存在。例如，投掷硬币判断其正反面的概率值，这是典型的客观概率。

而主观概率则加上了人的经验因素。例如，市场销售人员认为一款新品上市销售后获利的概率是 0.8，这个概率就是主观概率。显然，主观概率值会因当事人掌握信息的不同（经验不同）而变化。

客观概率强调多次重复，主观概率往往只适用一次，以后因为情况发生变化，概率值也会发生变化。

贝叶斯公式已经在 6.2.4 节中介绍过，这里为了叙述的完整性和顺畅性，再简要介绍一下。

假定样本空间 Ω 有一个包含 n 个事件的完备的事件组C_i。所谓完备，是说这个事件组满足如下两个条件。

（1）这个事件组中的各个事件之间互相没有关系，即相互独立，数学表示为

$$C_iC_j=\varnothing(i\neq j)$$

（2）这个事件组中的每个事件的概率值都大于 0，且整个事件组合起来覆盖了整个样本空间，数学表示为

$$\bigcup_{i=1}^{n} C_i=\Omega \qquad P(C_i)>0$$

对于这样的事件组，就可以通过下列公式来计算各个事件对待分类事件 X 的条件概率：

$$P(C_j\mid X)=\frac{P(X\mid C_j)P(C_j)}{\sum_{i=1}^{n}P(X\mid C_i)P(C_i)}=\frac{P(X\mid C_j)P(C_j)}{P(X)} \qquad j=1,2,\cdots,n$$

为了更形象地说明贝叶斯公式，用两幅图分别表示完备事件组和贝叶斯公式，如图 7-14 所示。

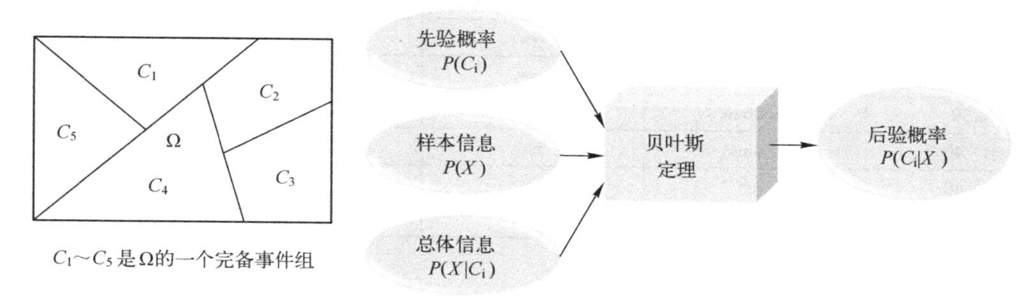

图 7-14 完备事件组和贝叶斯公式

下面介绍朴素贝叶斯分类算法的基本原理。

设 X 是待分类元素，假定样本空间 Ω 有 m 个类 $C_1, C_2, \cdots, C_m$。

首先利用贝叶斯公式逐个计算出 m 个条件概率值 $P(C_i \mid X)$，然后通过比较找出其中的最大值 $P(C_{max} \mid X)$，则朴素贝叶斯算法的结论是“元素 X 就属于 C_{max} 这个类”。

贝叶斯公式算法可以简化，因为在贝叶斯公式中有

$$P(C_i \mid X) = \frac{P(X \mid C_i)P(C_i)}{P(X)}$$

由于 $P(X)$ 对所有类都一样，所以在比较所有利用这个公式计算出的值的大小时可以舍去，上式简化为求 $P(X \mid C_i)P(C_i)$ 的最大值。

还是通过一个例子来说明朴素贝叶斯分类算法是如何构造和使用的吧。

表 7-5 给出了一个商场的电脑销售记录（训练样本集），用这些样本训练构造出一个朴素贝叶斯分类器，然后对一名新顾客使用该分类器判断其是否会购买电脑。

在样本中，每个顾客有 4 个属性，即 age、income、student、credit_rating；需要判别的类别为 buys_computer，它有两个值，即 yes 和 no。

需要判断新顾客是否会购买电脑，其个人的特征数据为

$$X = (\text{age} \leqslant 30,\ \text{income} = \text{medium},\ \text{student} = \text{yes},\ \text{credit\_rating} = \text{fair})$$

由上述特征数据可知，这名顾客是 30 岁以下、收入中等且信用等级良好的学生。

设事件 Y 为购买电脑，即 buys_computer=yes；事件 N 为不购买电脑，即 buys_computer=no。

表 7-5 14 名顾客购买电脑意愿训练样本集

age	income	student	credit_rating	buys_computer
≤30	high	no	fair	no
≤30	high	no	excellent	no
31~40	high	no	fair	yes
>40	medium	no	fair	yes
>40	low	yes	fair	yes
>40	low	yes	excellent	no
31~40	low	yes	excellent	yes

续表

age	income	student	credit_rating	buys_computer
≤30	medium	no	fair	no
≤30	low	yes	fair	yes
>40	medium	yes	fair	yes
≤30	medium	yes	excellent	yes
31~40	medium	no	excellent	yes
31~40	high	yes	fair	yes
>40	medium	no	excellent	no

根据训练数据：

（1）购买电脑和不购买电脑的先验概率分别为

$$P(Y)=9/14\approx 0.643$$

$$P(N)=5/14\approx 0.357$$

（2）对待测实例的“30岁以下”是否购买电脑的条件概率为

$$P(\text{age}\leqslant 30\mid Y)=2/9\approx 0.222$$

$$P(\text{age}\leqslant 30\mid N)=3/5=0.6$$

（3）对待测实例的“学生”是否购买电脑的条件概率为

$$P(\text{student}=\text{yes}\mid Y)=6/9\approx 0.667$$

$$P(\text{student}=\text{yes}\mid N)=1/5=0.2$$

（4）对待测实例的“中等收入”是否购买电脑的条件概率为

$$P(\text{income}=\text{medium}\mid Y)=4/9\approx 0.444$$

$$P(\text{income}=\text{medium}\mid N)=2/5=0.4$$

（5）对待测实例的“信用等级良好”是否购买电脑的条件概率为

$$P(\text{credit\_rating}=\text{fair}\mid Y)=6/9\approx 0.667$$

$$P(\text{credit\_rating}=\text{fair}\mid N)=2/5=0.4$$

下面计算新顾客购买电脑的概率 $P(X\mid Y)$ 和不购买电脑的概率 $P(X\mid N)$：

$$P(X\mid Y)=P(\text{age}\leqslant 30\mid Y)\times P(\text{income}=\text{medium}\mid Y)\times P(\text{student}=\text{yes}\mid Y)\times P(\text{credit\_rating}\mid Y)$$
$$=0.222\times 0.444\times 0.667\times 0.667\approx 0.044$$

$$P(X\mid N)=P(\text{age}\leqslant 30\mid N)\times P(\text{income}=\text{medium}\mid N)\times P(\text{student}=\text{yes}\mid N)\times P(\text{credit\_rating}\mid N)$$
$$=0.6\times 0.4\times 0.2\times 0.4\approx 0.019$$

于是有

$$P(X\mid Y)\times P(Y)\approx 0.028\qquad P(X\mid N)\times P(N)\approx 0.007$$

由此可见，$P(X\mid Y)\times P(Y)>P(X\mid N)\times P(N)$！即新顾客购买电脑的概率大于他不购买电脑的概率，因此通过朴素贝叶斯分类法推算，该顾客非常有可能购买电脑。

5. k最邻近（k-Nearest Neighbor，kNN）分类算法

k最邻近分类算法的基本思想是，根据邻居的类别来判别待分类对象的类别，当然是选邻居中人数最多的那个类别，这颇有些“近朱者赤，近墨者黑”的味道。因此，k最邻近分类算法是一种典型的基于实例的算法，属于惰性算法，即只有在遇到分类测试样例时，才对其进行训练并得出测试样例所在的类。因此，对测试样本分类时的计算量大，惰性算法内存开销大，评分慢。

k 最邻近分类算法需要考虑如下 3 个基本要素。

☺ 一组已标记的训练对象。

☺ 一种计算对象之间距离的度量。

☺ 选择最邻近对象的数量 k。

也就是说，kNN 分类算法基本不需要训练，只需要事先确定距离（相似度）算法、k 的数值及一定数量的已经分好类标签的训练数据即可。

kNN 分类算法的计算步骤如下所述。

（1）算距离：给定测试对象，计算它与训练集中的每个对象的距离。

（2）找邻居：圈定距离最近的 k 个训练对象，以此作为测试对象的近邻。

（3）做分类：从这 k 个训练对象中找出居于主导地位的类别，将其赋予测试对象。

下面举个例子来说明 kNN 分类算法的原理，如图 7-15 所示。

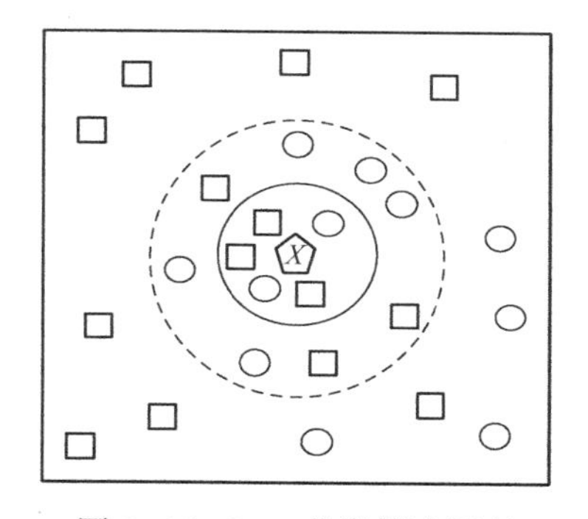

图 7-15 kNN 分类算法原理

在图 7-15 中，标记为方块和圆圈的是训练数据，也就是已经将样本分成方块和圆圈两个类别。

现在要利用 kNN 分类算法判断图中五边形对象 X 的类别。

假定距离的度量采用欧氏距离，计算每个邻居与五边形对象的距离，然后根据其距离从小到大进行排序。剩下的问题是，选取多少个最近距离的邻居呢？

如果 $k=5$，最近邻居为上图最小实线圆所圈定的 5 个邻居，其中方块有 3 个，圆圈有 2 个，所以 X 属方块一类。

如果 $k=13$，最近邻居为虚线圆所圈定的 13 个邻居，其中方块有 6 个，圆圈有 7 个，所以 X 属圆圈一类。

如果 $k=25$，最近邻居为外方框所圈定的全部 25 个邻居，其中方块有 14 个，圆圈有 11 个，所以 X 又属方块一类。

可见在这个算法中，k 取值大小会影响最终的分类结果。

在刚才的类别判定中，采用的是简单计数方式，近邻中哪个类别的数量最多就将其分为该类。如果需要更精准的判别，还可以根据距离的远近，对近邻进行加权，距离越近则权重越大（如权重为距离平方的倒数）。

上述的距离度量是假定使用熟悉的欧氏距离，事实上还有多种距离计算方法。下面介绍 n 维空间中最常见的欧氏距离、曼哈顿距离、余弦相似度。

欧氏距离是大家非常熟悉的，就是指两点 $X(x_1,x_2,\cdots,x_n)$、$Y(y_1,y_2,\cdots,y_n)$之间的直线距离，即

$$\operatorname{dist}(X,Y)=\sqrt{\sum_{i=1}^{n}(x_i-y_i)^2}$$

曼哈顿距离指的是两点之间沿“折线”行走的距离（该名字的缘由是在美国纽约曼哈顿地区开车，必须沿街区走折线，无法穿越大楼走直线），因此曼哈顿距离要大于欧氏距离，其计算公式为

$$\operatorname{dist}(X,Y)=\sum_{i=1}^{n}|x_i-y_i|$$

在向量空间中，两个向量之间的“距离”与标量空间中的不同，向量有方向（角度）和长度属性，因此不能简单地按照其坐标值来计算距离。如果要计算两个向量之间的距离，通常会用这两个向量之间的夹角的余弦值来计算向量之间的相似度。文本分类主要用相似度来判别。向量 **X**、**Y** 的相似度计算公式为

$$\cos(\boldsymbol{X},\boldsymbol{Y})=\frac{\sum_{i=1}^{n}x_i\times y_i}{\sqrt{\sum_{i=1}^{n}x_i^2\times\sum_{i=1}^{n}y_i^2}}$$

6. 基于规则分类法

所谓基于规则的分类，就是使用一系列形如“IF 条件 THEN 结论”的规则对数据集进行分类。其中，“条件”是由多个“属性=值”组成的布尔表达式，“结论”为类标号。

例如，前述的相亲决策树例子中，有这样的一条规则：

IF（年龄≤30）∧（长相=一般）THEN（是否相亲=不见）。

规则中的 IF 部分称为规则的前件（或称前提），THEN 部分称为规则的结论。

对于一个待分类的对象，如果某个规则的前件中的条件都满足，则称满足该规则，并且称规则覆盖了该对象，可以运用该规则赋予待分类对象类标号，这个类标号就是规则中的结论。

基于规则分类同样是通过总结归纳训练数据中的规律而产生分类规则的。

还是用一个例子来说明吧，表 7-6 列出了已标记类别的 5 种动物（训练数据）。

表 7-6　已标记类别的 5 种动物（训练数据）

Name	Blood Type	Give Birth	Can Fly	Live in Water	Class
		no	yes		Birds
		no		yes	Fishes
	warm	yes			Mammals
		no	no		Reptiles
				sometimes	Amphibians

在表 7-6 中，每条记录均列出了 4 个属性：Blood Type（血种类，温血或冷血）、Give Birth（胎生与否）、Can Fly（能否飞行）、Live in Water（是否生活在水中），待判别的种类（Class）有 Birds（鸟类）、Fishes（鱼类）、Mammals（哺乳动物）、Reptiles（爬行动物）、Amphihians（两栖动物）。

在这份训练数据中，4 个属性是条件，Class 是结论，动物名称不重要，所以不用列出。

并不是每个属性栏都填了值的，但这也足以导出规则了。

利用表 7-6 中的 5 个动物的训练数据可以导出如下 5 条规则：

R1：(Give Birth = no) ∧ (Can Fly = yes) → Birds
R2：(Give Birth = no) ∧ (Live in Water = yes) → Fishes
R3：(Blood Type = warm) ∧ (Give Birth = yes) → Mammals
R4：(Give Birth = no) ∧ (Can Fly = no) → Reptiles
R5：(Live in Water = sometimes) → Amphibians

下面用这 5 条规则来对表 7-7 中的 2 种动物进行分类。

表 7-7　待分类的 2 种动物

Name	Blood Type	Give Birth	Can Fly	Live in Water	Class
hawk	warm	no	yes	no	?
grizzle bear	warm	yes	no	no	?

hawk 的属性覆盖规则 R1，因此可以利用规则 R1 将 hawk 划归为鸟类 Bird；grizzle bear 的属性覆盖规则 R3，因此将其划归为哺乳动物类（Mammal）。

评价一个规则的优劣采用的是覆盖率和准确率这两个指标。

覆盖率（Coverage）就是数据集中满足规则条件的实例的百分比；准确率（Accuracy）就是在满足规则条件的实例中，也满足规则结论的百分比。

对于前面的 14 名顾客购买电脑意愿训练样本集，如果规则是

$$R: age \leq 30 \wedge student = yes \rightarrow buys\_computer = yes$$

那么，该规则 R 覆盖了 14 个实例中的 2 个，这 2 个实例同时也满足规则 R 结论，因此：

$$Coverage(R) = 2/14 \approx 14.29\%$$
$$Accuracy(R) = 2/2 = 100\%$$

从前面的例子看，似乎利用规则很容易对待测对象进行判别分类。但在实际应用中，由于由实例归纳的规则数量是有限的，待分类的对象千差万别，很可能出现规则与待分类对象不是一一匹配的情况。下面来看看实例与规则的匹配情况。

规则与待分类对象的匹配情况无外乎 3 种：恰好匹配一个规则，匹配多个规则，没有规则与之匹配。

表 7-8 列出了待分类的 3 种动物。

表 7-8　待分类的 3 种动物

Name	Blood Type	Give Birth	Can Fly	Live in Water	Class
lemur	warm	yes	no	no	?
turtle	cold	no	no	sometimes	?
dogfish shark	cold	yes	no	yes	

在这 3 种待分类动物中，只有 Lemur 唯一满足 R3，被标记为 mammal；turtle 同时满足 R4 和 R5；而 dogfish shark 则没有规则可以满足。

这就出现了实例与规则的多重匹配和零匹配问题。遇到这样的情况时，该如何进行分类标记呢？

在此还需要引入 2 个术语，即触发和激活。

如果有规则被满足，称该规则被触发；如果该规则被唯一满足，则称该规则被激活。

如果有多个规则被触发，就需要一种策略来决定激活哪个规则。常用的策略包括按照激活属性数量多少的规模序，或者按照重要性确定的规则序。如果按照规模序策略，turtle 选择规则 R4，分类结果为 reptiles。

如果没有规则被满足，可以建立一个缺省或默认规则，根据训练集指定一个默认类。

7. 组合分类器

现在已有很多种分类算法，但在实际使用时，这些分类算法的准确率往往不能令人满意。于是，就有了将这些算法结合起来使用的想法，看看这样能否有效提高分类的准确率。答案是肯定的，其效果就像“三个臭皮匠顶一个诸葛亮”那样的神奇。

如图 7-16 所示，组合分类将 k 个经学习得到的模型组合在一起，得到一个改进的组合分类器。进行分类时，各个分类器各自给出分类建议，组合分类器综合所有分类建议后，给出最终的分类结论。

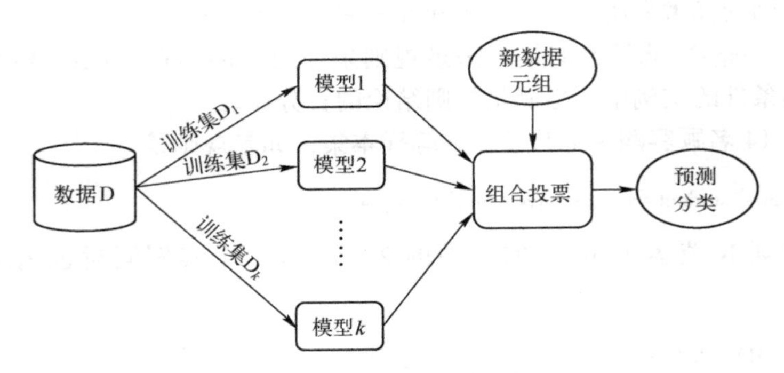

图 7-16　组合分类器示意图

因为结合了多种模型的分类意见，组合分类器的分类结果通常会比其基分类器更准确。

例如，在某次拳击比赛中，对 3 位裁判裁定某个拳击手在 6 节比赛中击中对方的点数进行了统计，如果如图 7-17 所示。

为了使图形区分更加显著，故意将 3 位裁判裁定的点数拉开了差距。图中，黑色实线是 3 位裁判判定点数的平均值，显然相对合理。组合分类器投票原理与此是相同的。

常用的组合分类方法有装袋法、提升法和随机森林法。

☺ 装袋法（Bagging）：所有的单个分类器的投票权重是相同的，组合分类器计算其平均值后给出结论。

☺ 提升法（Boosting）：每个分类器根据其历史准确率赋予不同的权重，组合分类器计算加权平均值后给出结论。Adaboost 是一种流行的提升算法。提升法的权重是通过迭代学习 k 个训练数据，对模型 M_i 由公式 $w_i=\log\dfrac{1-\mathrm{error}(M_i)}{\mathrm{error}(M_i)}$ 修正其权重。

☺ 随机森林法（Random Forests）：每个分类器被当作一棵决策树，森林的输出采用简单多数投票法或单棵树输出结果的简单平均值。

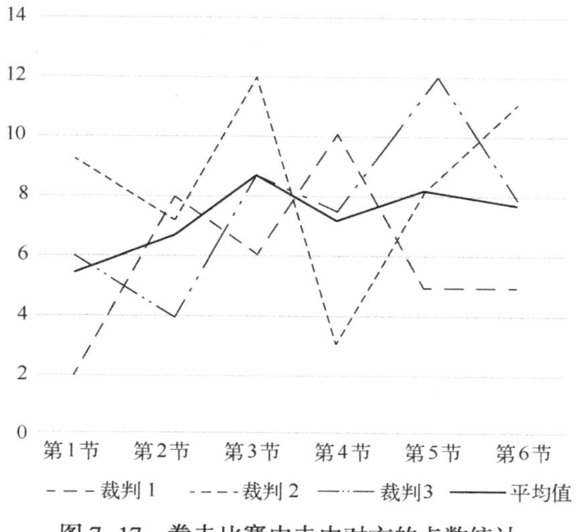

图 7-17 拳击比赛中击中对方的点数统计

之所以称其为随机森林，是因为森林是由很多树组成的，而随机的含义是指这些树之间彼此独立（没有关联）。也就是说，个体决策树在每个节点使用随机选择的属性决定划分，有如下两种随机选择方法。

（1）Forest-RI（random input selection）：在每个节点随机选择 F 个属性作为该节点划分的候选属性。

（2）Forest-RC（random linear combinations）：它不是随机地选择一个属性子集，而是由已有属性的线性组合创建一些新属性（特征）。

在决策树构造的过程中，会遇到过拟合和欠拟合问题。在随机森林法中，通常在一棵决策树上不会追求精确的拟合，期望的是决策树的简洁和计算的快速。

构建随机森林的步骤是：随机挑选一个字段构造决策树的第 1 层；随机挑选一个字段构造决策树的第 2 层；……；随机挑选一个字段构造决策树的第 n 层。

构建随机森林的原则如下所述。

☺ 决策树的层级不能太多；

☺ 不要求每棵决策树的分类精度很高；

☺ 对一个样本进行分类时，同时对这 n 棵决策树进行分类；

☺ 通过一个训练集可以构造数十甚至上百棵分类决策树。

8. 贝叶斯信念网络

朴素贝叶斯分类器的属性之间必须互相独立，这一要求比较严格，但在实际应用中几乎不可能做到完全独立。当然，当这个条件成立时，朴素贝叶斯分类器的准确率是最高的。贝叶斯信念网络（Bayesian Belief Networks，BBN）允许在属性的子集（而不是限定属性）之间定义独立性，这样就放宽了朴素贝叶斯分类器的前提条件。

信念网络是一种模拟人类推理过程中因果关系的有向图，用于处理不确定推理。信念网络由两个部分组成，即由有向无环图（DAG）组成的信念网络图和条件概率表（Conditional Probability Table，CPT）。

在 DAG 中，每个节点表示一个变量（或称属性），而有向边表示属性之间的条件依赖关系，因此信念网络图表示了属性之间的依赖关系。

在 CPT 中，横向表头和竖向表头的每个栏目对应 DAG 中的每个节点，表中每格存储横/竖表头节点对应的条件概率，也就是依赖关系。

在 CPT 中，如果节点 X 没有父节点，则表中只有先验概率 $P(X)$；如果节点 X 只有一个父节点 Y，则表中含条件概率 $P(X \mid Y)$；如果节点 X 有多个父节点$(Y_1,Y_2,\cdots,Y_k)$，则表中含条件概率 $P(X \mid Y_1,Y_2,\cdots,Y_k)$。

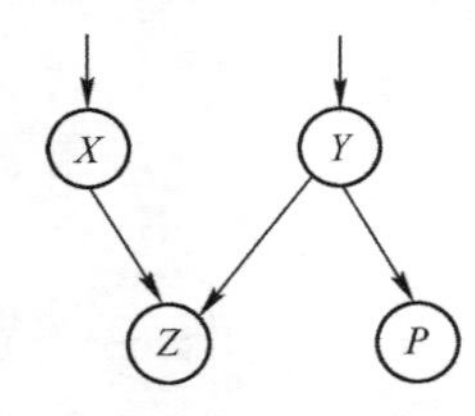

图 7-18　简单的贝叶斯信念网络图

图 7-18 所示的是简单的贝叶斯信念网络图。图中，节点 Z 的父节点是节点 X 和节点 Y，节点 P 的父节点是节点 Y。每个节点独立于它的非后代，节点 X 与节点 P 相互独立，当然节点 Z 和节点 P 也相互独立。

由此可见，CPT 是由信念网络中的每个节点的不同状态，与其父节点的不同状态的条件概率构成的。

在图 7-18 中，节点 Z 有父节点 X 和 Y，假定每个节点取值为简单的布尔值“是”“否”，用$\overline{X}$表示 $X=\text{no}$，$\overline{Y}$表示 $Y=\text{no}$，$\overline{Z}$表示 $Z=\text{no}$，则可构成与其对应的 CPT，见表 7-9。

表 7-9　与图 7-18 对应 CPT

	XY	$X\overline{Y}$	$\overline{X}Y$	$\overline{X}\,\overline{Y}$
Z				
$\overline{Z}$				

在 CPT 中的每一格填入相应的条件概率值。例如，表 7-9 中阴影部分（第 1 行第 4 列）填入的条件概率值为 $P(Z=\text{yes} \mid X=\text{no},Y=\text{no})$。

下面举一个含有 6 个布尔变量的关于肺病病因和症状的贝叶斯信念网络的例子，以便进一步理解信息网络中的 DAG 和 CPT。关于肺病病因和症状的贝叶斯信念网络如图 7-19 所示。

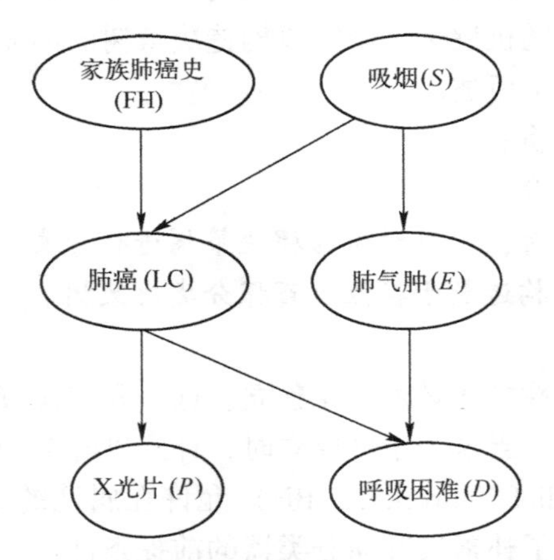

图 7-19　关于肺病病因和症状的贝叶斯信念网络

图中的有向线段表示因果关系，家族肺癌史（FH）会增加发病概率，吸烟（S）会引起肺气肿（E），肺癌（LC）会导致 X 光片（P）呈阳性和呼吸困难（D），肺气肿（E）会导致呼吸困难（D）。

肺癌（LC）节点有 2 个父节点，即家族肺癌史（FH）和吸烟（S），这是其主要致病病因。假定其病因影响值是已经被医学专家实践明确的，此网络的 CPT 见表 7-10。

表 7-10　关于肺病病因和症状的贝叶斯信念网络的 CPT

	FH,S	FH,$\overline{S}$	$\overline{\text{FH}}$,S	$\overline{\text{FH},S}$
LC	0.8	0.5	0.7	0.1
$\overline{\text{LC}}$	0.2	0.5	0.3	0.9

在表 7-10 中，$P(\text{LC}\mid\text{FH},S)=0.8$，表示既有家族肺癌史又吸烟者，患肺癌的概率高达 0.8；$P(\overline{\text{LC}}\mid\overline{\text{FH},S})=0.9$，表示既无家族肺癌史又不吸烟者，不患肺癌的概率高达 0.9。

> 注意
> 贝叶斯信念网络有一个重要性质：如果某个节点的父节点已明确，那么它条件独立于其他所有非后代节点。这表示，它也与其祖辈节点条件独立。

在本例中，“呼吸困难（D）”条件独立于“家族肺癌史（FH）”“吸烟者（S）”。

推广到一般情况，设 $X=(x_1,x_2,\cdots,x_n)$是被属性 $Y_1,Y_2,\cdots,Y_n$描述的数据元组，则联合概率分布为

$$P(x_1,\cdots,x_n)=\prod_{i=1}^{n}P(x_i\mid\text{Parents}(Y_i))$$

式中，$P(x_1,x_2,\cdots,x_n)$是 X 的特定组合的概率，而 $P(x_i\mid\text{Parents}(Y_i))$的值对应于 Y_i的 CPT 的表目。

再举一个例子——关于心脏病和心口痛的贝叶斯信念网络如图 7-20 所示。

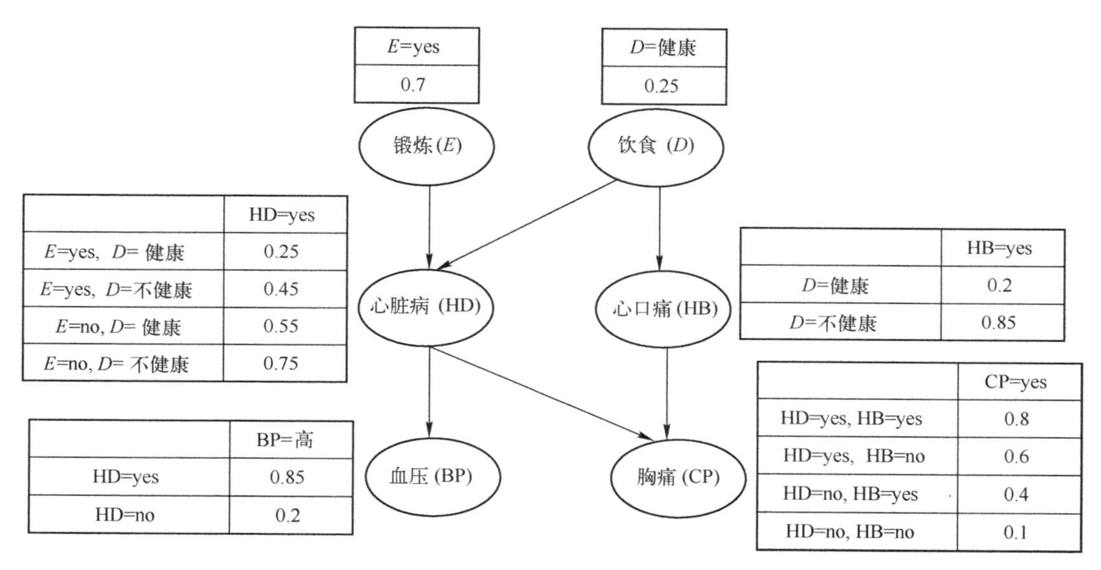

图 7-20　关于心脏病和心口痛的贝叶斯信念网络

在这个例子中，建立的是关于心脏病和心口痛病因和症状的模型。仍然假定图 7-20 中的属性是二值的。图中标出了各个属性正值状态（如 HB = yes）与其父节点所有二值状态（如对于心口痛，其父节点“饮食（D）”的二值状态为健康、不健康）的条件概率，有些概率（负值状态，如 HD = no）非常容易从其正值状态概率值导出，因此在图中没有列出。

由于贝叶斯信念网络包括 DAG 和 CPT 两部分，所以构建这个网络也要分为两个步骤：建立 DAG，估计 CPT 中的概率值。

DAG 可以由专家构造，也可以由数据导出。下面介绍数据导出的方法。

DAG 的生成算法如下所述。

（1）设 $T=(X_1,X_2,\cdots,X_d)$ 表示变量的一个总体次序。

（2）FOR $j=1$ to d DO

（3）令 $X_T(j)$ 表示 T 中第 j 个次序最高的变量。

（4）令 $\pi(X_T(j))=\{X_1,X_2,\cdots,X_T(j-1)\}$ 表示排在 $X_T(j)$ 前面的变量的集合。

（5）从 $\pi(X_T(j))$ 中去掉对 X_j 没有影响的变量（使用先验知识）。

（6）在 $X_T(j)$ 和 $\pi(X_T(j))$ 中剩余的变量之间绘制弧。

（7）END FOR。

下面以前述心脏病和心口痛例子来说明上述步骤。

在这个例子中，执行步骤（1），设变量次序为（E,D,HD,HB,CP,BP）。

从变量 D 开始，经过步骤（2）至步骤（7），根据变量之间的独立关系，可以简化以下条件概率：$P(D \mid E)$ 简化为 $P(D)$；$P(\text{HD} \mid E,D)$ 不能简化；$P(\text{HB} \mid \text{HD},E,D)$ 简化为 $P(\text{HB} \mid D)$；$P(\text{CP} \mid \text{HB},\text{HD},E,D)$ 简化为 $P(\text{CP} \mid \text{HB},\text{HD})$；$P(\text{BP} \mid \text{CP},\text{HB},\text{HD},E,D)$ 简化为 $P(\text{BP} \mid \text{HD})$。

根据条件概率 $P(\text{HD} \mid E,D)$，绘制节点之间的弧(E,HD)、(D,HD)；根据 $P(\text{HB} \mid D)$，绘制弧(D,HB)；根据 $P(\text{CP} \mid \text{HB},\text{HD})$，绘制弧(HD,CP)、(HB,CP)；根据 $P(\text{BP} \mid \text{HD})$，绘制弧(HD,BP)。这些弧构成了本例中的网络拓扑。

接下来，使用例中 DAG 和 CPT 来诊断一个人是否患有心脏病。假定有 3 个不同就诊者。

（1）就诊者没有任何先验信息。

因为 HD 与 E、D 均有关系，因此通过比较先验概率 $P(\text{HD}=\text{yes})$ 和 $P(\text{HD}=\text{no})$ 的大小来判定其是否患有心脏病。

$$
\begin{aligned}
P(\text{HD}=\text{yes}) &= P(\text{HD}=\text{yes} \mid E=\text{yes},D=\text{健康})+P(\text{HD}=\text{yes} \mid E=\text{yes},D=\text{不健康})+\\
&\quad P(\text{HD}=\text{yes} \mid E=\text{no},D=\text{健康})+P(\text{HD}=\text{yes} \mid E=\text{no},D=\text{不健康})\\
&= 0.25\times0.7\times0.25+0.45\times0.7\times0.75+0.55\times0.3\times0.25+0.75\times0.3\times0.75=0.49
\end{aligned}
$$

$$P(\text{HD}=\text{no})=1-P(\text{HD}=\text{yes})=0.51$$

因此，此人未得心脏病的概率略大。

（2）就诊者患高血压。

因为心脏病（HD）能够导致高血压（BP），因此通过比较后验概率 $P(\text{HD}=\text{yes} \mid \text{BP}=\text{高})$ 和 $P(\text{HD}=\text{no} \mid \text{BP}=\text{高})$ 的大小来判定其是否患有心脏病。

$$
\begin{aligned}
P(\text{BP}=\text{高}) &= P(\text{BP}=\text{高} \mid \text{HD}=\text{yes})P(\text{HD}=\text{yes})+P(\text{BP}=\text{高} \mid \text{HD}=\text{no})P(\text{HD}=\text{no})\\
&= 0.85\times0.49+0.2\times0.51=0.5185
\end{aligned}
$$

$$P(\text{HD}=\text{yes} \mid \text{BP}=\text{高})=\frac{P(\text{BP}=\text{高} \mid \text{HD}=\text{yes})P(\text{HD}=\text{yes})}{P(\text{BP}=\text{高})}=\frac{0.85\times0.49}{0.5185}\approx0.8033$$

$$P(\text{HD}=\text{no} \mid \text{BP}=\text{高})=1-P(\text{HD}=\text{yes} \mid \text{BP}=\text{高})=1-0.8033=0.1967$$

由此可见，当一个人患有高血压病时，他患心脏病的风险就增加了许多。

(3) 就诊者患高血压，饮食健康，经常锻炼。

此人患心脏病的后验概率为

$$\begin{aligned}&P(\text{HD}=\text{yes} \mid \text{BP}=\text{高},D=\text{健康},E=\text{yes})\\&=\frac{P(\text{BP}=\text{高} \mid \text{HD}=\text{yes},D=\text{健康},\text{E}=\text{yes})}{P(\text{BP}=\text{高} \mid D=\text{健康},E=\text{yes})}\times P(\text{HD}=\text{yes} \mid D=\text{健康},E=\text{yes})\\&=\frac{0.85\times0.25}{0.85\times0.25+0.2\times0.75}\approx0.5862\end{aligned}$$

此人未患心脏病的概率为

$$\begin{aligned}P(\text{HD}=\text{no} \mid \text{BP}=\text{高},D=\text{健康},E=\text{yes})=1-P(\text{HD}=\text{yes} \mid \text{BP}=\text{高},\\D=\text{健康},E=\text{yes})=1-0.5862=0.4138\end{aligned}$$

由此可见，健康的饮食和锻炼身体可以降低心脏病的发病概率。

9. 人工神经网络

人脑是一个令人叹为观止的信息处理系统，它是一个高度复杂的、非线性的、并行的系统。迄今为止，人类对自身的大脑结构还有很多没有搞清楚的，但下面叙述的内容是明确的。

生物神经元由细胞体（Cell Body）、树突（Dendrite）、突触（Synapse）和轴突（Axon）等构成。细胞体是神经元的代谢中心，细胞体一般生长有许多树状突起，称为树突，它是神经元的主要接收器。细胞体还延伸出一条管状纤维组织，称为轴突。树突是神经元的生物信号输入端，与其他神经元相连；轴突是神经元的信号输出端，连接到其他神经元的树突上。生物神经元有两种状态，即兴奋状态和抑制状态。平时生物神经元处于抑制状态，轴突无输入，当生物神经元的所有树突输入信号叠加到一定程度（超过某个阈值）时，生物神经元由抑制状态转为兴奋状态，同时轴突向其他生物神经元发出信号。轴突的主要作用是传导信息，传导的方向是由轴突的始端传向末端。通常，轴突的末端分出许多末梢，它们与后一个生物神经元的树突构成一种称为突触的机构。其中，前一个神经元的轴突末梢称为突触的前膜，后一个生物神经元的树突称为突触的后膜；前膜与后膜之间的窄缝空间称为突触的间隙。前一个生物神经元的信息由其轴突传到末梢之后，通过突触对后面各个神经元产生影响。图 7-21 所示的是生物神经元结构模型。

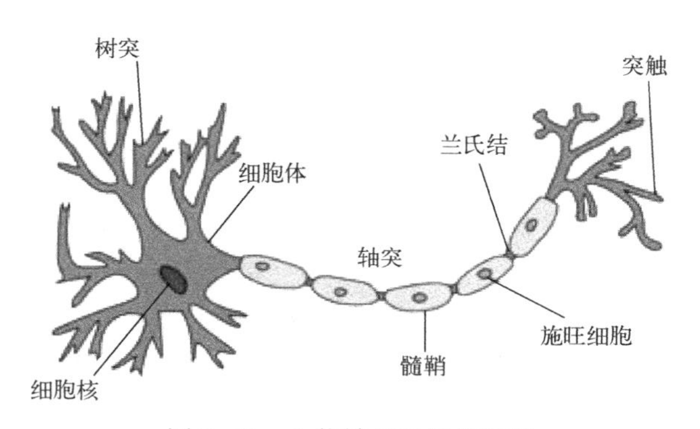

图 7-21　生物神经元结构模型

如上所述，神经元具有两种工作状态：兴奋、抑制。当传入的神经冲动使细胞膜电位升高至超过阈值时，细胞进入兴奋状态，产生神经冲动并由轴突输出；当传入的神经冲动使细胞膜电位下降至低于阈值时，细胞进入抑制状态，没有神经冲动输出。这与计算机技术的二值处理逻辑不谋而合。

人类大脑是由 10^{11} ~ 10^{14} 个神经元连接而成的神经网络。神经元的信息传递和处理是一种电化学活动——树突由于电化学作用接受外界的刺激，通过细胞体内的活动体现为轴突电位，当轴突电位达到一定的值时，形成神经脉冲或动作电位，再通过轴突末梢传递给其他的神经元。从控制论的观点来看，这一过程类似一个多输入单输出非线性系统的动态过程。

如今，人工神经网络显得非常高大上，其实它只是借鉴了生物神经网络的信息接收、处理、传递过程的基本原理，所用到的技术都是 IT 或数学技术，所以今天研究人工神经网络的大多是 IT 专家。

人工神经网络是由大量处理单元经广泛互连而组成的一种网络结构，用来模拟脑神经系统的结构和功能，这些处理单元称为人工神经元。人工神经网络可看作以人工神经元为节点，用有向加权弧连接起来的有向图。在此有向图中，人工神经元就是对生物神经元的模拟，而有向弧则是对轴突-突触-树突的模拟。有向弧的权值表示相互连接的两个人工神经元之间相互作用的强弱。人工神经元模型如图 7-22 所示。

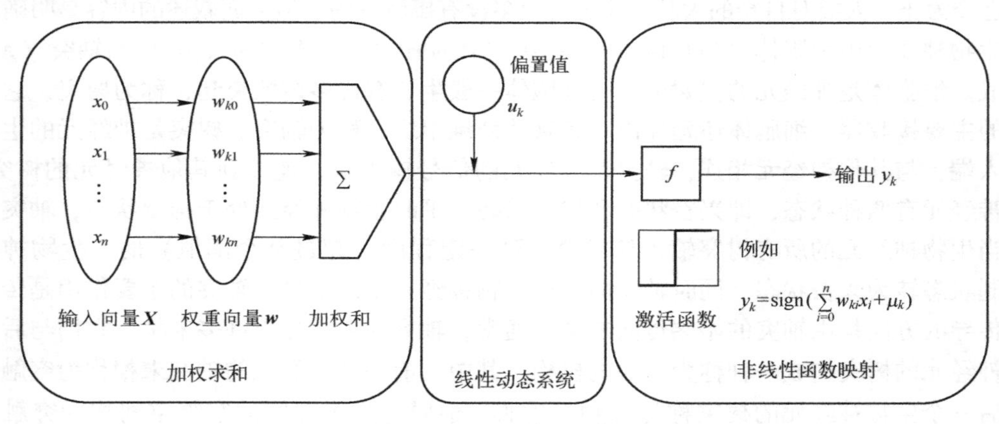

图 7-22　人工神经元模型

在图 7-22 中，含有 n 个分量的输入向量 $\boldsymbol{X}(x_1, x_2, \cdots, x_n)$ 模拟 n 个树突，每个树突上的刺激有所不同，因此加上不同的权重值 $\boldsymbol{w}_{ki}$。总的输入刺激就是一个加权和 $\sum_{i=1}^{n} \boldsymbol{w}_{ki}\boldsymbol{x}_i$。其中，权重值 $\boldsymbol{w}_{kj}$ 的正负用于模拟生物神经元中突触的兴奋和抑制，大小代表了突触的不同连接强度。

偏置值 $\boldsymbol{\mu}_k$ 用于调节激活函数的输入量的大小，正值表示增大输入值，负值表示减小输入值。

激活函数用于限制神经元输出的振幅，通常神经元输出的振幅区间为［0,1］或［-1,1］。激活函数是非线性函数，使用不同的激活函数可以使神经元具有不同的信息处理特性。常见的激活函数有阈值函数、sigmoid 函数、双曲正切（tanh）函数、ReLU 函数、ELU 函数、PReLU 函数等多种。

1）阈值函数

$$f(x_i)=\begin{cases}1 & x_i\geq 0\\ 0 & x_i<0\end{cases}$$

阈值函数图形非常简单，如图 7-23 所示。由图可见，如果神经元的输入为非负值，则输出为 1；否则为 0。

2）sigmoid 函数

$$f(x)=\frac{1}{1+\mathrm{e}^{-\lambda x}}$$

图 7-24 所示的是 sigmoid 函数图形。

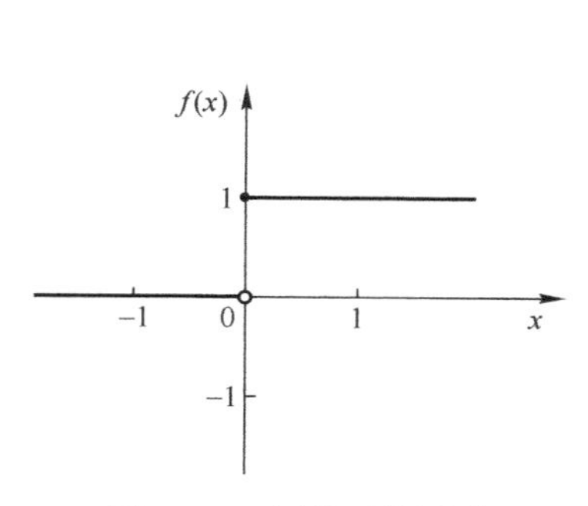

图 7-23　阈值函数图形

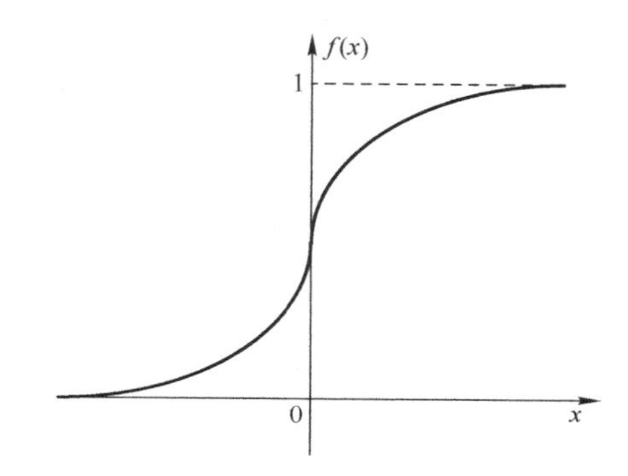

图 7-24　sigmoid 函数图形

sigmoid 函数是神经元的非线性作用函数，广泛用于神经网络中。

sigmoid 函数是非负的、严格的递增函数，当 x 趋近于负无穷大时，函数值趋近于 0；当 x 趋近于正无穷大时，函数值趋近于 1。

由如下演算可知，sigmoid 函数是连续可微的，而阈值函数不是。

$$f'(x)=\frac{-(1+\mathrm{e}^{-\lambda x})'}{(1+\mathrm{e}^{-\lambda x})^2}=\lambda\mathrm{e}^{-\lambda x}f^2(x)=\lambda f(x)(1-f(x))$$

λ 又称 sigmoid 函数的倾斜参数，其值决定了函数非饱和段的斜率，λ 越大，曲线中间部分越陡峭。如果将总输入变为原来的 5 倍，即 $\lambda=5$，则 sigmoid 函数图形变为如图 7-25 所示的形状。

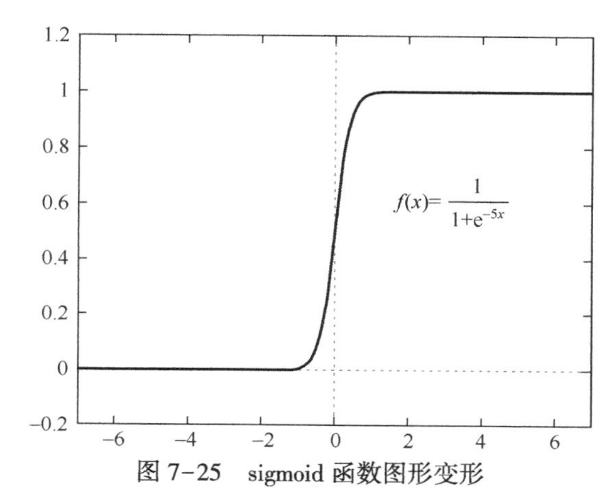

图 7-25　sigmoid 函数图形变形

图 7-26 所示为总输入变为原来的 0.1 倍，即 $\lambda=0.1$，在 $-7<x<7$ 区间，sigmoid 函数看上去像是取值范围为 0.35~0.65 之间的一条直线。

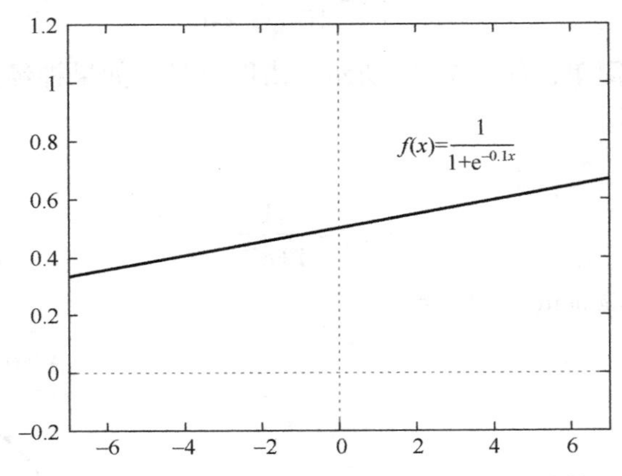

图 7-26　sigmoid 函数在 $-7<x<7$ 区间呈现“线性”

但在 $-25<x<25$ 区间，该曲线又变成如图 7-27 所示的形式，显然 sigmoid 函数不是一个线性函数。

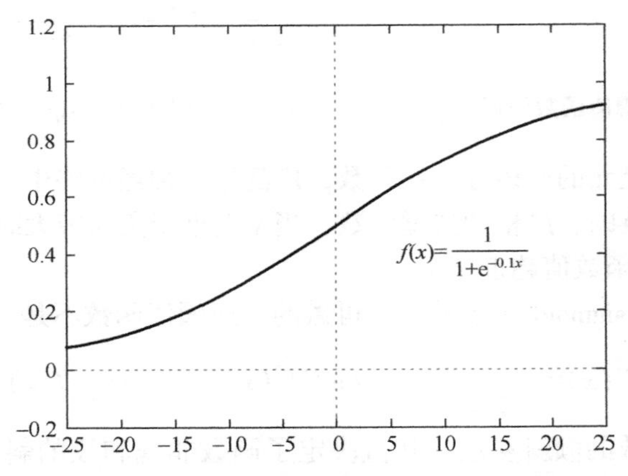

图 7-27　sigmoid 函数在 $-25<x<25$ 区间呈现非线性

由此可见，当 x 的取值在某个特定的范围内时，可以将 sigmoid 函数近似为线性函数。

当 $\lambda<0$ 时，sigmoid 函数曲线如图 7-28 所示。此时，当 x 取极小负值时，可以激活神经元。

sigmoid 函数有如下 3 个明显的弱点。

☺ 由于 sigmoid 函数是非负函数，所以其输出不是以 0 为中心的，这样会使权重更新效率降低。

☺ 当函数输入很大或很小时，输出几乎平滑，梯度很小，不利于权重更新。

☺ sigmod 函数包含指数运算，运算量较大。

3）双曲正切（tanh）函数

tanh 函数的定义为

$$f(x)=\tanh(x)=\frac{e^x-e^x}{e^x+e^x}$$

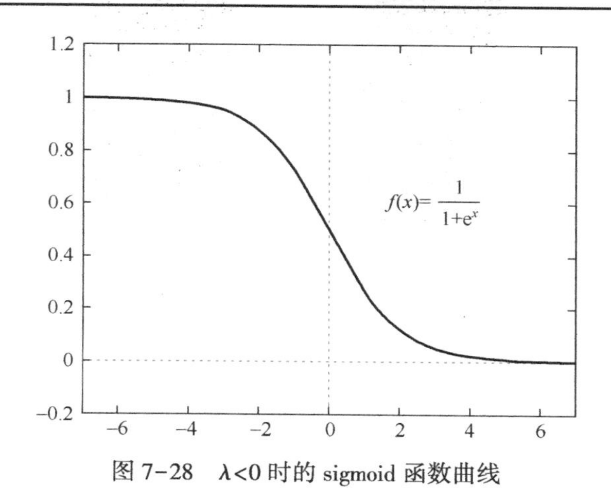

图 7-28 λ<0 时的 sigmoid 函数曲线

图 7-29 所示的是 sigmoid 函数和 tanh 函数的图形对比。

可见，tanh 函数的输出区间是在（-1,1）之间，而且整个函数是以 0 为中心的。这比 sigmoid 函数要好。

4）ReLU 函数

针对输出梯度小的问题，引入了修正线性单元（Rectified Linear Unit，ReLU）函数。

ReLU 函数的定义和图形如图 7-30 所示。

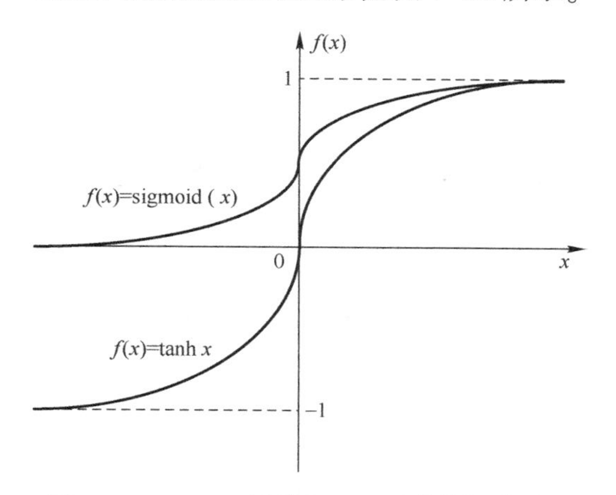

图 7-29 sigmoid 函数和 tanh 函数的图形对比

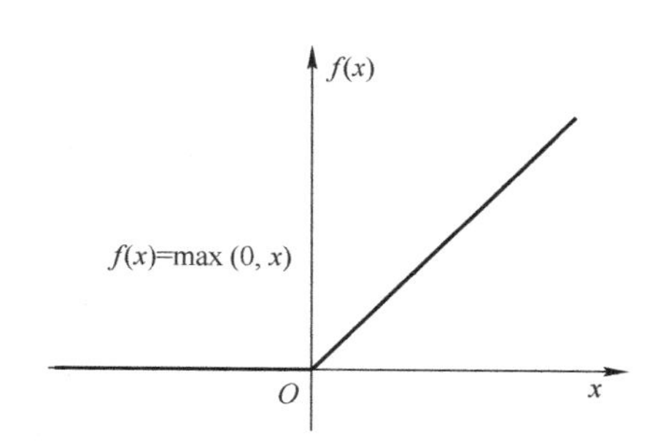

图 7-30 ReLU 函数的定义和图形

与 sigmod 函数和 tanh 函数相比，ReLU 函数具有如下 2 个优点。

☺ 当输入为正值时，不存在梯度饱和问题。

☺ 计算速度要快很多。ReLU 函数只有线性关系，不管是前向传播还是反向传播，都比 sigmod 函数和 tanh 函数快很多。

当然，ReLU 函数也有如下 2 个缺点。

☺ 当输入是负值时，ReLU 是完全不被激活的。

☺ ReLU 函数也不是以 0 为中心的函数。

5）ELU 函数

指数线性单元（Exponential Linear Onit，ELU）函数是针对 ReLU 函数的一个改进型，ELU 函数定义为

$$f(x)=\begin{cases} x & x>0 \\ a(e^x-1) & x\leq 0, a>0 \end{cases}$$

ELU 函数图形如图 7-31 所示。

与 ReLU 函数相比，在输入为负值的情况下，ELU 函数的输出是负值的，而且这部分输出还具有一定的抗干扰能力。这样就可以消除 ReLU 函数存在的完全不被激活的区间问题，但 ELU 函数还是存在梯度饱和和指数运算的问题。

6）PReLU 函数

ReLU 函数还有另一个改进型——PReLU 函数，其定义为

$$f(x)=\max(ax,x)$$

参数 a 一般取 0~1 之间的数，而且通常还是比较小的。PReLU 函数图形如图 7-32 所示。

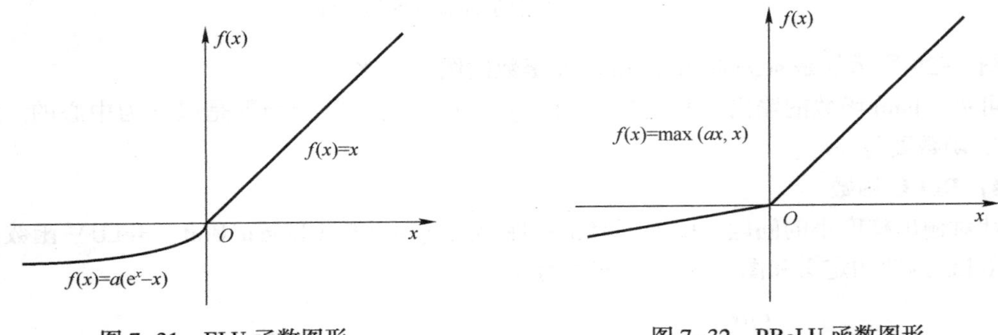

图 7-31　ELU 函数图形　　　　图 7-32　PReLU 函数图形

由图可见，在负值区域内，PReLU 函数有一个很小的斜率，这样也可以消除 ReLU 函数存在的完全不被激活的区间问题。与 ELU 函数相比，PReLU 函数在负值区域内是线性运算，虽然斜率小，但是不会趋于 0。

利用不同的激活函数，可以使神经元具有不同的信息处理特性，以满足不同的应用需求。

人工神经网络是由大量神经元按照大规模并行的方式，通过一定的拓扑结构连接而成的。神经网络模型可以分为前馈型和反馈型两大类。

在前馈型神经网络中，各神经元接受前一层的输入，并输出给下一层，没有反馈，如 BP（Back Propagation）神经网络。

在反馈型神经网络中，存在一些神经元的输出经过若干个神经元后，再反馈到这些神经元的输入端，如 Hopfield 神经网络。

BP 神经网络是指误差逆传播算法训练的多层前馈网络，它是最流行的人工神经网络之一。图 7-33 所示的是三层 BP 神经网络结构示意图。

在图 7-33 中，BP 神经网络由输入层、隐含层和输出层构成，相邻层之间的神经元全互连，同一层内的神经元之间无连接，每个连接都赋予一个权重值。假定：

☺ 输入层单元数为 I，表示为 $x_1,x_2,\cdots,x_I$；

☺ 隐含层单元数为 J，表示为 $h_1,h_2,\cdots,h_J$；

☺ 输出层单元数为 K，网络实际输出为 $y_1,y_2,\cdots,y_K$，训练样本的期望输出为 $d_1,d_2,\cdots,d_K$；

☺ 输入层单元 i 到隐含层单元 j 的权重值为 v_{ij}，隐含层单元 j 到输出层单元 k 的权重值为 w_{jk}；

☺ θ_j和 θ_k分别表示隐含层单元和输出层单元的偏置值。

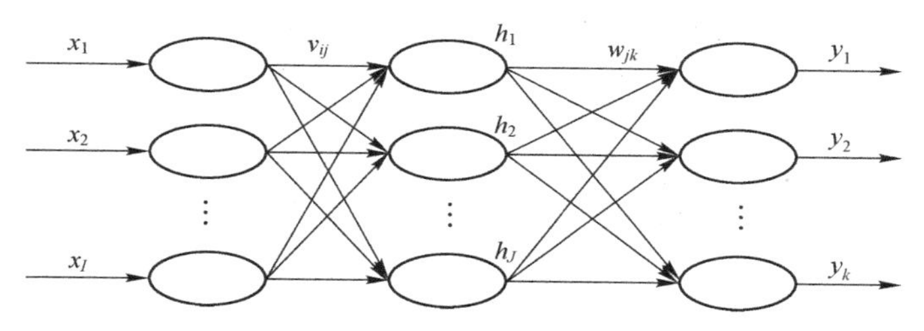

图 7-33　三层 BP 神经网络结构示意图

于是，该网络隐含层单元的输出值为

$$h_j = f\left(\sum_{i=1}^{I} v_{ij}\, x_i + \theta_j\right)$$

输出层单元的输出值为

$$y_k = f\left(\sum_{j=1}^{J} w_{jk}\, h_j + \theta_k\right)$$

BP 神经网络各层各单元的输出值公式中的权重值需要在训练中调整，以使输出结果更贴近实际值。

其权重值的调整从输出端开始，之后调整输入端。因此，算法分如下两个阶段进行。

（1）正向传播过程：输入信息从输入层经隐含层逐层计算各单元的输出值；

（2）反向传播过程：输出误差逐层向前计算隐含层各单元的误差，并用此误差修正前一层权重值。

用 d_k表示输出层第 k 个单元的样本输出值（期望值），用 O_k表示输出层第 k 个单元的实际输出值，用 O_j表示隐含层第 j 个单元的实际输出值。那么，权重值修正公式有如下两个。

☺ 对于输出层：

$$\Delta w_{jk} = \eta(d_k - O_k)O_k(1 - O_k)O_j$$

☺ 对于隐含层：

$$\Delta v_{ij} = \eta O_i O_j(1 - O_j)\sum_{k=0}^{K} \delta_k\, w_{jk}$$

式中，η 为学习步长，取值范围为（0,1）。

权重值修正公式的推导过程

采用最小二乘法的思想来处理误差$(d_k - O_k)$，设计下列误差函数：

$$E = \frac{1}{2}\sum_{k=1}^{K}(d_k - O_k)^2$$

其中系数 1/2 是为了计算方便；最小二乘法中采用平方和是为了避免采用误差值的代数和出现正负抵消的情况。

因为实际输出值O_k是随着其权重值w_k变化而变化的，所以可以将w看作误差函数E的变量，由此入手来研究使得函数E取最小值。利用坡度下降法来调整权重值：

$$\Delta w=-\eta\frac{\partial E}{\partial w}$$

1. 正向计算输出阶段

可以将每层的偏置值θ看作第0个固定输入，此时，

$$x_0=1,v_{i0}=\theta_i;h_0=1,w_{j0}=\theta_k$$

于是

(1) 隐含层第j个单元的输入值为

$$\text{net}_j=\sum_{i=0}^{I}v_{ij}x_i$$

第j个单元的实际输出值为

$$O_j=f(\text{net}_j)$$

(2) 输出层第k个单元的输入值为

$$\text{net}_k=\sum_{j=0}^{J}w_{jk}O_j$$

第k个单元的实际输出值为

$$O_k=f(\text{net}_k)$$

2. 误差反向传播阶段

在此阶段，先从隐含层到输出层，然后再从输入层到隐含层来调整其连接权重值。

(1) 隐含层到输出层的连接权重值w_{jk}的调整。

$$\frac{\partial E}{\partial w_{jk}}=\frac{\partial E}{\partial O_k}\frac{\partial O_k}{\partial \text{net}_k}\frac{\partial \text{net}_k}{\partial w_{jk}}$$

$$\frac{\partial \text{net}_k}{\partial w_{jk}}=\frac{\partial}{\partial w_{jk}}\sum_{j=0}^{J}w_{jk}O_j=O_j$$

$$\frac{\partial O_k}{\partial \text{net}_k}=f'(\text{net}_k)$$

$$\frac{\partial E}{\partial O_k}=\frac{\partial\sum_{k=0}^{K}\frac{1}{2}(d_k-O_k)^2}{\partial O_k}=-(d_k-O_k)$$

将前面结果代入，得：

$$\frac{\partial E}{\partial w_{jk}}=-(d_k-O_k)f'(\text{net}_k)O_j$$

记

$$\delta_k=-\frac{\partial E}{\partial w_{jk}}=(d_k-O_k)f'(\text{net}_k)$$

则每个w_{jk}的修正值为

$$\Delta w_{jk}=-\eta\frac{\partial E}{\partial w_{jk}}=\eta\,\delta_k O_j$$

如果激励函数采用 sigmoid 函数（为简单计，设 $\lambda=1$），则因此时有

$$f'(x)=f(x)(1-f(x))$$

所以，

$$\Delta w_{jk}=\eta\delta_k O_j=\eta(d_k-O_k)f'(\mathrm{net}_k)O_j=\eta(d_k-O_k)O_k(1-O_k)O_j$$

(2) 输入层到隐含层的连接权重值v_{ij}的调整。

同样，每个v_{ij}的调整值为

$$\Delta v_{ij}=-\eta\frac{\partial E}{\partial v_{ij}}=-\eta\frac{\partial E}{\partial \mathrm{net}_j}\frac{\partial \mathrm{net}_j}{\partial v_{ij}}=\eta\left(-\frac{\partial E}{\partial \mathrm{net}_j}\right)O_i=\eta\,\delta_j O_i$$

而

$$\delta_j=-\frac{\partial E}{\partial \mathrm{net}_j}=-\frac{\partial E}{\partial O_j}\frac{\partial O_j}{\partial \mathrm{net}_j}$$

$$\frac{\partial O_j}{\partial \mathrm{net}_j}=\frac{\partial f(\mathrm{net}_j)}{\partial \mathrm{net}_j}=f'(\mathrm{net}_j)$$

$$\frac{\partial E}{\partial O_j}=\frac{1}{2}\frac{\partial}{\partial O_j}\sum_{k=0}^{K}(d_k-O_k)^2=\sum_{k=0}^{K}(d_k-O_k)\frac{\partial O_k}{\partial O_j}=\sum_{k=0}^{K}(d_k-O_k)\frac{\partial O_k}{\partial \mathrm{net}_k}\frac{\partial \mathrm{net}_k}{\partial O_j}$$

$$=\sum_{k=0}^{K}(d_k-O_k)f'(\mathrm{net}_k)w_{jk}$$

于是有

$$\delta_j=-\frac{\partial E}{\partial O_j}\frac{\partial O_j}{\partial \mathrm{net}_j}=-f'(\mathrm{net}_j)\sum_{k=0}^{K}(d_k-O_k)f'(\mathrm{net}_k)w_{jk}$$

由于

$$\delta_k=(d_k-Oy_k)f'(\mathrm{net}_k)$$

所以

$$\delta_j=f'(\mathrm{net}_j)\sum_{k=0}^{K}\delta_k w_{jk}$$

如果激励函数采用 sigmoid 函数，则

$$\delta_j=f'(\mathrm{net}_j)\sum_{k=0}^{K}\delta_k w_{jk}=h_j(1-O_j)\sum_{k=0}^{K}\delta_k w_{jk}$$

因此

$$\Delta v_{ij}=\eta\,\delta_j O_i=\eta O_i O_j(1-O_j)\sum_{k=0}^{K}\delta_k w_{jk}$$

如前所述，BP 神经网络的工作分为两个阶段。在第 1 阶段，神经网络的各节点的权重值固定不变，神经网络的计算从输入层开始，逐层计算每个节点的输出值；这个阶段的计算是按从左到右正向顺序进行的，称为正向传播阶段。在第 2 阶段，各节点的输出值保持不变，从输出层开始，反向逐层计算各个权重值的修正量，然后修改各权重值，直到输入层；

这个阶段的计算是按从右到左反向顺序进行的，称为反向传播阶段，也称学习阶段。

在正向传播阶段，如果输出层的网络输出值与期望输出值相差较大，则需要开始反向传播，希望通过修正权重值来缩小上述误差。这个修正过程可能会重复多次，直至满足误差许可条件为止。

人工神经网络的基本工作过程如下所述。

（1）权重值初始化：$w_{ij}=\text{Random}(\cdot)$，$w_{jk}=\text{Random}(\cdot)$，$w_{ij}$为输入层到隐含层单元的权重值，$w_{jk}$为隐含层到输出层单元的权重值。

（2）依次输入 P 个学习样本。设当前输入的是第 p 个样本。

（3）利用公式 $O_j=f(\text{net}_j)$，$O_k=f(\text{net}_k)$ 计算出各层的输出值。

（4）利用公式：$\delta_k=(d_k-O_k)f'(\text{net}_k)$，$\delta_j=f'(\text{net}_j)\sum_{k=0}^{K}\delta_k w_{jk}$ 求各层的反向误差，并记下各个$O_j^{(p)}$、$O_k^{(p)}$的值。

（5）记录已经学习过的样本个数 p，如果 $p<P$，转到步骤（2）继续计算；如果 $p=P$，则进行下一步。

（6）按权重值修正公式：$\Delta w_{jk}=\eta(d_k-O_k)O_k(1-O_k)O_j$、$\Delta v_{ij}=\eta\, O_i\, O_j(1-O_j)\sum_{k=0}^{K}\delta_k w_{jk}$ 修正各层的权重值和偏置值（因为将偏置值 θ 看作第 0 个输入）。

（7）按新的权重值重新计算$O_j^{(p)}$、$O_k^{(p)}$和 $E_{总}=\frac{1}{2N}\sum_{p=0}^{P-1}\sum_{k=0}^{K}(d_k^p-O_k^p)^2$，若对每个 p 样本和相应的第 k 个输出神经元都满足 $|d_k^{(p)}-O_k^{(p)}|<\varepsilon$，或者已经达到最大学习次数，终止学习；否则转到步骤（2）继续新一轮的学习。

下面以一个简单的 BP 神经网络为例进行介绍，如图 7-34 所示。

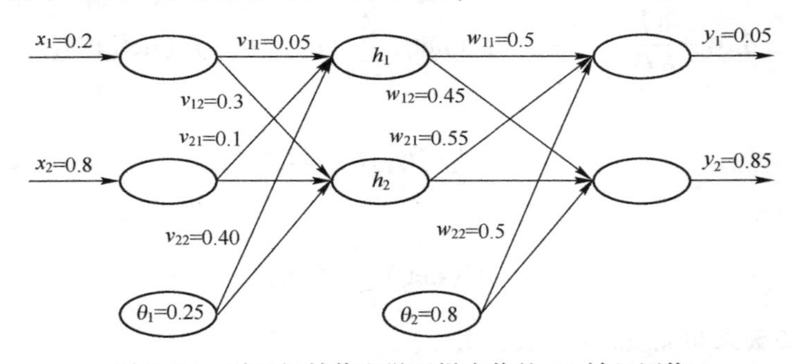

图 7-34　赋予初始值和学习样本值的 BP 神经网络

首先，$v_{11}\cdots\cdots w_{22}$是输入层到隐含层、隐含层到输出层的初始权重值。输入一个学习样本$\{x_1=0.2, x_2=0.8, y_1=0.05, y_2=0.85\}$，偏置值 $\theta_1=0.25$，$\theta_2=0.8$。

依据输入、初始权重值，通过加权和激活函数，计算各层O_j和实际输出值O_k：

$$O_{k1}=0.8048998$$

$$O_{k2}=0.80027196$$

$$E_{o1}=\frac{1}{2}(y_1-O_{k1})^2=\frac{1}{2}(0.05-0.8048998)^2=0.284936855$$

$$E_{o2}=0.0012364387$$

$$E_{总}=E_{o1}+E_{o2}=0.28617329>\varepsilon(选择\ \varepsilon=10^{-5})$$

因未满足终止学习的条件，需要更新权重值，进一步学习。

权重值修正公式为

$$\Delta w_{jk}=\eta(d_k-O_k)O_k(1-O_k)O_j$$

以w_{11}的更新为例：

$$\mathrm{net}_j=0.05\times0.02+0.1\times0.8+0.25\times1\approx0.33$$

$$O_j=\frac{1}{1+\mathrm{e}^{-\mathrm{net}_j}}=\frac{1}{1+\mathrm{e}^{-0.33}}\approx0.58419052$$

$$w_{11\mathrm{new}}=w_{11}+\Delta w_{11}\approx0.46537312$$

以同样的办法修正其他各层的权重值和偏置值，按照新的权重值重新计算$E_{总}$；若对每个样本和相应的第k个输出神经元，都满足$|d_k^{(p)}-O_k^{(p)}|<\varepsilon$，则终止学习。

10. 支持向量机

图7-35所示为支持向量机示意图。在图中，有A、B、C三条直线，分别对灰色点集与白色点集进行分割。显然，直线B将这两个点集有效地分开了，而直线A和C均没有将两个点集完全分割开来。

再来看图7-36，图中A、B、C三条平行直线均能将灰色点集与白色点集有效分开（可以想象，这样的分割线可以有无数条），直线A和C分别紧贴灰色点集和白色点集，而直线B介于直线A和C之间。哪条直线的划分效果更好呢？显然是直线B，因为它与两个点集的间隔距离较大。

在图7-36中，直线B与两个点集的间隔距离分别为d_1、d_2，这个距离称为边距（Margin）。其实这两个距离是由描粗边缘的那2个点决定的，这2个点称为支持向量。

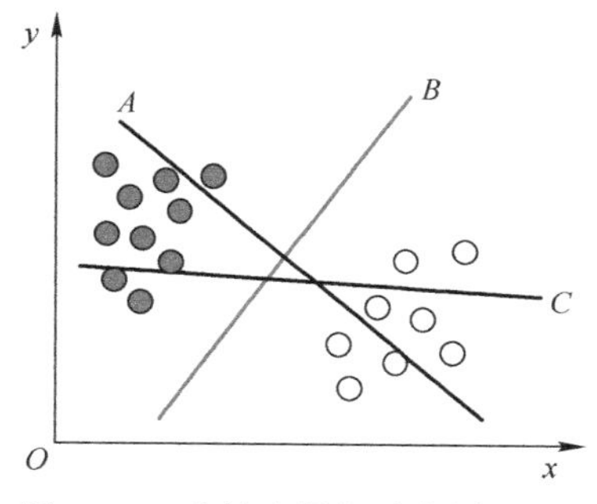

图7-35　支持向量机示意图（一）

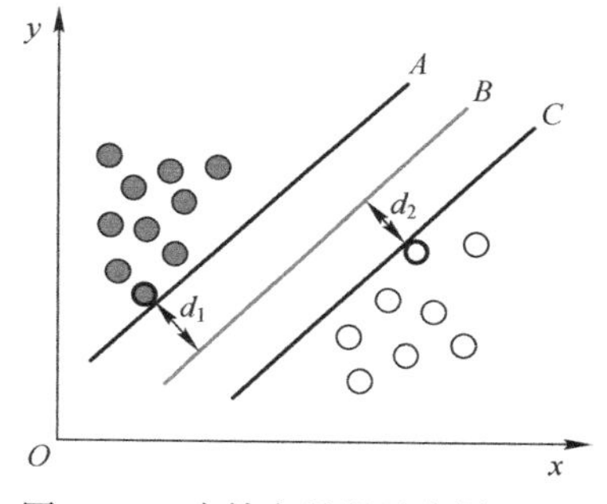

图7-36　支持向量机示意图（二）

如图7-37所示，若改变一下分割线的角度，会发现此时各有2个点紧靠直线A和C，即有4个支持向量了，而且直线B与两个点集的间隔距离d_3、d_4也比d_1、d_2更大。显然我们希望找到的间隔距离越大越好。

如果有$d_3=d_4$，即直线B与两个点集的间隔距离相等，那么显然此时的划分对两个点集来说最公平合理。

这样改变角度就可以找出不同的分割线，自然就会引出一个问题——如何找出一条“最好的”分割直线？所谓最好，就是与两个数据点集距离最大且等距。这就是后面要介绍的支持向量机在线性可分情况下寻找最大边缘超平面的问题。

但是，如果两个数据样本点集如图7-38所示的这样杂乱无章地分布，就无法画出一条直线将其分开了。如果还是需要分开，只能用曲线将其分开。而曲线的数学表示显然不是一件容易的事。怎么办？

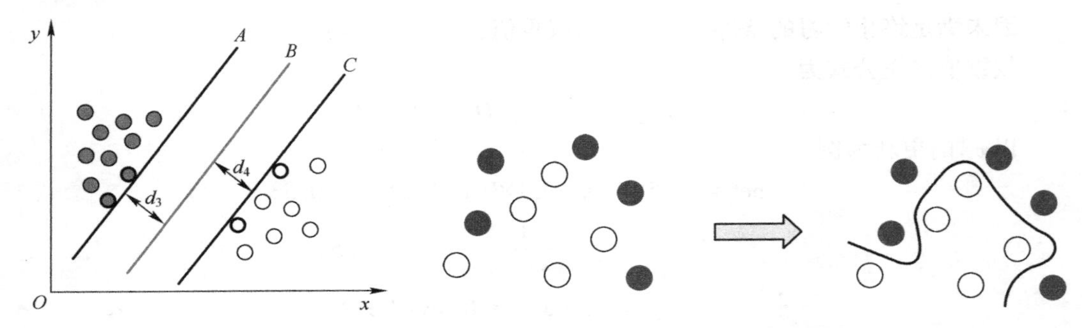

图 7-37 寻找最大边缘超平面示意图　　图 7-38 用曲线将两个数据样本点集分开

换个思路想一想，能否将这个分布杂乱的图扩展到更高的维度去分析呢？在这个例子中，从原来的二维空间扩展到三维空间，如果不同类的点在三维空间恰巧分布在不同高度，就有可能用一个二维平面来代替原来的曲线来实现点集分割，如图 7-39 所示。

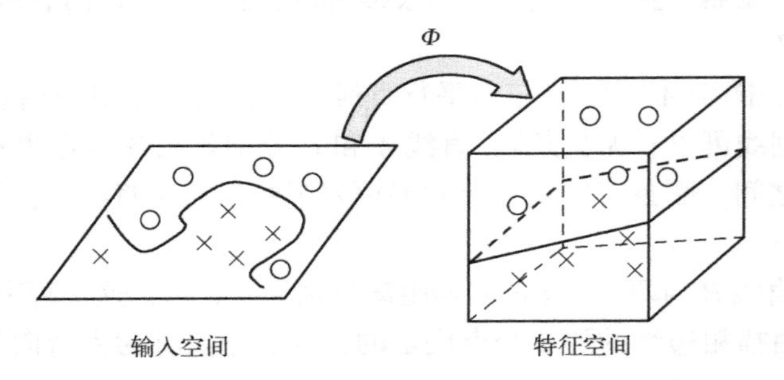

图 7-39 用二维平面来代替原来的曲线完成点集分割

看完了这个例子后，相信读者已对支持向量机的分类思想有了直观的感性认识，下面再来介绍支持向量机算法。

为了简化起见，先来看只区分两种类别的情况。

支持向量机（Support Vector Machine，SVM）是一种对线性和非线性数据进行分类的方法，是基于间隔最大化的一种监督分类学习方法。在非线性情况下，它使用一种非线性映射，把原训练数据映射到较高的维度，在高维度空间搜索最佳分离超平面，用这个超平面将两个类的数据分开。

在分类过程中，会发现数据集中的某些数据点的位置比较特殊，利用这部分数据就可以确定分类器，这些数据称为支持向量，如前面例子中紧靠在分割直线的那些点。支持向量机，顾名思义就是支持向量运算的分类器。

> 说明 此处“机”的意思就是算法，在机器学习领域中经常用“机”这个字表示算法。

支持向量机是由弗拉基米尔 · N · 瓦普尼克（Vladimir N. Vapnik）和阿列克谢 · Y · 切沃内基斯（Alexey Y. Chervonenkis）于 1964 年首先提出的。如今，SVM 在解决小样本、非线性及高维模式识别中表现出许多特有的优势，并能够推广应用到函数拟合等其他机器学习问题中。

根据数据样本的分布不同，可以分为数据线性可分和数据非线性可分两种情况。

支持向量机（SVM）说到底还是在寻找这样的一种算法：

$$f:X\rightarrow\{\pm 1\}$$

即将数据集区分成两个不同的类别，+1 和−1 是两个不同类别的类标号。

1）数据线性可分的情况

一般地，如果一个线性函数能够将样本完全正确地分开，就称这些数据是线性可分的，否则称为非线性可分的。

什么是线性函数呢？在数学上，就是指自变量与因变量之间的关系是线性的函数。在几何上，在一维空间里线性函数所表示的就是一个点；在二维空间里就是一条直线；在三维空间里就是一个平面；在高维空间里，这个线性函数称为超平面（Hyper Plane）。

如果一个分离平面上有支持向量，那么这个分离平面称为边缘分离平面。具有最大边缘间隙的超平面称为最大边缘超平面（Maximum Marginal Hyperplane，MMH），它给出了两个类之间距离的最大分离性。

既然涉及距离最大的问题，就要用到距离计算法。一个点$\boldsymbol{X}_0$到超平面 $\boldsymbol{W}\cdot\boldsymbol{X}+\boldsymbol{b}=0$ 的距离计算公式为

$$d=\frac{\|\boldsymbol{W}\cdot\boldsymbol{X}_0+b\|}{\|\boldsymbol{W}\|}$$

图 7-40 所示的是大/小边缘与支持向量。

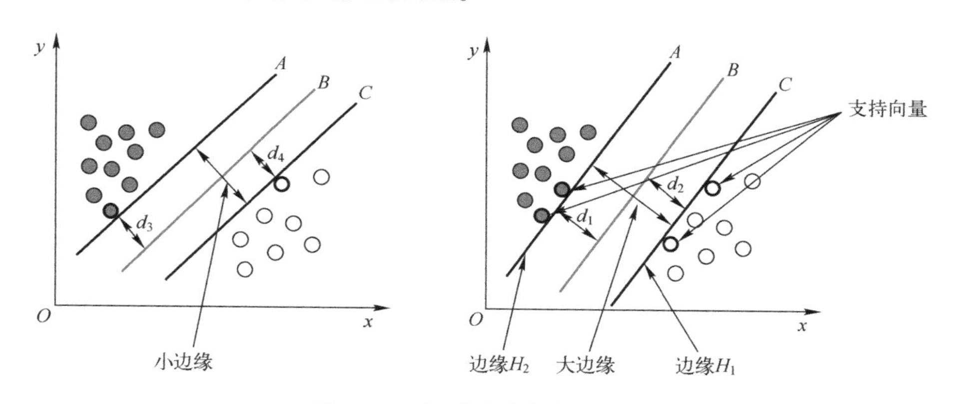

图 7-40 大/小边缘与支持向量

接下来的问题就是，如何找出最大边缘超平面（MMH）和支持向量（SV）呢？

假定在 N 维空间的训练数据 $D=\{x_i,y_i\mid x_i\in\mathbf{R}^N,y_i\in(-1,1),i=1,2,\cdots,n\}$，$y_i$代表数据$x_i$所属的类别，标记为−1 或+1。假设期望找到一个超平面，以便尽可能将数据集分成两个类别。在这些超平面中，中间那个与两侧边缘超平面等距的超平面称为最优超平面，通常记为 H_0，所有落在最优超平面的数据点 $\boldsymbol{X}$ 均满足：

$$H_0:\boldsymbol{W}\cdot\boldsymbol{X}+b=0$$

式中，$\boldsymbol{X}$ 是输入向量；$\boldsymbol{W}=\{w_1,w_2,\cdots,w_n\}$ 是可调整的权重向量，也是该超平面的法线；b 为偏离值，或称位移，是标量。

如果训练数据是线性可分的，那么，通过调整 $\boldsymbol{W}$、b 的值，就可以找出两个边缘超平面 H_1 和 H_2：

$$H_1: \boldsymbol{W} \cdot \boldsymbol{X} + b = 1$$
$$H_2: \boldsymbol{W} \cdot \boldsymbol{X} + b = -1$$

为了简便和可视起见，在二维空间绘出这两个边缘平面，如图 7-41 所示。

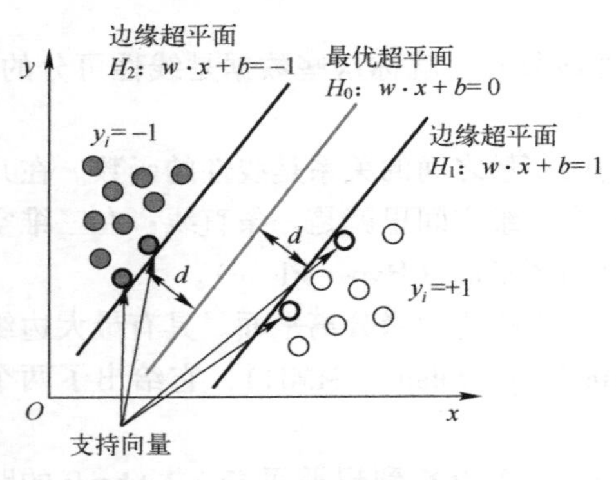

图 7-41　两个边缘超平面

边缘超平面 H_1、H_2 与最优超平面 H_0 的距离为

$$d = \frac{\|\boldsymbol{W} \cdot \boldsymbol{X} + b\|}{\|\boldsymbol{W}\|} = \frac{1}{\|\boldsymbol{W}\|}$$

两个边缘超平面 H_1 与 H_2 之间的距离为 $2d$，即

$$2d = \frac{2}{\|\boldsymbol{W}\|}$$

$$\frac{1}{2d} = \frac{1}{2}\|\boldsymbol{W}\|$$

如果在 H_1 和 H_2 这两个超平面之间没有任何数据点，且有支持向量位于其上，就说明这两个超平面是两个边缘超平面，但还不能说是最大的。最大边缘超平面必须是两者间隔距离最大。

为了使所有数据点均落在 H_1 和 H_2 这两个超平面之外，所有数据点需要满足以下两个不等式之一：

$$\boldsymbol{W} \cdot \boldsymbol{X} + b \geqslant +1, \quad y_i = +1$$
$$\boldsymbol{W} \cdot \boldsymbol{X} + b \leqslant -1, \quad y_i = -1$$

这就是说，落在 H_1 上或 H_1 外侧（相对于 H_0）的点都属于类+1，而落在 H_2 上或 H_2 外侧的点都属于类-1。

将上述两个式子合并书写：

$$y_i(\boldsymbol{W} \cdot \boldsymbol{X} + b) \geqslant 1, \forall i = 1, 2, \cdots, n$$

下面的任务就是要在这些边缘超平面中求出边缘最大超平面了，也就是希望找出两个边缘超平面 H_1 和 H_2，使得它们之间的间隔距离 $2d$ 最大。也就是求：

$$\max(2d) = \max\left(\frac{2}{\|\boldsymbol{W}\|}\right)$$

这等同于（或称对偶）求：

$$\min\left(\frac{1}{2d}\right) = \min\left(\frac{1}{2}\|\boldsymbol{W}\|\right)$$

其约束条件是（要求所有的数据样本点都在边缘超平面的外侧）：

$$y_i(\boldsymbol{W} \cdot \boldsymbol{X} + b) \geqslant 1, \forall i = 1, 2, \cdots, n$$

这是一个求约束条件为不等式的函数条件极值问题，在微积分中有现成的计算方法——拉格朗日乘子法（Lagrange Method of Multiplier）。

由于 $\frac{1}{2}\|\boldsymbol{W}\|$ 与 $\frac{1}{2}\|\boldsymbol{W}\|^2$ 在求极值时完全等价，所以可以相互替代。

求最大超平面问题，就是求下述有约束极值问题：

$$\begin{cases} \min \dfrac{1}{2}\|\boldsymbol{W}\|^2 \\ \text{s. t.} \quad y_i(\boldsymbol{W}\cdot\boldsymbol{X}+b)\geqslant 1, \quad i=1,2,\cdots,n \end{cases}$$

利用拉格朗日乘子法，对于 y_i，引入拉格朗日乘子 λ_i，得到如下拉格朗日函数：

$$L(\boldsymbol{W},b,\lambda)=\frac{1}{2}\|\boldsymbol{W}\|^2-\sum_{i=1}^{n}\lambda_i[y_i(\boldsymbol{W}\cdot\boldsymbol{X}_i+b)-1]$$

对上式分别求 $\boldsymbol{W}$ 与 b 的偏导数，引入 Karush-Kuhn-Tucker（KKT）条件约束可得

$$\frac{\partial L}{\partial \boldsymbol{W}}=\boldsymbol{W}-\sum_{i=1}^{n}\lambda_i y_i \boldsymbol{X}_i=0$$

$$\Rightarrow \boldsymbol{W}=\sum_{i=1}^{n}\lambda_i y_i X_i \tag{7-1}$$

$$\frac{\partial L}{\partial b}=-\sum_{i=0}^{n}\lambda_i y_i=0$$

$$\Rightarrow \sum_{i=0}^{n}\lambda_i y_i=0 \tag{7-2}$$

$$\lambda_i[y_i(\boldsymbol{W}\cdot\boldsymbol{X}_i+b)-1]=0, \quad i=1,2,\cdots,n \tag{7-3}$$

说明　Karush-Kuhn-Tucker（KKT）条件约束：

$$\frac{\partial L}{\partial x_i}=0, \forall i=1,2,\cdots,d$$

$$h_i(\boldsymbol{X})\leqslant 0, \forall i=1,2,\cdots,q$$

$$\lambda_i\geqslant 0, \forall i=1,2,\cdots,q$$

$$\lambda_i h_i(\boldsymbol{X})=0, \forall i=1,2,\cdots,q$$

从式（7-1）可知，权重向量 $\boldsymbol{W}$ 为训练数据集所产生的线性组合。

由式（7-3）可知，若$\lambda_i\neq 0$，则$y_i(\boldsymbol{W}\cdot\boldsymbol{X}_i+b)-1=0$，保证 $\boldsymbol{X}_i$都是支持向量；若 $\boldsymbol{X}_i$不是支持向量，必有$\lambda_i=0$。

记$\boldsymbol{X}_i^{\mathrm{SV}}$为支持向量，由于支持向量在最大边缘超平面上，于是有：

$$y_i=\boldsymbol{W}\cdot\boldsymbol{X}_i^{\mathrm{SV}}+b$$

SVM 系数 b 可定义为

$$b=\boldsymbol{W}\cdot\boldsymbol{X}_i^{\mathrm{SV}}-y_i=\sum_{j=1}^{n}\lambda_i y_i(\boldsymbol{X}_j\cdot\boldsymbol{X}_i^{\mathrm{SV}})$$

当有测试数据集 $\boldsymbol{X}^{\mathrm{t}}$时，可利用如下最大边缘超平面方程式判断类别：

$$h(\boldsymbol{X}^{\mathrm{t}})=\mathrm{sgn}(\boldsymbol{W}\cdot\boldsymbol{X}^{\mathrm{t}}+b)=\mathrm{sgn}\left(\sum_{j=1}^{n}\lambda_j y_j(\boldsymbol{X}_j\cdot\boldsymbol{X}^{\mathrm{t}})+b\right)$$

当 $h(\boldsymbol{X}^{\mathrm{t}})=1$ 时，表示预测 $\boldsymbol{X}^{\mathrm{t}}$类别为+1；当 $h(\boldsymbol{X}^{\mathrm{t}})=-1$ 时，预测 $\boldsymbol{X}^{\mathrm{t}}$类别为-1。

2）数据非线性可分的情况

非线性可分的情况看似非常复杂，但幸运的是，可以采用扩展的线性 SVM 的分类方法得到非线性的 SVM。这种方法分成如下两个主要步骤。

（1）用非线性映射将输入数据变换到较高维空间。

（2）在新的高维空间监控搜索分离超平面。

图 7-42 所示的是利用核函数 $\boldsymbol{\Phi}$ 实现非线性的支持向量机。可以看到，实际上这个过程是首先找出一个非线性函数 $\boldsymbol{\Phi}$，对训练输入样本$\{x_i\}_{i=1}^n$的特征空间进行描述，或者说是将输入空间转换到高维的特征空间；然后，对特征空间内的训练输入样本$\{\boldsymbol{\Phi}(x_i)\}_{i=1}^n$，适用线性的支持向量机分类器。

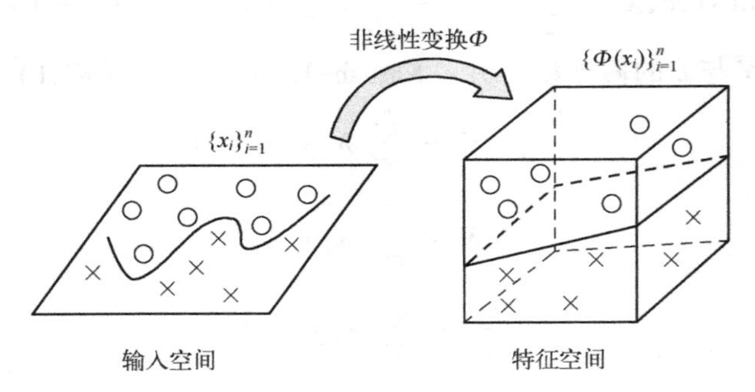

图 7-42　利用核函数 $\boldsymbol{\Phi}$ 实现非线性的支持向量机

特征是对原始数据的抽象，是使用抽象的数值来表示原始数据。所谓特征空间，是由这些原始数据的特征值构成的空间。由于特征值可以是多重的，如彩色图像的一个像素点可以用 RGB 三个特征值来表示，所以相比原始数据所在的空间，特征空间往往具有更高的维度。

通过这种方式得到的特征空间内的线性分类器，在原始的输入空间是非线性分类器。

如果选择比原始的输入空间维数高很多的空间作为特征空间，那么训练样本为线性可分的可能性也更大，但这也会导致计算时间相应增加。

为此，可以使用核映射的方法。我们注意到，在支持向量机分类器的学习算法中，训练样本只存在$\boldsymbol{X}_i^{\mathrm{T}} \cdot \boldsymbol{X}_j = \langle \boldsymbol{X}_i, \boldsymbol{X}_j \rangle$这样的内积运算；在非线性的支持向量分类器中，特征空间的训练输入样本只存在 $\boldsymbol{\Phi}(\boldsymbol{X}_i) \cdot \boldsymbol{\Phi}(\boldsymbol{X}_j)$这样的内积运算。因此，只要能计算出其内积 $\boldsymbol{\Phi}(\boldsymbol{X}_i) \cdot \boldsymbol{\Phi}(\boldsymbol{X}_j)$，就可以对非线性的支持向量机分类器进行学习。

于是，定义核函数 $K(\boldsymbol{X}_i, \boldsymbol{X}_j)$：

$$K(\boldsymbol{X}_i, \boldsymbol{X}_j) = \boldsymbol{\Phi}(\boldsymbol{X}_i) \cdot \boldsymbol{\Phi}(\boldsymbol{X}_j)$$

以后的计算就用核函数来代替 $\boldsymbol{\Phi}(\boldsymbol{X}_i) \cdot \boldsymbol{\Phi}(\boldsymbol{X}_j)$，这样计算就简单得多，甚至可以不去深入探究特征变换 $\boldsymbol{\Phi}$。

那么，有哪些核函数可以使用呢？通过研究，人们找到了很多核函数。如下 3 种核函数经常被使用。

☺ h 次多项式核函数：

$$K(\boldsymbol{X}_i, \boldsymbol{X}_j) = (\boldsymbol{X}_i \cdot \boldsymbol{X}_j + 1)^h$$

☺ 高斯径向基函数核函数：

$$K(\boldsymbol{X}_i, \boldsymbol{X}_j) = \mathrm{e}^{-\frac{\| X_i - X_j \|^2}{2\sigma^2}}$$

☺ S 型核函数：

$$K(\boldsymbol{X}_i, \boldsymbol{X}_j) = \tanh\ (\kappa \boldsymbol{X}_i \cdot \boldsymbol{X}_j - \delta)$$

选择不同的核函数就会得到不同的 SVM 非线性分类器。这些不同的分类器的效果的优劣需要视不同的应用场景而定，没有通用的判定标准。实践表明，这些不同分类器之间的分类准确率差异不会很大。

前面介绍的是只有两种类别的分类算法。对于多种类别的分类问题，可以通过组合多个SVM分类器的方式来实现，有兴趣的读者可以进一步了解。

7.4.3 回归分析算法

什么是回归分析？回归分析是统计学中的数据分析方法，是在掌握大量观察数据的基础上，利用数理统计方法，建立因变量与自变量之间的关系的方法。这种关系通常用函数表达式表示，也称回归方程。

回归的英文是regression。在这个英文单词中，re-前缀表示的是恢复（recover）或重复（repeat）的意思，后缀-sion将动词名词化，词根gress的意思是行走。想象这样一个场景，一堆看似无规律的数据在坐标图上肆无忌惮地乱走，我们要找出其中的规律，将它们行走的轨迹“重新组合起来”分析归纳，这就是回归的形象比喻。

如果大量的数据呈现出统计规律性，称与之相关的变量之间具有相关关系。对具有相关关系的现象，选择一个适当的数学关系式，用以说明一个或一组变量变动时，另一个或一组变量平均变动的情况，这种关系式称为回归方程。回归方程不一定是完全确定的解析方程，其中的一些参数可能是未知的。

在现实世界中，许多现象之间存在一定的关系。通过大量的试验观测，可以得到大量的记录数据；对这些数据进行仔细分析归纳，很多情况下可以使用数学关系式（如方程式、函数）来表示它们之间蕴含的关系，以后就可以运用这些数学关系式来预测分析了。这种分析方法就是回归分析方法。

在实际使用回归分析法时，需要从大量观察数据中找出蕴含的规律，然后再运用这些规律指导以后的分析预测工作。因此，回归分析是一种“由果索因”的过程，这或许就是中文取“回归”这个词的原因。

实际上，影响因变量的因素不只是自变量，还有随机误差。随机误差是指一些未被考虑的因素和随机性的影响。例如，在一元线性回归方程$\hat{y}=a+bx+\delta$中，δ是随机误差（通常假定为0）。

如果将回归结果进行离散化处理（如将平均成绩$\hat{g}\geqslant 90$以上的定为A等，$90>\hat{g}\geqslant 80$的定为B等，$80>\hat{g}\geqslant 70$的定为C等，$70>\hat{g}\geqslant 60$的定为D等，60以下的定为E等），那么回归技术也可用于分类处理。所以，回归分析可以作为一种分类方法，并且是针对连续型数据分类的首选方法。

回归分析是以大量数据作为分析基础的，因此它在大数据挖掘中自然会有一席之地。

那么，有多少种回归分析方法呢？

如果按照涉及变量的数量多少，回归分析可以分为一元回归分析和多元回归分析；如果按照自变量和因变量之间的数学关系形式，可分为线性回归分析和非线性回归分析。

如果只包括一个自变量和一个因变量，且二者的关系可用一条直线近似表示，这种回归分析称为一元线性回归分析。如果包括两个或两个以上的自变量，且因变量和自变量之间的关系是线性的，则称之为多元线性回归分析。

下面介绍最简单的只含两个变量的回归分析方法——一元线性回归分析。

为了看清楚两个变量之间的相互关系，通常要借助平面直角坐标系。图7-43所示为两个变量的两种数值分布图。

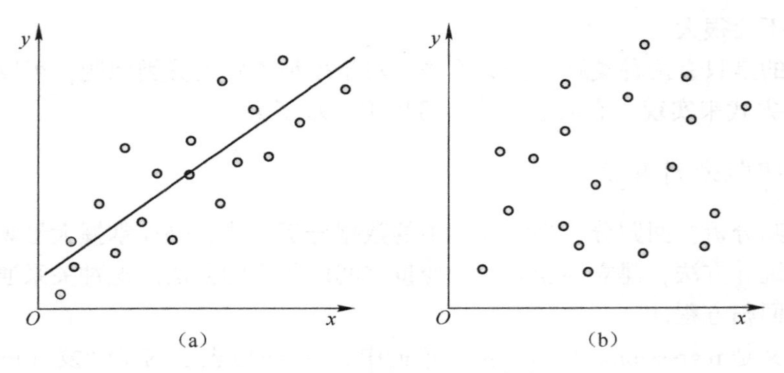

图 7-43　两个变量的两种数值分布图

在图 7-43 中，显然图 7-43（a）中的数值分布情况比较有规律，数值点分布在一条直线附近，可以用这条直线来近似拟合；而图 7-43（b）中的数值散布则没有规律，很难用数学解析式拟合。

说明　这种找出平面上众多数据点之间的规律，并用直线或曲线近似表示的过程称为拟合。

对于可以拟合的情况，接下来要开展的工作就是找出拟合直线或曲线的数学方程，以便今后利用这个数学方程进行预测分析。

一元线性回归方程的表示形式为

$$\hat{y}=a+bx$$

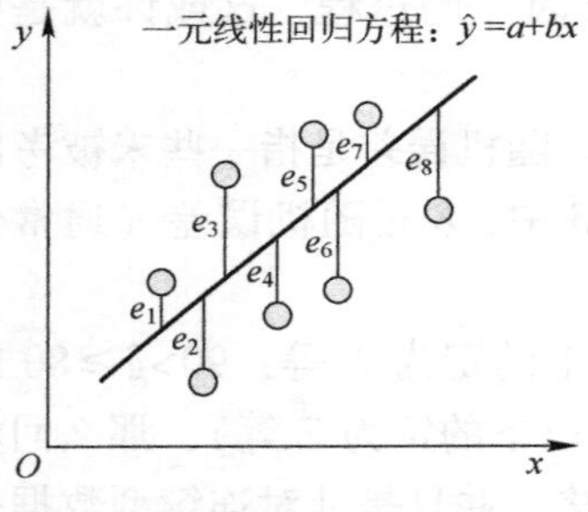

确立这个方程，实际上就是要确定参数 a 和 b。那么通过什么方法可以确定这两个参数呢？常用的方法是最小二乘法（Least Squares Method）。

图 7-44　最小二乘法示意图

最小二乘法的基本想法就是希望所有的数据点的误差的平方和最小，如图 7-44 所示。

用数学表示就是：设 $\hat{y}=a+bx$ 为需要确定参数 a、b 的拟合回归线方程；$\{(x_i,y_i)\}_{i=1}^{n}$ 是一个回归数据集；$e_i=y_i-\hat{y}_i$ 是实际测量值与回归值之间的差距，称为残值（Residual）。

我们希望，通过调整参数 a 和 b，使得 $\sum_{i=1}^{n}(y_i-\hat{y}_i)^2$ 这个平方和越小越好，即

$$\sum_{i=1}^{n}(y_i-\hat{y}_i)^2=\sum_{i=1}^{n}[y_i-(a+bx_i)]^2=\text{最小值}$$

这种确定参数 a 和 b 的方法称为最小二乘法。

为了求最小值，需要分别对 a 和 b 求偏导数：

$$\frac{\partial\sum_{i=1}^{n}[y_i-(a+bx_i)]^2}{\partial a}=2\sum_{i=1}^{n}[y_i-(a+bx_i)](-1)=-2\sum_{i=1}^{n}[y_i-(a+bx_i)]$$

$$\frac{\partial \sum_{i=1}^{n}[y_i-(a+bx_i)]^2}{\partial b}=2\sum_{i=1}^{n}[y_i-(a+bx_i)](-x_i)=-2\sum_{i=1}^{n}[y_i-(a+bx_i)]x_i$$

因为是求极值，所以令各个偏导数等于0，得到下列方程组：

$$\begin{cases} na+b\sum_{i=1}^{n}x_i=\sum_{i=1}^{n}y_i \\ a\sum_{i=1}^{n}x_i+b\sum_{i=1}^{n}x_i^2=\sum_{i=1}^{n}x_iy_i \end{cases}$$

由这个方程组即可得到由各个数据点值求 a、b 的计算公式：

$$a=\frac{n\sum_{i=1}^{n}x_iy_i-\left(\sum_{i=1}^{n}x_i\right)\left(\sum_{i=1}^{n}y_i\right)}{n\sum_{i=1}^{n}x_i^2-\left(\sum_{i=1}^{n}x_i\right)^2}=\frac{\sum_{i=1}^{n}(x_i-\bar{x})(y_i-\bar{y})}{\sum_{i=1}^{n}(x_i-\bar{x})^2}$$

$$b=\frac{\sum_{i=1}^{n}y_i-a\sum_{i=1}^{n}x_i}{n}=\bar{y}-a\bar{x}$$

式中，$\bar{x}$、$\bar{y}$分别为 x、y 的均值。

其实，最小二乘法不仅对线性回归函数可以使用，对于任何形式的回归函数都可以使用。

设函数$f(x_1,x_2,\cdots,x_n;a_1,a_2,\cdots,a_m)$是变量 $x_1,x_2,\cdots,x_n$和参数 $a_1,a_2,\cdots,a_m$的函数，此函数在数据点 $x_1,x_2,\cdots,x_n$的理论值与观测值之间的绝对误差是$|f(X)-\hat{f}(X)|$，根据最小二乘法原理，调整参数 $a_1,a_2,\cdots,a_m$，使得

$$Q=\sum_{i=1}^{n}[f_i-\hat{f}_i]^2=\text{最小值}$$

也就是求下列方程组

$$\frac{\partial Q}{\partial a_i}=0$$

由此得到最合适的参数组 $a_1,a_2,\cdots,a_m$。

因此，如果掌握了一元线性回归分析的求参数方法后，可以非常方便地推广到多元线性回归分析（甚至非线性回归分析）中。

有些非线性模型可以用多项式函数来拟合，这种非线性回归方法称为多项式回归。通过变量代换，可以方便地将多项式回归转换为线性回归。

例如，

$$y=a_0+a_1x+a_2x^2+a_3x^3$$

设：$x_2=x^2$，$x_3=x^3$。

则原方程就可以转换为一个多元线性方程：

$$y=a_0+a_1x+a_2x_2+a_3x_3$$

$$h(x)=\sum_{j=0}^{m}\theta_jx_j=\boldsymbol{\theta}^{\mathrm{T}}\boldsymbol{x}$$

式中，$\boldsymbol{\theta}$ 和 $\boldsymbol{x}$ 是向量，m 是变量个数。假如依据这个公式来预测 $h(x)$，式中的 $\boldsymbol{x}$ 是已知的

样本，$\boldsymbol{\theta}$的取值未知，只要求解$\boldsymbol{\theta}$的取值，便可依据上面的公式进行预测了。那么如何依据训练样本求解$\boldsymbol{\theta}$呢？我们引入损失函数（Loss Function）的概念，同样用最小二乘法表达这个损失函数：

$$J(\boldsymbol{\theta})=\frac{1}{2}\sum_{i=1}^{n}(h_{\boldsymbol{\theta}}(\boldsymbol{x}^{(i)})-\boldsymbol{y}^{(i)})^2$$

式中，n为训练样本的个数。要选择最优的$\boldsymbol{\theta}$，使得$h(\boldsymbol{x})$最接近真实值$\boldsymbol{y}$，转化为求解最优的$\boldsymbol{\theta}$，使得损失函数$J(\boldsymbol{\theta})$最小。转化过程又涉及另一个概念——梯度下降。

梯度下降的思路是，首先针对只有一个训练样本的情况（即$i=n=1$），任意给$\boldsymbol{\theta}$一个初始化的值，然后不断重复改变$\boldsymbol{\theta}$，使得$J(\boldsymbol{\theta})$变小，直至$J(\boldsymbol{\theta})$约等于最小值。具体地说，首先给$\boldsymbol{\theta}$一个初始值，然后向着让$J(\boldsymbol{\theta})$变化最大的方向更新$\boldsymbol{\theta}$的取值，迭代公式如下：

$$\theta_j:=\theta_j-\alpha\frac{\partial J(\boldsymbol{\theta})}{\partial\theta_j}$$

式中，α称为步长，它控制$\boldsymbol{\theta}$每次向$J(\boldsymbol{\theta})$变小的方向迭代的变化幅度；$J(\boldsymbol{\theta})$对$\boldsymbol{\theta}$的偏导表示$J(\boldsymbol{\theta})$变化最大的方向。由于是求极小值，因此梯度方向是偏导数的反方向。求解偏导过程如下所述：

$$\begin{aligned}\frac{\partial J(\boldsymbol{\theta})}{\partial\theta_j}&=\frac{\partial}{\partial\theta_j}\frac{1}{2}(h_{\boldsymbol{\theta}}(\boldsymbol{x})-\boldsymbol{y})^2\\&=2\cdot\frac{1}{2}(h_{\boldsymbol{\theta}}(\boldsymbol{x})-\boldsymbol{y})\cdot\frac{\partial}{\partial\theta_j}(h_{\boldsymbol{\theta}}(\boldsymbol{x})-\boldsymbol{y})\\&=(h_{\boldsymbol{\theta}}(\boldsymbol{x})-\boldsymbol{y})\cdot\frac{\partial}{\partial\theta_j}\Big(\sum_{j=0}^{m}\theta_j x_j-\boldsymbol{y}\Big)\\&=(h_{\boldsymbol{\theta}}(\boldsymbol{x})-\boldsymbol{y})x_j\end{aligned}$$

$\boldsymbol{\theta}$迭代公式变成：

$$\theta_j:=\theta_j+\alpha(\boldsymbol{y}^{(i)}-h_{\boldsymbol{\theta}}(x_j^{(i)}))x_j^{(i)}$$

同样，当处理多个训练样本时，表达式为

$$\theta_j:=\theta_j+\alpha\sum_{i=1}^{n}(\boldsymbol{y}^{(i)}-\boldsymbol{h}_{\boldsymbol{\theta}}(x^{(i)}))^2$$

这种新的表达式的每一步计算都会使用全部的训练数据，所以称为批梯度下降。

逻辑回归是一种广义的线性回归分析模型，在某些书中也称之为对数概率回归。其实，称其为回归模型并不严格，因为它是用在分类问题上的，放在这里介绍的原因是逻辑回归用了与上述回归类似的方式来解决分类问题。以二分类为例进行解释：二分类问题是指预测的y值只有两个取值（0或1），如垃圾邮件过滤系统中，x_j是邮件的特征，预测的y值就是邮件的类别，$y=0$表示垃圾邮件，$y=1$表示正常邮件，通过逻辑回归模型就可以实现这样的预测。

逻辑回归中同样也有2个重要概念，即逻辑函数、逻辑回归表达式。

在二分类问题中，如果用线性回归模型来预测y值，会导致结果不是0或1。逻辑回归使用了一个函数来归一化预测值，使其取值在(0,1)内，这个函数就是逻辑函数，也称sigmoid函数，表达如下：

$$g(z)=\frac{1}{1+\mathrm{e}^{-z}}$$

当 z 趋近于无穷大时，$g(z)$ 趋近于 1；当 z 趋近于无穷小时，$g(z)$ 趋近于 0。逻辑函数的图形如图 7-45 所示。

对逻辑函数求导：

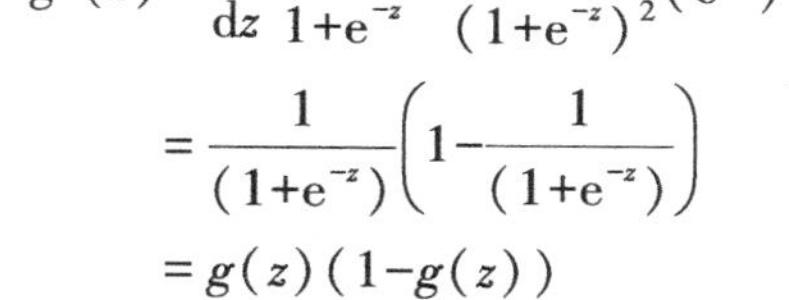

$$
\begin{aligned}
g'(z) &= \frac{\mathrm{d}}{\mathrm{d}z}\frac{1}{1+\mathrm{e}^{-z}} = \frac{1}{(1+\mathrm{e}^{-z})^2}(\mathrm{e}^{-z}) \\
&= \frac{1}{(1+\mathrm{e}^{-z})}\left(1-\frac{1}{(1+\mathrm{e}^{-z})}\right) \\
&= g(z)(1-g(z))
\end{aligned}
$$

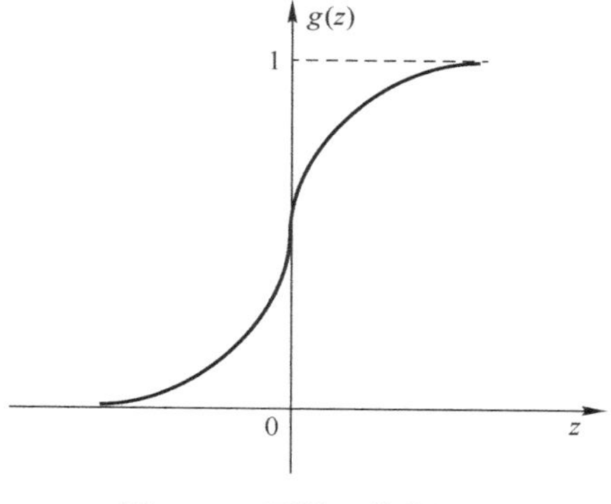

图 7-45　逻辑函数的图形

逻辑回归本质上是线性回归，只是在特征到结果的映射中加了一层函数映射而已，即先将特征线性求和，然后使用函数 $g(z)$。$g(z)$ 可以将连续值映射到 0 到 1 之间。将线性回归模型的表达式带入 $g(z)$，即可得到逻辑回归的表达式：

$$h_{\boldsymbol{\theta}}(\boldsymbol{x}) = g(\boldsymbol{\theta}^{\mathrm{T}} x) = \frac{1}{1+e^{-\boldsymbol{\theta}^{\mathrm{T}}\boldsymbol{x}}}$$

$$\boldsymbol{\theta}^{\mathrm{T}}\boldsymbol{x} = \theta_0 + \sum_{j=1}^{n}\theta_j x_j \quad (\text{默认 } x_0 = 1)$$

现在，将真实值 y 的预测值 $h_{\boldsymbol{\theta}}(\boldsymbol{x})$ 通过逻辑函数归一化到 $(0,1)$ 之间，$\boldsymbol{y}$ 的取值有特殊含义，它表示结果取 1 的概念，因此对于输入 $\boldsymbol{x}$ 分类结果为类别 1 和类别 0 的概率分别为

$$P(y=1 \mid \boldsymbol{x};\boldsymbol{\theta}) = h_{\boldsymbol{\theta}}(\boldsymbol{x})$$

$$P(y=0 \mid \boldsymbol{x};\boldsymbol{\theta}) = 1-h_{\boldsymbol{\theta}}(\boldsymbol{x})$$

将上述两个表达式合并后，即可得：

$$P(y \mid \boldsymbol{x};\boldsymbol{\theta}) = (h_{\boldsymbol{\theta}}(\boldsymbol{x}))^{y}(1-h_{\boldsymbol{\theta}}(\boldsymbol{x}))^{1-y}$$

得到逻辑回归表达式后，接下来的工作与线性回归类似，即构建似然函数，然后进行最大似然估计，最终推导出 $\boldsymbol{\theta}$ 的迭代更新表达式：

$$\theta_j := \theta_j + \alpha(\boldsymbol{y}^{(i)} - h_{\boldsymbol{\theta}}(\boldsymbol{x}^{(i)}))x_j^{(i)}$$

式中，i 为样本计数，j 为迭代更新计数。

与最小二乘法的 $\boldsymbol{\theta}$ 迭代公式相比，这个表达式看上去完全相同。但是，逻辑回归与最小二乘法是两个不同的算法，因为 $h_{\boldsymbol{\theta}}(\boldsymbol{x}^{(i)})$ 表示的是关于 $\boldsymbol{\theta}^{\mathrm{T}}\boldsymbol{x}$ 的一个非线性函数。两个不同的算法，最后却用同一表达式来表达，这不仅是巧合，也说明二者存在深层次的关系。感兴趣的读者可以查阅广义线性模型的概念，从中找到答案。

7.4.4　聚类分析

图 7-46 所示为六幅聚类分析示例照片。

当人们看到这六幅图片后，不一定能说出每种动物的名称，但一定知道它们分别属于“狗”“猫”“鸟”这 3 种类别。这六种动物依次为泰迪犬、哈士奇、家猫、博美拉猫、虎皮鹦鹉、金刚鹦鹉。

由此可见，“物以类聚”不是科学家生造出来的方法，而是人类与生俱来的本能。我们再顺着这六幅图片讲一个故事。

说有一个家庭爱养宠物，他们养了泰迪犬、家猫和虎皮鹦鹉各一个。这家还有个小宝

图 7-46　六幅聚类分析示例照片

宝，在家时常与这 3 个宠物一起玩耍。孩子一岁半了，父母第一次带他去动物园玩。一进动物园，小孩子非常兴奋地东跑西颠，他居然能够准确地将从未见过的金刚鹦鹉称为鹦鹉，博美拉猫称为猫，哈士奇称为狗。

显然，这个一岁半的孩童已经具备一种认知能力，一种“举一反三”的能力，一种把相近特征事物作为一类事物认知的能力，只要这些事物的特征差异限定在一个“限度”内即可。这就是聚类思维方式。

聚类是数据挖掘中一种重要的挖掘方法，这种方法在待测数据集中寻找数据之间的相似性，然后根据相似性判别标准将数据集划分成一个个子集，使得每个子集内数据的相似性尽可能高，不同子集数据的相似性尽可能低。在聚类分析中，每个子集有一个专业名字——簇（Cluster）；并将聚类分析（Cluster Analysis）简称聚类（Clustering）；同时，还将聚类分析的结果，即簇的集合，也称为聚类——这在不同语境中是容易区分的。

判断相似性是基于数据的特征，特征相似的数据被判成同一类。由此可见，聚类本质上仍是一种分类方法。但是，聚类与前面介绍的分类方法还是有明显的不同的。在使用分类方法前，必须知道要将数据分成哪几种类别，然后根据分类器的计算结果，将每个数据判别为其中的一个类别，并标上类别标签；而在使用聚类方法前，并不知道待测数据集应该分成哪些类别，是聚类算法根据相似性标准“自主”地将数据分成不同组别，或者说是不同的簇，即使完成了分组，也不知道给这些组起什么样的名字。因而，聚类是一种无监督的学习方法，而且不需要训练集。

目前，分类算法的效果普遍还是不错的，相对而言，聚类就比较难做，效果也不理想。确实，无监督学习本身的特点使其难以得到如分类一样近乎完美的结果。这也正如我们在中学阶段做习题时，有参考答案（标签）是非常重要的。假设两个成绩一样的同学进入高中后，一个做题有参考答案帮助，另一人做题却没有参考答案，那么想必在高考时两人的成绩会相差不少。

分类算法虽然好，但事先必须预设好类别。而在某些情况下，对待测数据的情况掌握不多，不一定能够预设类别，这样就不得不使用聚类分析，如模式识别、图像处理、数据压缩、空间数据分析、市场研究等。

聚类的关键是如何对数据集进行分组，或者说是用什么标准来衡量每一个待测数据应该属于哪一簇。对此，学术界提出了很多聚类算法，大致可以分成如下4类。

☺ 分割法（Partitioning Method）：在待测数据集中选定 k 个均值或中心点作为各簇的中心（基准点），再比较待测数据与众多基准点的距离，选取距离最近的划归该基准点的同一簇。k 的数值是需要事先确定的。

☺ 层次法（Hierarchical Method）：将待测数据集按层次逐层进行分解。分为自底向上（称为凝聚法）和自顶向下（称为分裂法）两种。

☺ 基于密度法（Density-based Method）：分割法是按照数据间的距离进行聚类，只能聚成球形簇，对其他形状不适用。而密度法规定，只要邻域内的数据点密度超过了设定的阈值，就继续聚类。也就是说，每个点的邻域内不能小于阈值数量的数据点，因此簇的形状可能是任意的，而且还可以隔离孤立的数据点。

☺ 基于网格法（Grid-based Method）：将对象空间划分成有限个单元，形成一个网格结构，所有的聚类操作都在这个网络结构上进行。这是一种自己构造架构的聚类方法，与数据点本身关系不大。

图7-47所示的是常见的聚类算法分类及其代表算法。

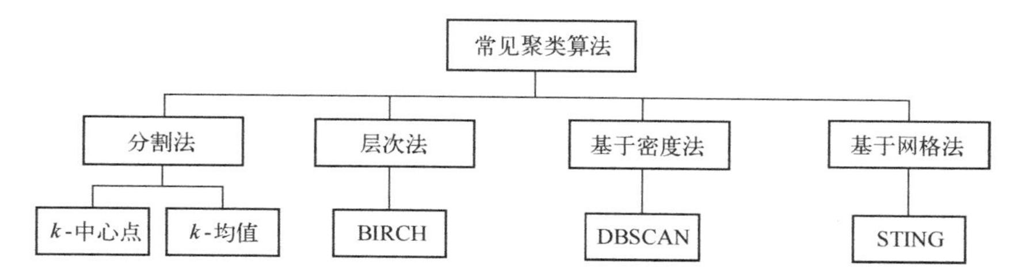

图7-47 常见的聚类算法分类及其代表算法

1. 分割法

分割法是聚类分析中最简单、最基础的聚类方法，它将待测数据分割成多个互斥的簇。

分割法需要预先指定聚类数量或初始聚类中心，通过反复迭代运算，逐步降低目标函数的误差值；当目标函数收敛或达到一定的精度要求时，得到最终的距离结果。

有代表性的分割法有 k-均值（k-means）和 k-中心点（k-medoids）两种，其基本思想是一致的，差别是迭代时重新计算簇的距离基准点方法不一样。

这两种算法的基本思想是：预先指定最终的聚类数量 k，在待分簇的含有 n 个数据的集合中，选取 k 个数据作为各簇的初始成员；对余下的数据，找出离这 k 个初始数据最近的数据，将其划分给这个簇；这样每个簇含有的数据可能不止一个，多于一个数据的簇在下一轮计算距离时，需要重新计算该簇的距离基准点，这就是“迭代的重定位技术”。如此重复上述操作，逐步减低目标函数的误差值，当目标函数收敛或达到一定的精度要求时，得到最终聚类结果。

这两种算法的不同之处在于基准点的选择。如果基准点选择的是每个簇的平均值，就是 k-均值聚类算法；如果基准点选择的是每个簇的中心位置，就是 k-中心点聚类算法。

1）k-均值聚类算法

k-均值聚类算法采用距离作为相似性的评价指标，认为两个对象的距离越近，其相似度就越大。这是一个在20世纪60年代就提出来的经典算法。

该算法的主要步骤如下所述。

（1）首先指定 k 值，然后在数据集中随机选择 k 个初始数据作为 k 个簇的初始均值基准点。

（2）计算其余数据与这 k 个均值基准点各自的距离。

（3）每个数据点离这 k 个均值基准点距离有远有近，将数据对象划分到距离最近的那个基准点所在的簇中。

（4）重新计算每个簇的均值基准点（实际计算的是簇的质心）。

（5）重复步骤（2）至步骤（4），直至两次计算出来的聚类中心没有发生变化，算法结束。

可以用下述数学方式表示这个流程。

假定$\{x_i\}_{i=1}^{n}$为含有 n 个数据对象的数据集，我们试图按照 k-均值聚类算法将其分割成 k 个簇，$y_1, y_2, \cdots, y_k$是 k 个簇的初始成员，此时它们就是各簇的计算参照点值。那么下式是各个其他成员与初始成员 $y_j(j=1,2,\cdots,k)$ 的欧氏距离的平方：

$$\|x_i-y_j\|^2, \quad i=1,2,\cdots,n$$

然后逐一进行比较，对 x_i来说，找出与其距离平方最小的那个 y_j，将 x_i划归到第 j 簇。

调整更新第 j 簇的参照点值：

$$y_j = \frac{1}{m}\sum_{i=1}^{m} x_i$$

式中，m 是第 j 簇此时拥有的成员数量，x_i是第 j 簇的所有成员。

然后再重复上述步骤，直到所有数据对象分割完成，且各簇均值趋于稳定为止。

图 7-48 所示为 k-均值聚类算法示意图。

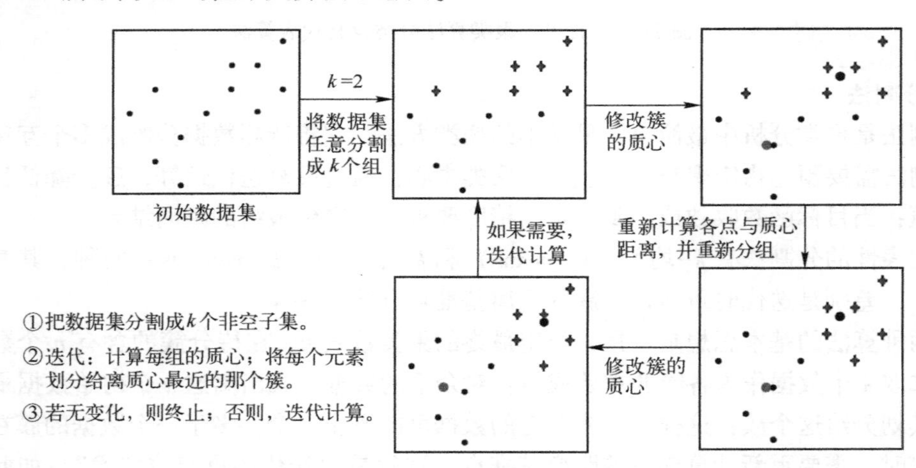

图 7-48　k-均值聚类算法示意图

由此可见，k-均值聚类算法的关键在于确定一个适当的簇数量 k，选出最有代表性的 k 个簇的初始成员。

对于如何确定簇数 k，确实难有标准答案，需要有工程实践经验。经验方法是，对 n 个点的数据集，设置簇数约为 $\sqrt{\frac{n}{2}}$，在期望情况下，每个簇约有 $\sqrt{2n}$ 个点。为了使其更科学合理，可以仔细分析簇的关键指标：簇的平均半径或直径。簇的直径是指簇内任意两点之间的最大距离；簇的半径是指簇内所有点到簇中心距离的最大值。如果在聚类过程中，这两个数值变换比较平稳，说明 k 比较接近真实的簇数，否则就需要调整 k 的大小。

对于簇初始成员的选取，通常选择彼此距离尽可能远的 k 个成员。

2）k-中心点聚类算法

由于 k-均值聚类计算的是距离的平均值，所以对噪声和孤立点数据非常敏感。如果需要规避这样的情况，可以改用聚类的中心点位置作为计算的基准点。这样的划分方法仍然沿用距离最近原则。

该算法的主要步骤与 k-均值聚类算法的十分相似，如下所述。

（1）首先指定 k 值，然后在数据集中随机选择 k 个初始数据作为 k 个簇的初始中心基准点。

（2）计算其余数据与这 k 个中心基准点的距离。

（3）将数据对象划分到距离最近的那个基准点所在的簇中。

（4）重新调整每个簇的中心基准点。调整方法是，计算簇内所有样本点到其中一个样本点的距离，选出距离最小的样本点作为新的中心点。

（5）如果新的中心点集与原中心点集相同，算法终止；如果新的中心点集与原中心点集不完全相同，返回步骤（2）。

图 7-49 所示为 k-中心点聚类算法示意图。

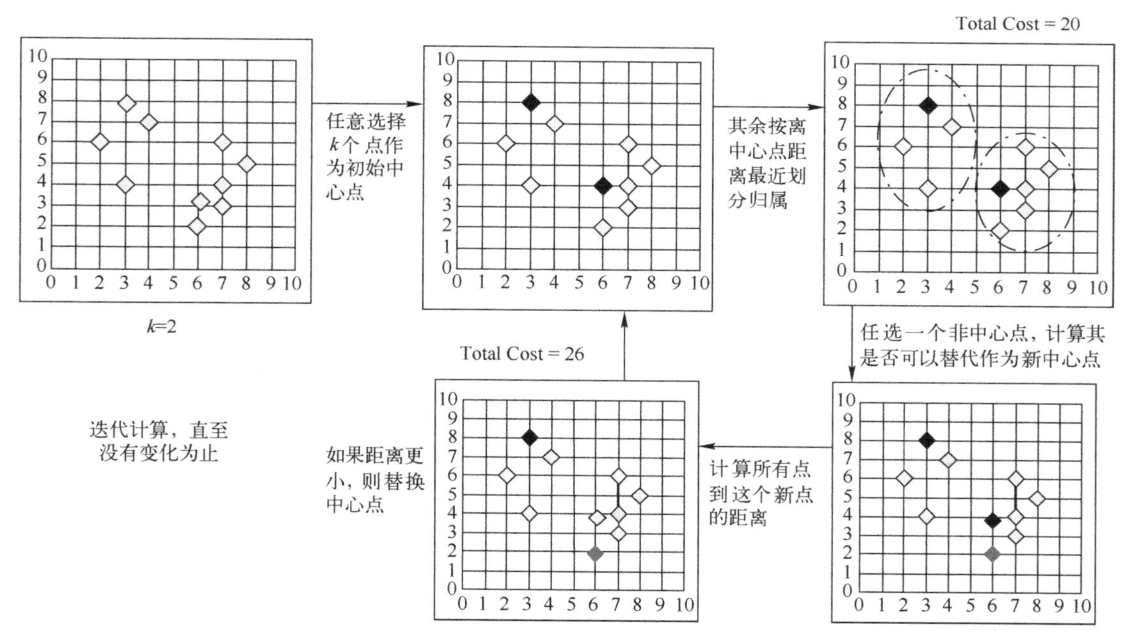

图 7-49 k-中心点聚类算法示意图

3）两种分割法的比较

无论 k-均值聚类算法还是 k-中心点聚类算法，k 值的确定、初始基准点的选择对算法的影响都很大。除此之外，它们之间主要还有如下差别。

（1）计算复杂度不同：k-均值聚类算法的复杂度是 $O(nkt)$，其中 n 是数据对象总数，k 是簇数，t 是迭代次数；k-中心点聚类算法每次迭代的复杂度是 $O(k(n-k))$，当 k 和 n 较大时，算法的开销远高于 k-均值聚类算法。

（2）在噪声鲁棒性方面，k-均值聚类算法对离群点敏感，因为离群点可能严重扭曲簇的均值；而 k-中心点聚类算法不那么容易被极端数据影响。

（3）k-均值聚类算法因为计算均值要求数据在欧氏空间，所以在很多情况下不适用；k-中心点聚类算法可以用相关性计算避免此类问题。

（4）k-均值聚类算法的基准点是各个样本点的平均值，因此有可能是样本点中不存在的点；而 k-中心点聚类算法的基准点一定是某个样本点。

2. 层次法

利用分割法可以将数据集划分成指定个数的互斥的簇，但是这些簇只能是属于同一层级的，这显然限制了分层区别数据的需求。

层次法，顾名思义就是要逐层地进行聚类，其结果也是分层次的，是一个类似树的层次架构，这正好弥补了分割法的不足。此外，层次聚类算法是用距离作为聚类标准的，不需要设定簇数 k，但需要设置终止条件，有时候这个终止条件就是簇数！

层次法是按层次进行划分的，可以自下而上地将小的子集逐层合并聚集——凝聚（Agglomerative），也可以自上而下地对大的子集逐层进行分割——分裂（Divisive）。层次法所划分出的每一个新的聚类都是由下一层聚类凝聚而的，或者是由上一层聚类分裂而得的，最后的结果是一个树状结构，如图 7-50 所示。

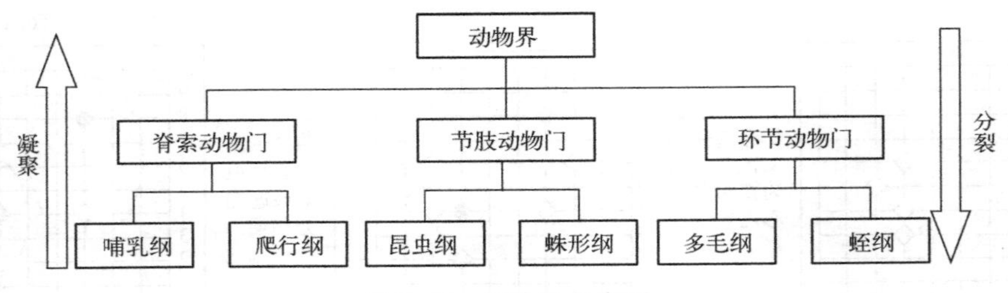

图 7-50　层次法示意图

凝聚算法是自下而上地聚类，开始时将所有数据点作为一个个不同的子集，然后找出距离最近的两个子集将它们合并为一个，不断重复以上步骤，直到所有的对象都在一个聚类中，或者满足预设的终止条件（如达到预设的簇的个数）。

分裂算法的策略与凝聚算法的策略正好相反，它首先将所有对象置于一个聚类中，然后逐渐将其细分为越来越小的聚类，直至达到预设的终止条件为止。

无论凝聚法还是分裂法，都是基于两个簇之间的距离来判定的。因此，采用什么方法度量簇之间的距离很关键。

设 C_i 和 C_j 是两个不同的簇，a 和 b 是分别属于这两个簇的数据对象，即 $a \in C_i$，$b \in C_j$，m_i 是簇 C_i 的均值，m_j 是簇 C_j 的均值，n_i 是簇 C_i 中数据对象的数量，n_j 是簇 C_j 中数据对象的数量，$|a-b|$ 是 a 和 b 两个数据对象之间的距离，有如下 4 种常用的簇间距离度量方法（也称连接度量，Linkage Measure）。

☺ 最小距离：$\text{dist}_{\min}(C_i,C_j)=\min_{a\in C_i,b\in C_j}\{|a-b|\}$

☺ 最大距离：$\text{dist}_{\max}(C_i,C_j)=\max_{a\in C_i,b\in C_j}\{|a-b|\}$

☺ 平均距离：$\text{dist}_{\text{avg}}(C_i,C_j)=\dfrac{1}{n_i n_j}\sum\limits_{a\in C_i,b\in C_j}|a-b|$

☺ 均值距离：$\text{dist}_{\text{mean}}(C_i,C_j)=|m_i-m_j|$

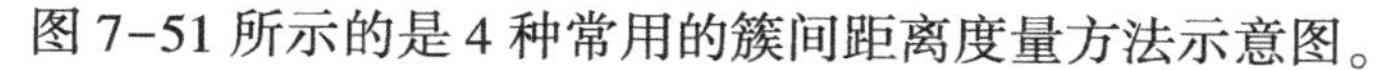

图 7-51 所示的是 4 种常用的簇间距离度量方法示意图。

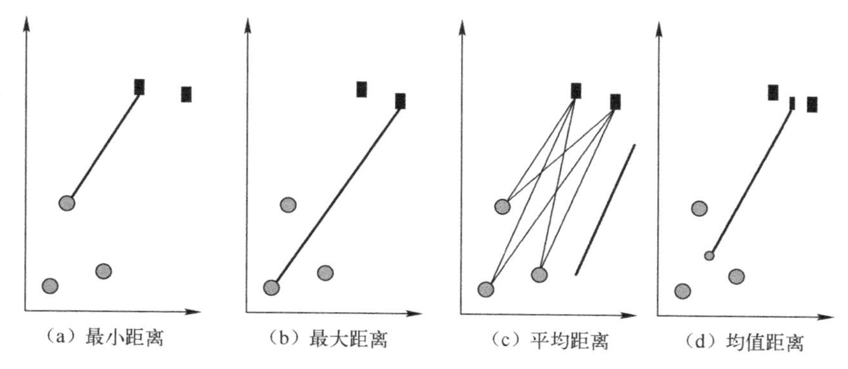

图 7-51　4 种常用的簇间距离度量方法示意图

当算法使用最小距离 $dist_{min}(C_i,C_j)$ 来度量簇间距离时，称其为最近邻聚类算法（Nearest-neighbor Clustering Algorithm）。如果最近的两个簇之间的距离超过设定的阈值，聚类过程就会终止，则称这种最近邻聚类算法是单连接算法（Single-linkage Algorithm）。

当算法使用最大距离 $dist_{max}(C_i,C_j)$ 来度量簇间距离时，称其为最远邻聚类算法（Farthest-neighbor Clustering Algorithm）。如果最近的两个簇之间的最大距离超过设定的阈值，聚类过程就会终止，则称这种最远邻聚类算法是全连接算法（Complete-linkage Algorithm）。

最大距离和最小距离代表了簇间度量的两个极端，表示对离群点和噪声点过分敏感，而使用平均距离或均值距离就可以避免此类问题。

层次型聚类算法有如下弱点：一旦执行合并或分裂，就不能再修正。如果某一步没有进行好的合并或分裂，可能会导致低质量聚类结果的产生。而且，这种聚类方法不具有很好的可伸缩性，因为合并或分裂的决定需要检查和估算大量的对象或聚类。

可伸缩性是指处理的数据集可大可小，具有很好的伸缩性。

1）BIRCH 算法

利用层次结构的平衡迭代归约和聚类（Balanced Iterative Reducing and Clustering using Hierarchies，BIRCH）是最有代表性的层次型聚类算法。BIRCH 算法是由 Tian Zhang 于 1996 年提出来的，这是为大量数值数据设计的算法。BIRCH 算法是基于距离的层次型聚类，综合了层次型凝聚和迭代的重定位方法，首先用自底向上的层次算法，然后用迭代的重定位来改进结果。层次型凝聚采用自底向上的策略，首先将每个对象作为一个原子簇，然后合并这些原子簇从而形成更大的簇，减少簇的数量，直到所有的对象都在一个簇中，或者某个终止条件被满足。

BIRCH 算法较好地解决了层次型聚类算法的可伸缩性差和不能撤销先前步骤所做工作的缺点，对增量或动态聚类也非常有效。这些主要归功于 BIRTH 算法在算法执行全过程中对全局的动态把控。这些全局动态把控工作是通过如下两个主要统计参数实现的：聚类特征（Clustering Feature，CF）和聚类特征树（CF 树）。聚类特征（CF）统计的是一个簇的情况，聚类特征树（CF-Tree）表示的是聚类的层次结构。

BIRCH 算法具体是如何实现的呢？

BIRCH 算法是一种多阶段聚类技术，在对数据集进行第 1 遍扫描时，产生一个基本的聚类，进行第 2 遍扫描（如果需要，可进行更多遍扫描）时，改进聚类的质量。因此，它的工作主要包括如下两个阶段。

（1）第 1 阶段：BIRCH 算法扫描整个数据集，在内存中构建一棵初始的 CF 树，这棵树可以看作对数据的多层压缩，保存了数据内在的聚类架构。

（2）第 2 阶段：使用任意一个聚类算法，对该 CF 树的叶节点进行聚类，将稀疏的簇当作离群点来删除，将稠密的簇合并为更大的簇。

2）聚类特征（CF）

假定要聚类的是一个具有 n 个数据对象的 d 维数据集。

聚类特征是一个 3 维向量，这个向量概括了该簇的所有统计信息，其定义为

$$\mathbf{CF}=(n,\mathbf{LS},\mathbf{SS})$$

式中，**LS** 是这 n 个点的线性和$\left(\sum_{i=1}^{n} x_i\right)$，**SS** 是这 n 个点的平方和$\left(\sum_{i=1}^{n} x_i^2\right)$。

LS 和 **SS** 是两个与数据点具有相同维度的向量。

存储 **CF** 这样一个关于一个簇的统计信息显然比存储这个簇中所有成员的信息更容易。而且，对于两个不相交的簇 C_1 和 C_2，其聚类特征是可以相加的。即，如果 $\mathbf{CF}_1=(n_1,\mathbf{LS}_1,\mathbf{SS}_1)$，$\mathbf{CF}_2=(n_2,\mathbf{LS}_1,\mathbf{SS}_2)$，则有

$$\mathbf{CF}_1+\mathbf{CF}_2=(n_1+n_2,\mathbf{LS}_1+\mathbf{LS}_2,\mathbf{SS}_1+\mathbf{SS}_2)$$

下面用一个例子来加深对聚类特征的理解。

假设簇 C_1 有 3 个点(2,5)、(3,2)、(4,3)，那么簇 C_1 的聚类特征为

$$\begin{aligned}\mathbf{CF}_1&=(n_1,\mathbf{LS}_1,\mathbf{SS}_1)=(3,(2+3+4,5+2+3),(2^2+3^2+4^2,5^2+2^2+3^2))\\&=(3,(9,10),(29,38))\end{aligned}$$

假定还有另一个簇 C_2，它与 C_1 是不相交的，已知 C_2 的聚类特征为

$$\mathbf{CF}_2=(3,(35,36),(417,440))$$

将 C_1、C_2 这两个簇合并，形成一个新的簇 C_3，此时有

$$\begin{aligned}\mathbf{CF}_3&=\mathbf{CF}_1+\mathbf{CF}_2=(3+3,(9+35,10+36),(29+417,38+440))\\&=(6,(44,46),(446,478))\end{aligned}$$

用聚类特征 **CF** 的 3 个分量 n、**LS**、**SS**，可以推导出许多关于这个簇的统计量。例如，簇的质心 x_0 和直径 D 分别为

$$x_0=\frac{\sum_{i=1}^{n} x_i}{n}=\frac{\mathbf{LS}}{n}$$

$$D=\sqrt{\frac{\sum_{i=1}^{n}\sum_{j=1}^{n}(x_i-x_j)^2}{n(n-1)}}=\sqrt{\frac{2n\mathbf{SS}-2\mathbf{LS}^2}{n(n-1)}}$$

说明 D 是一个簇中数据对象之间的平均距离，它反映了质心周围簇的紧凑程度。

3）聚类特征树

聚类特征树是一棵高度平衡的树，它存储了一个层次聚类的聚类特征（不仅包含一个簇，而是包含各层的子簇）。因为 CF 树中的每个非叶节点都有后代或子女，非叶节点存储了其所有子女的聚类特征的总和，因而汇总了其子女的聚类信息。

图 7-52 所示的是聚类特征树示意图。

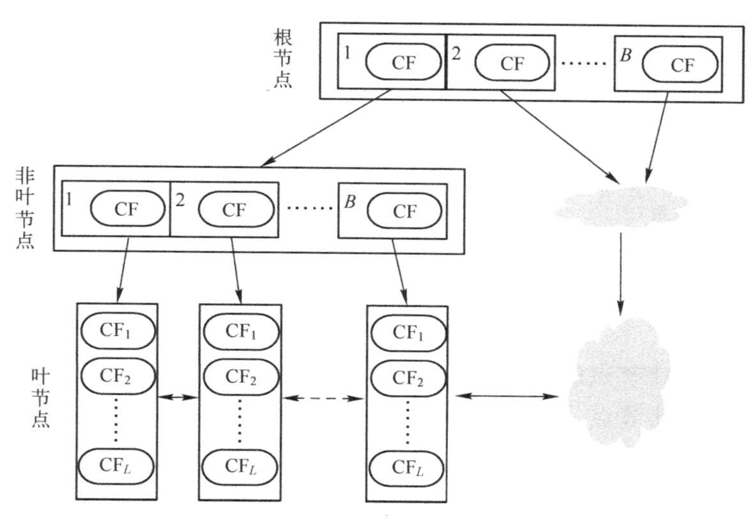

图 7-52　聚类特征树示意图

在这棵树中，每个节点（包括叶节点）都有若干个 CF（数量不大于 B）；而除 CF 外的内部节点还有指向子节点的指针 child；叶节点没有子节点指针，但也有若干个 CF（数量不大于 L），每个叶节点还有一个指向前面的叶节点的指针 prev 和一个指向后面叶节点的指针 next，这样所有的叶节点之间构成一个双向链表，以方便后续的扫描操作。

CF 树有 3 个参数来控制其规模，即内部节点平衡因子 B、叶节点平衡因子 L 和簇半径阈值 T。B 是指每个内部节点的最大 CF 数量，L 是指每个叶节点的最大 CF 数量，阈值 T 是指存储在叶节点中的所有子簇的最大半径。

CF 树中每个非叶节点的存储格式为（$\mathbf{CF}_i$，$child_i$），其中 $1 \leqslant i \leqslant B$，这个格式称为节点实体。其中，$child_i$ 指向第 i 个子节点，$\mathbf{CF}_i$ 为由这个 $child_i$ 指向的子节点所代表的子聚类的聚类特征。

图 7-53 所示的是聚类特征树示例。该示例限定 $B=6$、$L=5$，也就是说内部节点最多有 6 个 CF，而叶节点最多有 5 个 CF。

从图 7-53 中可以看出，根节点 CF_1 的聚类特征值，可以从它指向的 6 个子节点（CF_7～CF_{12}）的值相加得到。这样的自底向上累计 CF 值，使得 CF 树的更新很高效。

4）聚类特征树的生成

CF 树的构造过程实际上是一个数据对象的插入过程，具体步骤如下所述。

（1）找到恰当的叶节点。从根节点开始往下递归，计算当前节点与要插入的数据对象之间的距离，寻找距离最小的那个路径，直到找出该数据对象最接近的叶节点为止。

（2）比较计算距离是否小于阈值 T。如果小于，则当前节点吸收该数据对象；如果大于或等于阈值 T，则转入下一步。

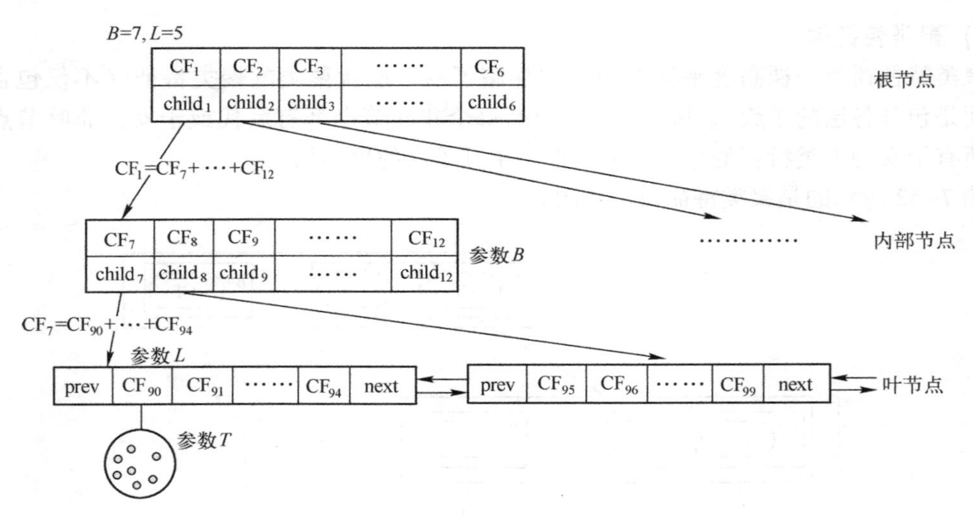

图 7-53　聚类特征树示例

（3）判断当前的叶节点的个数是否小于 L。如果是，则直接将数据对象插入该叶节点，否则需要分裂该叶节点。分裂的原则是，寻找该叶节点中距离最远的两个实体，并以这两个实体作为分裂后的两个叶节点的起始实体，剩余的实体根据距离最小原则分配到这两个新的叶节点中，删除原叶节点，并更新整个 CF 树。当数据对象无法插入时，需要提升阈值 T，并重新构建 CF 树来吸收更多的叶节点实体，直到将所有数据点全部插入完毕。

在具体构建 CF 树时，CF 树的 3 个参数是需要预先设定的：内部节点的最大 CF 数 B，叶节点的最大 CF 数 L，叶节点每个 CF 的最大样本半径阈值 T。

开始时，CF 树是空的，没有任何样本。从训练集读入第 1 个样本点，将它放入一个新的 CF 三元组 A，这个三元组的 $n=1$，将这个新的 CF 放入根节点，如图 7-54 所示。

继续读入第 2 个样本点，发现这个样本点和第 1 个样本点 A 在同一个半径为 T 的超球体范围内，也就是说，它们属于一个 CF，因此将第 2 个点也加入 CF A，并更新 CF A 的三元组的值。此时 CF A 的三元组中 $n=2$，如图 7-55 所示。

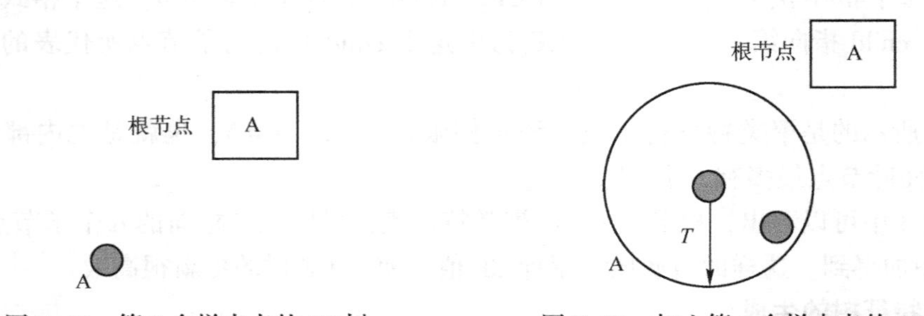

图 7-54　第 1 个样本点的 CF 树　　　图 7-55　加入第 2 个样本点的 CF 树

接着读入了第 3 个样本点，结果发现这个样本点在半径为 T 的超球体范围外，所以不能融入前面的节点形成的超球体内，也就是说，需要一个新的 CF 三元组 B 来容纳这个新的值。此时根节点有两个 CF 三元组 A 和 B，如图 7-56 所示。

当加入第 4 个样本点时，发现它与 CF B 在半径小于 T 的超球体内，如图 7-57 所示。

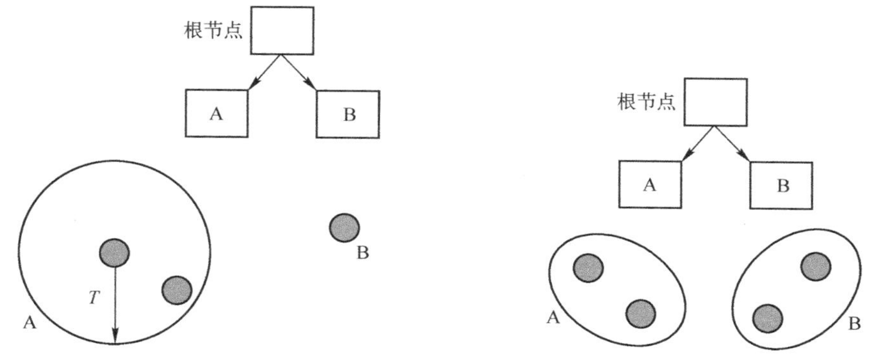

图 7-56　加入第 3 个样本点的 CF 树　　图 7-57　加入第 4 个样本点的 CF 树

那么何时 CF 树的节点需要分裂呢？假设现有 CF 树如图 7-58 所示，叶节点 LN_1有 3 个 CF，叶节点 LN_2和 LN_3各有 2 个 CF。叶节点的最大 CF 数 $L=3$。此时有一个新的样本点来了，我们发现它离 LN_1节点最近，因此开始判断它是否在 sc_1、sc_2、sc_3这 3 个 CF 对应的超球体内。但是很不幸，它不在其内，因此需要建立一个新的 CF（即 sc_8）来容纳它。现在的问题是 $L=3$，也就是说 LN_1的 CF 个数已经达到最大值，不能再创建新的 CF 了，怎么办？此时就要将叶节点 LN_1一分为二。

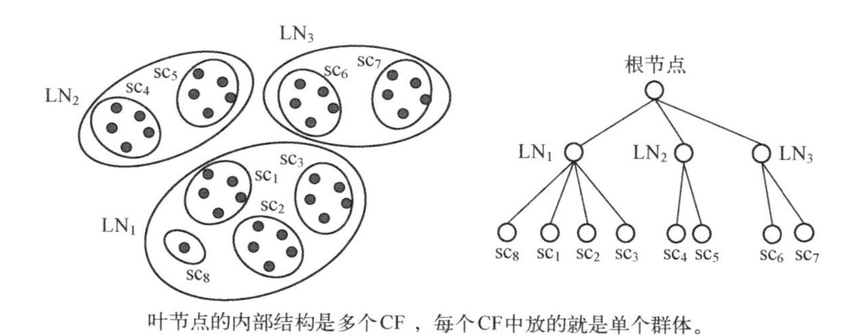

图 7-58　将 LN_1节点划分前的 CF 树

我们在 LN_1里所有 CF 元组中找出两个最远的 CF，即 sc1 和 sc3，将这两个 CF 作为新叶节点的种子 CF，然后将 LN_1节点中所有聚类特征 sc_1、sc_2、sc_3，以及新样本点的新元组 sc_8划分到两个新的叶节点上，如图 7-59 所示。

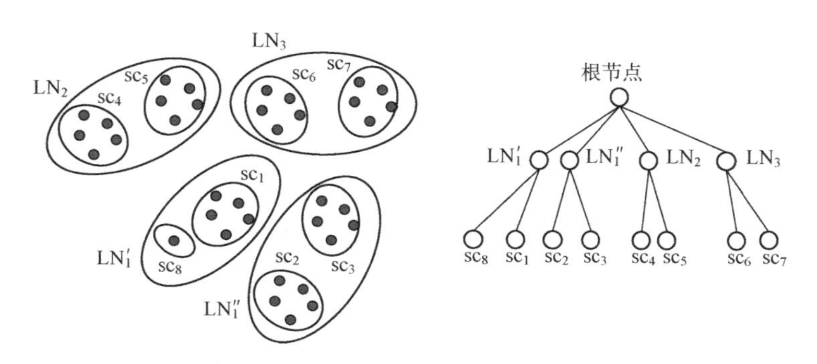

图 7-59　将叶节点 LN_1分裂后的 CF 树

因内部节点的最大 CF 数 $B=3$，所以叶节点 LN_1 一分为二后，会导致根节点的最大 CF 数超过了 3，也就是说，根节点现在也需要分裂，其分裂的方法和叶节点分裂方法类似，如图 7-60 所示。

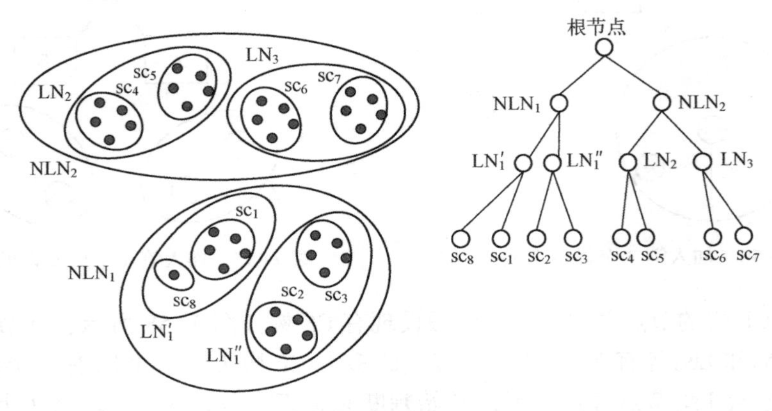

图 7-60　根节点分裂后的 CF 树

通过上述例子可以看出，一棵 CF 树就是一个数据集的压缩表示，记录的是聚类的统计信息和层次关系，叶节点的每一个输入都代表一个簇，簇中包含了若干个数据点（原始数据集中越密集的区域，簇中包含的数据点越多；越稀疏的区域，簇中包含的数据点越少），簇的半径不大于 T。随着数据点的加入，CF 树可以动态重构。

聚类特征树生成后，BIRCH 算法就基本完成了，对应的输出就是若干个 CF 节点，每个节点里的样本点就是一个聚类的簇。

5）BIRCH 算法的优缺点

BIRCH 算法的主要优点如下所述。

☺ 节约内存，所有的样本都在磁盘上，CF 树中仅存了 CF 节点和对应的指针。

☺ 聚类速度快，只需要扫描一遍训练集，就可以建立 CF 树，其增、删、改都很快。

☺ 可以识别噪声点，还可以对数据集进行初步分类的预处理。

BIRCH 算法的主要缺点如下所述。

☺ 由于 CF 树对每个节点的 CF 个数有限制，导致聚类的结果可能和真实的类别分布不同。

☺ 对高维特征的数据聚类效果不好（此时可以选择 Mini Batch K-Means）。

☺ 如果数据集中簇的分布与超球体不类似，或者说不是凸的，则聚类效果不好。

3. 基于密度法

分割法和层次法都是按照数据之间的距离进行聚类的，这对球状簇比较有效，但对不规则形状的簇，误差可能很大。

基于密度的聚类法其实与基于距离的聚类法类似，只是将原来的判别依据——距离改成了密度。所谓密度，是指一个设定半径的邻域内包含的数据对象的数量。其基本思想是，只要邻近区域的密度达到了某个阈值，就继续聚类。也就是说，对一个数据点，如果在其设定半径的邻域内，包含的数据点数量达到或超过了阈值，就可以聚类。

因此，基于密度法具有如下主要特点。

☺ 适用于任意形状的簇。

☺ 可以处理噪声数据点。

☺ 需要设定密度阈值和邻域半径作为判别聚类的准则。

具有噪声应用的基于密度的空间聚类（Density-Based Spatial Clustering of Applications with Noise，DBSCAN）是基于密度聚类方法中最典型的代表算法之一，它是由马丁·伊斯特（Martin Ester）等人于 1996 年提出的，其核心思想是先发现密度较高的点，然后将相近的高密度点逐步连成一片，进而生成各种簇。

首先介绍 DBSCAN 中的 3 个基本概念。

☺ 以 ε 为半径划成的空间为 ε-邻域。

☺ 如果一个 ε-邻域是以数据对象 o 为中心的，则称这个 ε-邻域为对象 o 的 ε-邻域。

☺ 给定邻域半径 ε 和密度阈值 δ，在对象 o 的 ε-邻域内，如果包含数据对象的数量不小于密度阈值 δ，则称对象 o 为核心对象（Core Object）。

其次介绍任意一个对象与核心对象之间的关系。

☺ 对于核心对象 o 和任意一个对象 p，如果 p 属于核心对象 o 的 ε-邻域，则称 p 是从 o 直接密度可达的。

☺ 在同一个邻域半径 ε 和密度阈值 δ 下，如果从对象 p 到核心对象 r 是直接密度可达的，而从 r 到 o 也是直接可达的，则称 p 是从 o 密度可达的。这样可以构成一串密度可达链。

> 注意　密度可达是有方向性的，密度可达的起点必须是核心对象。因此，上述密度可达的描述是不能颠倒顺序的。

核心对象的 ε-邻域是一个小范围的稠密区域。通过密度可达，可以将一个小稠密区域沿可达路径把其近邻由近到远逐步拓展成为一个大的稠密区域。

在 DBSCAN 算法中，如果有两个对象 p_1 和 p_2，它们都是从 o 关于 ε 和 δ 密度可达的，就称 p_1 和 p_2 是关于 ε 和 δ 密度相连的（Density Connected）。

由于对象 p_1 和 p_2 的地位是相同的，所以密度相连是等价关系，这一点与密度可达是不同的。

DBSCAN 的目的是找到密度相连对象的最大集合。由于 DBSCAN 是靠不断连接邻域内高密度点来发现簇的，因此只需要定义邻域大小和密度阈值，就可以发现不同形状、不同大小的簇。图 7-61 所示为二维空间的 DBSCAN 聚类结果示例。

如果数据点数量小于密度阈值 δ，可认为这些数据点是噪声点或离群点，所以基于密度的聚类方法很容易剔除噪声点或区分离群点。

由于密度相连的判别是互斥的，所以基于密度法发现的簇是互斥的。

DBSCAN 的优点如下所述。

☺ 可以解决任意形状的数据集。

☺ 可以剔除噪声数据，对离群点有较好的鲁棒性，甚至可以检测离群点。

☺ 速度较快，可适用于较大的数据集。

☺ 在邻域参数 ε、δ 设定的情况下，只要数据进入算法的顺序不变，结果是确定的，且与初始值无关。

☺ 不需要指定簇的个数。

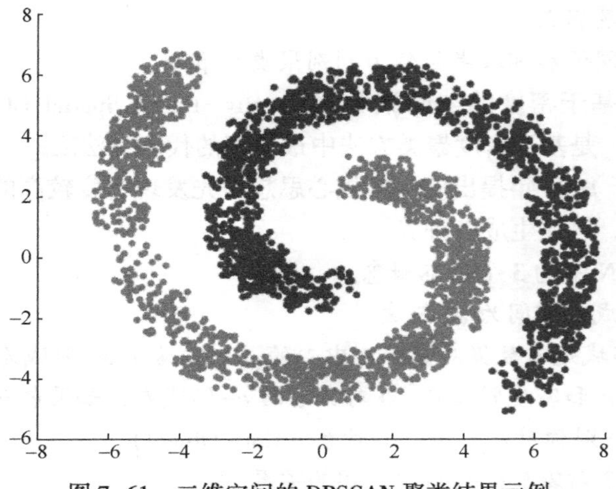
图 7-61 二维空间的 DBSCAN 聚类结果示例

DBSCAN 的缺点如下所述。

☺ 由于使用一组邻域参数 ε、δ，所以不能很好地反映数据集易变化的密度。

☺ 当簇之间密度差距过大时，效果不好。

☺ 对于高维数据距离的计算会比较麻烦，因为高维数据的分布可能变化很大，一组全局参数很难刻画其内在的聚类结构。

☺ 对邻域参数 ε、δ 敏感，若选取不当，将造成聚类质量下降，因此对参数的确定提出了很高的要求。

4. 基于网格法

基于网格法的思路是，按照从小到大的一系列分辨率，将数据对象空间分成一系列从小到大的网格结构，然后在这个网格结构上进行聚类操作。这种方法的优点是处理速度快，而且处理速度与数据对象的数量无关，只与网格结构中每一维的单元数量有关。

分割法、层次法和基于密度法都是数据驱动的，而基于网格法是空间驱动的。网格法的代表算法有 STING 算法、CLIQUE 算法、WAVE-CLUSTER 算法等。

统计信息网格（STatistical INformation Grid，STING）算法是一种基于网格的多分辨率聚类技术，它将空间区域划分为矩形单元。对于不同级别的分辨率，存在多个级别的矩形单元。如图 7-62 和图 7-63 所示，这些单元形成了一个层次结构，高层的每个单元被划分为多个低一层的单元。每个网格单元属性的统计信息（统计参数）都被预先计算和存储起来，以方便下一步的查询操作。

高层单元的统计参数可以很容易地由低层单元的统计参数计算等到。当数据装载时，底层单元的各统计参数可以直接计算得到。如果分布的类型已知，distribution 值可以由用户指定，也可以通过假设检验来获得。一个高层单元的分布类型可以采用与之对应的低层单元中达到一定比例（阈值）的最多数的分布类型，如果低层单元的分布过于分散而达不到阈值要求，高层单元的分布类型被置为 none。

网格中常用的统计参数有如下 6 个：count（网格中对象数量）、mean（网格中所有值的平均值）、stdev（网格中属性值的标准偏差）、min（网格中属性值的最小值）、max（网格中属性值的最大值）、distribution（网格中属性值符合的分布类型，如正态分布、均匀分布、指数分布等）。

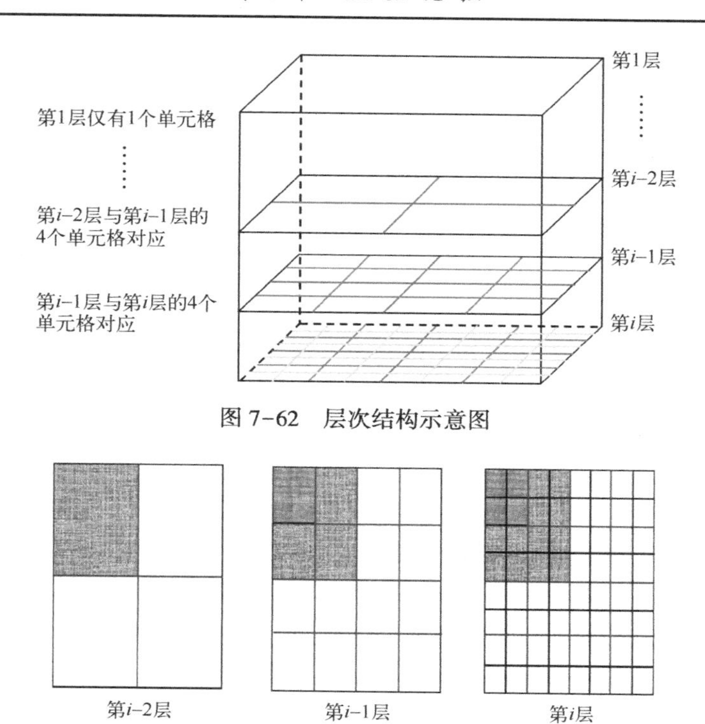

图 7-62　层次结构示意图

图 7-63　层次结构剖面图

在得到上述统计参数后，就可以根据统计参数进行查询处理。对空间网格数据的查询使用自顶向下的方法。大体过程如下所述：首先，在层次结构中，选定一层（通常选定含少量单元的层）作为查询答复过程的起始点；对选定的当前层次的每个单元，估算其概率范围或计算置信度区间，该概率用于反映该单元与给定查询的相关程度；此时得到一些不相关的单元和相关的单元，不相关的单元在以后操作中就不再考虑，而相关单元用于下一层较低单元的处理；这个处理过程反复进行，直到达到底层；最后，如果满足查询要求，则返回相关单元，否则检索和处理落在相关单元中的数据，直到它们满足查询要求为止。

STING 算法的核心思想是，根据属性的相关统计信息进行网格划分，而且网格是分层次的，下一层是上一层的继续划分。在一个网格内的数据点即为一个簇。

同时，STING 聚类算法有一个性质：如果粒度趋向于 0（即朝向非常低层的数据），则聚类结果趋向于 DBSCAN 聚类结果，即利用 count 和的信息，使用 STING 算法可以近似地识别稠密的簇。

STING 算法的优点如下所述。

☺ 由于存储在每个单元中的统计信息提供了单元中数据的汇总信息，所以基于网格的计算是独立于查询的。

☺ 网格结构有利于并行处理和增量更新。

☺ 效率高：通过一次扫描数据对象集即可完成单元统计信息的计算，因此产生聚类的时间复杂度是 $O(n)$，其中 n 是对象的数量。在层次结构建立后，查询处理时间是 $O(g)$，这里 g 是最低层网格单元的数量，通常远远小于 n。

STING 算法的不足如下所述：由于采用了多分辨率的方法来进行聚类分析，因此 STING 算法的聚类质量取决于网格结构的最低层的粒度。如果粒度太细，处理代价会显著增加；如果粒度太粗，将会降低聚类分析的质量。而且，在构建一个父单元时，没有考虑子单元和其相邻单元的关系，因此结果簇的边界要么是水平的，要么是竖直的，没有斜的分界线。尽管该技术具有快速的处理能力，但可能降低簇的质量和精确性。

7.5 数据挖掘工具软件

通过前面的介绍可以看到，数据挖掘算法比较复杂，编程实现不是一件容易的事。好在已经有不少得力的辅助工具可以将其化难为易，其中还有一些是开源的工具，效果同样不错。本节介绍其中的两个：Mahout 和 R 语言。

1. Mahout 简介

Mahout 不仅是一个开源的推荐引擎，而且还是一个很强大的数据挖掘工具，一个分布式机器学习算法的集合，包括分类、聚类和回归挖掘的算法。此外，通过使用 Apache Hadoop 库，Mahout 可以有效地扩展到分布式系统中。

对于分类算法，除了决策树、朴素贝叶斯算法和回归算法，Mahout 还支持向量机、随机森林、神经网络和隐马尔科夫模型等。

Mahout 中的聚类算法包括 canopy 聚类算法、k-均值聚类算法、模糊 k-均值聚类算法、Dirichlet 过程聚类算法等。

2. R 语言简介

Mahout 功能非常强大，但它要求使用者必须有较强的编程能力。因为 R 语言使用的是脚本式语言，所以易于上手，它还提供了丰富的范例供初学者套用。此外，R 语言的交互式环境和可视化工具大大提高了生产效率。

R 语言是统计领域广泛使用的 S 语言的一个分支。R 语言是一套完整的数据处理、计算和制图软件系统，其功能包括：数据存储和处理；数组运算（其向量、矩阵运算方面的功能尤其强大）；完整连贯的统计分析；优秀的统计制图功能；可操纵数据的输入和输入；可实现分支、循环；用户可自定义功能。

与其说 R 语言是一种统计软件，还不如说 R 语言是一种数学计算的环境，因为 R 语言并不是仅仅提供若干统计程序，使用者只需指定数据库和若干参数便可进行一个统计分析。R 语言的思想是，提供一些集成的统计工具，以及大量的数学计算、统计计算的函数，不仅能灵活机动地进行数据分析，甚至可以创造出符合需要的新的统计计算方法。

思考与练习

（1）简述机器学习与数据挖掘的区别。

答案：机器学习是指在没有明确的程序指令的情况下，给予计算机学习能力，使它能自主地学习、设计和扩展相关算法。数据挖掘则是一种从数据中提取未知的、人们感兴趣的知识，在这个过程中应用了机器学习的算法。

（2）简述监督学习与无监督学习的区别。

答案：简单地说，如果所有训练数据都有标签，则为监督学习；如果数据没有标签，就是无监督学习。

（3）阐述决策树分类算法中ID3算法与C4.5算法的区别。

答案：ID3算法所选的分类属性偏向于特征值数量多的分类属性，这是由于信息增益的计算依赖于特征数量较多的属性，而属性取值最多的属性不一定是最优的。ID3算法没有对决策树进行剪枝，可能会出现规则过拟合的情况。ID3算法可能收敛于局部最优解但丢失全局最优解，主要是因为在分类属性选择时采用的是贪心策略，具体说就是自顶向下的深度优先搜索策略。ID3算法没有对数据进行一定的预处理，因而对噪声数据比较敏感。

C4.5算法是在ID3算法的基础上进行了如下改进：采用信息增益率来选择属性，克服用信息增益选择属性时偏向选择取值多的属性等不足；在决策树构造过程中进行剪枝；能够对连续属性进行离散化处理；能够对不完整数据进行处理。C4.5算法的核心是用信息增益率替代信息增益。

（4）已知两个一维类别的类概率密度函数为

$$p(x/\omega_1)=\begin{cases} x & 0\leqslant x<1 \\ 2-x & 1\leqslant x\leqslant 2 \\ 0 & 其他 \end{cases}$$

$$p(x/\omega_2)=\begin{cases} x-1 & 1\leqslant x<2 \\ 3-x & 2\leqslant x\leqslant 3 \\ 0 & 其他 \end{cases}$$

先验概率$p(\omega_1)=0.6$，$p(\omega_2)=0.4$，则样本$\{x_1=1.35, x_2=1.45, x_3=1.55, x_4=1.65\}$各属于哪一类？

答案：通过朴素贝叶斯分类算法可以计算出：

$$x_1\in\omega_1,\quad x_2\in\omega_1,\quad x_3\in\omega_1,\quad x_4\in\omega_2$$

（5）使用Mahout工具，用kNN分类算法实现以下预测：假设您在上海某广场开了一个奶茶店，每天都做新鲜奶茶，需要根据如下一组数据，预测当天（周末，天气不错且广场没有活动）应该准备多少杯奶茶？天气指数为1~5，1表示天气很糟糕，5表示天气非常好；周末或节假日为1，否则为0；广场有活动为1，没有活动为0；

历史数据：

$H_1(5,1,0)=300$；$H_2(3,1,1)=225$；$H_1(1,1,0)=75$；

$H_1(4,0,1)=200$；$H_1(4,0,0)=150$；$H_1(2,0,0)=50$；

（6）常见的聚类算法有哪些？

答案：包括k-均值聚类算法、k-中心点聚类算法、层次法（如BIRCH算法）、基于密度法（如DBSCAN）、基于网格法（如STING算法）等。

第8章　效能评估

要想找到符合用户要求的文章，或者对物品进行准确分类，或者对大量的数据对象进行聚类处理，都不是一件容易的事。由此设计开发出来的各种算法需要在实践中不断检验和完善。因此，对各种方法的评估就非常有价值了。针对不同的数据集合，不同的应用场景，不同的访问流量，可能会得出完全不同的结论。

一个算法优劣与否，通常可以从算法的执行效果和性能两个方面来评价。评价的方法基本上是选用一些指标或准则。

当然，效果和性能的评价通常需要用到测试数据。如何设计可信、翔实的测试数据集属于软件测试范畴，本书不进行详细介绍。

8.1　效果评估

对于不同的算法类型，其效果的评价指标也有所不同。

8.1.1　对信息检索的评估

在不考虑检索结果先后顺序的情况下，度量信息检索系统效果的最常用两个基本指标是召回率（Recall）和正确率（Precision）。

☺ 召回率 R：也称查全率，即返回结果中相关文档数量与所有相关文档数量的比值。

☺ 正确率 P：也称查准率，即返回结果中相关文档数量与返回结果数量的比值。

> 注意
> 并不是所有返回的文档都是符合检索条件的，有些是“混入的”；反之，有些符合条件的却没有返回，是“漏网的”。

如果返回的结果文档确实是相关的，则该结果称为真正例（True Positive，tp）；否则称为伪正例（False Positive，fp），即混入的假品。如果未返回的结果文档确实是不相关的，则该结果称为真反例（True Negative，tn）；否则称为伪反例（False Negative，fn），即漏网的真品。

为了直观起见，用表8-1列出这4个信息检索的评估度量。

表8-1　信息检索的4个评估度量

	相　关	不　相　关
返回	tp	fp
未返回	fn	tn

于是有

$$R=\frac{\mathrm{tp}}{\mathrm{tp}+\mathrm{fn}}$$

$$P=\frac{\mathrm{tp}}{\mathrm{tp}+\mathrm{fp}}$$

> 这里并没有用类似所有文档中相关文档占比的精确率指标，这是因为信息检索通常是在巨量文档中操作的，在巨量文档中相关的文档通常非常少。

召回率 R 和正确率 P 这两个指标通常需要统筹考虑才能更全面地评价一个检索系统的质量。这是因为，返回的文档数越多，其正确率就会越低，无法指望既保持很高的返回率，又保证很高的正确率。于是就有了一个兼顾召回率 R 和正确率 P 两个指标的 F 值（F measure）。

F 值是召回率 R 和正确率 P 的调和平均值，采用下式计算：

$$F=\frac{(\beta^2+1)PR}{\beta^2P+R}$$

β 为控制召回率 R 和正确率 P 两者的相对权重参数，即

$$\beta\begin{cases}<1 & \text{表示强调正确率}\\ =1 & \text{表示同等重要}\\ >1 & \text{表示强调召回率}\end{cases}$$

因为有些检索，如搜索引擎，会根据相关程度排序返回结果，为了更精确地评价，可以考虑在测试过程中返回文档的次序。

8.1.2　对分类的评估

分类问题可以分成二分类和多分类。二分类的每个分类器只能将样本分为两类，因此问题较为简单。由于多分类可以转化为多个二分类，所以可以先从二分类入手。

同样，对分类方法的评价也要在测试数据集上借助一些度量指标。这些指标与信息检索中的十分相似，为了与信息检索的区别开，这里的指标用大写字母表示。

假定，属于 A 类的数据称为正元组，P 为正元组个数；则不属于 A 类的称为负元组，N 为负元组个数。

分类器的 4 个评估度量的定义如下所述。

☺ 被分类器正确标记成 A 类的正元组，称为真正例（True Positive），用 TP 表示真正例的个数。

☺ 被分类器错误标记为 A 类的负元组（即“混入的”真品），称为假正例（False Positive），用 FP 表示假正例的个数。

☺ 被分类器正确标记表示非 A 类的负元组，称为真负例（True Negative），用 TN 表示真负例的个数。

☺ 被分类器错误标记表示非 A 类的正元组（即“漏掉的”真品），称为假负例（False Negative），用 FN 表示假负例的个数。

表 8-2 列出的是分类器的 4 个评估度量。

表 8-2 分类器的 4 个评估度量

实际类别	分类器标记的类别	
	A 类	非 A 类
A 类	TP（真正例）	FN（假负例）
非 A 类	FP（假正例）	TN（真负例）

由此可知，正例数为 TP+FN，负例数为 TN+FP。

举例说明：假设图书馆新进 100 本图书，按照图书馆分类，这 100 本图书分别是：文学 26 本，哲学 16 本，数学 24 本，历史 16 本，艺术 8 本，医学 10 本。我们尝试让程序自动分类，结果表示为混淆矩阵，见表 8-3。

表 8-3 图书自动分类的混淆矩阵

实际类别	分配类别					
	文学（27）	哲学（23）	数学（20）	历史（13）	艺术（8）	医学（9）
文学（26）	**20**	2	0	3	1	0
哲学（16）	2	**10**	2	1	1	0
数学（24）	0	5	**16**	2	1	0
历史（16）	3	4	1	**6**	1	1
艺术（8）	1	2	1	0	**4**	0
医学（10）	1	0	0	1	0	**8**

说明 经常使用混淆矩阵（Confusion Matrix）来评价分类法。混淆矩阵是一个 $m \times m$ 的矩阵，其中的任一数据 $CM_{i,j}$ 表示类 i 的元组被分类器标记为类 j 的个数。

理想的结果应该是只有混淆矩阵的对角线上有大于 0 的数据，其余均应为 0，因为非对角线上的数值就是分类错误的数值。

若以数学书籍为例来看这个分类器的分类结果，则 $P=24$，$N=76$。从分类器分类结果可以看出，真正例 TP=16，即数学书籍中被正确分类为数学书籍的为 16 册；假负例 FN=5+2+1=8，即数学书籍中被错误分类为非数学书籍的有 8 册；真负例 TN=76-(2+1+1)=72，即非数学书籍中被正确分类为非数学书籍的有 72 册；假正例 FP=2+1+1=4，即非数学书籍中被错误分类为数学书籍的有 4 册。由此可得，正例数为 TP+FN=24，负例数为 FP+TN=76。

依照信息检索中的指标，有

$$召回率\ R=\frac{TP}{TP+FN}=\frac{16}{16+8}\approx 0.67$$

$$正确率\ P=\frac{TP}{TP+FP}=\frac{16}{16+4}=0.8$$

此外，还可以计算分类器的准确率，即该分类器正确分类的元组所占的百分比为

$$准确率=\frac{TP+TN}{P+N}=\frac{16+72}{24+76}=0.88$$

8.1.3　对聚类的评估

聚类通常比分类困难，效果也相差很多，有时因聚类结果不理想而导致算法无法实施。因此，聚类评估的任务首先是分析在数据集上进行聚类的可行性，然后才是评估聚类结果的质量。具体地说，对聚类的评估有 3 项任务，即估计聚类趋势、确定聚类集中的簇数、测定聚类质量。

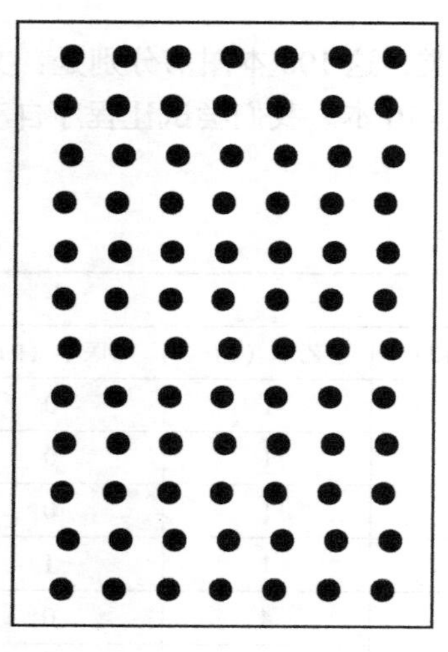

图 8-1　一个均匀分布的数据

1. 估计聚类趋势

聚类要求数据非均匀分布，即数据之间要有足够的差异，若没有差异就无法区分，也就没有必要聚类了，因为它们本来就是属于同一个簇，如图 8-1 所示。如果一群人中的每一个个体没有任何个性，就没有各自的特征，也就不会出现一个个“小圈子”，也不会“人以群分”。因此，在开始聚类前，首先要判断数据集出现均匀分布的概率。

这其实只需要计算一个数据就可以完成任务，这个数据称为霍普金斯统计量（Hopkins Statistic）。其原理是，在数据集中任意取两组数据点，分别计算各组中距离最短的相邻点的距离，然后再比较这两个最短距离值的大小；如果这两个数值相近，甚至相等，则认为数据集是均匀分布的。

霍普金斯统计量的数学公式为

$$x_i = \min\{\mathrm{dist}(p_i, v)\} \qquad v \in D, v \neq p_i$$

$$y_i = \min\{\mathrm{dist}(q_i, v)\} \qquad v \in D, v \neq q_i$$

$$H = \frac{\sum_{i=1}^{n} y_i}{\sum_{i=1}^{n} x_i + \sum_{i=1}^{n} y_i}$$

如果 D 是均匀分布的，则 $\sum_{i=1}^{n} x_i$ 和 $\sum_{i=1}^{n} y_i$ 会很接近，H 接近 0.5，这时就无法进行聚类运算了。

2. 确定聚类集中的簇数

确定数据集中最佳的簇数是重要的，这可以控制适当的聚类分析粒度。但是，要找出这个数非常难。经验的方法是，对 n 个点的数据集，设置簇数约为 $\sqrt{\frac{n}{2}}$，在期望情况下，每个簇约有 $\sqrt{2n}$ 个点。

这种经验方法虽然简单，但没有过硬的理论依据，只能作为参考。事实上，学术界已经提出了多种方法来确定簇的数量。本节只介绍其中一种——肘方法（Elbow Method）。

肘方法的思路是，尝试将样本空间划分为 1 个类、2 个类、……、n 个类，要确定哪种分法最科学，在分成 m 个类簇时会有一个划分方法，在这种划分方法下，每个类簇的内部都有若干个向量，首先计算这些向量的空间中心点（即计算这 m 个类簇各自的空间重心），然后计算每个类簇中每个向量和该类簇重心的距离（不小于 0）之和，最后将 m 个类簇各自的距离之和相加得到一个函数 $\mathrm{var}(n)$，n 就是类簇数。

可以想象，这个距离之和最大的情况应该是分为 1 个类——也就是不分类的情况，所有的向量到重心的距离都非常大，这样的距离之和是最大的。那么尝试着划分为 2 个类、3 个类……随着分类的增多，当第 m 次划分时，每个向量到自己簇的重心的距离会比 $(m-1)$ 次临近的机会更大，那么这个距离之和就会总体上缩小。极限情况就是最后被分成了 n 个类簇，n 整个空间向量的数量，也就是每个向量一个类簇，每个类簇一个成员。在这种情况下，距离之和就变成了 0，因为每个向量距离自己（自己就是重心）的距离都是 0。

肘方法拐点示意图如图 8-2 所示。

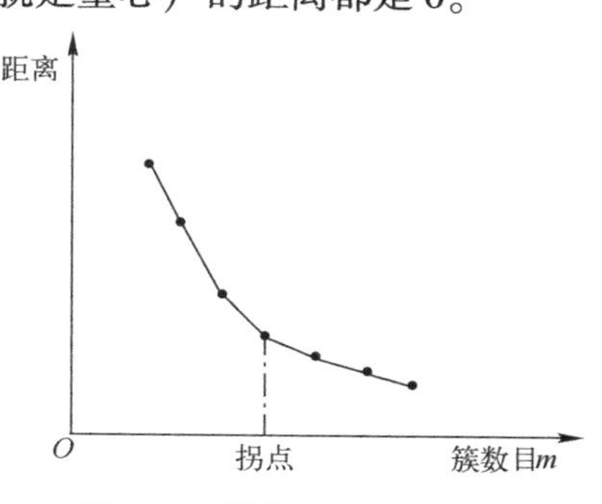

图 8-2 肘方法拐点示意图

在 m 逐步往上增加的过程中，整个曲线的斜率会逐步降低，而且最初是快速下降的。在下降的过程中有一个拐点，这个点会让人感觉曲线从立陡变为平滑，那么这个点就是要找的点。

这个样本空间被分成 m 个类簇后，再分成更多的类簇时，每次的“收获”没有之前每次的“收获”那么大，此时的 m 值就是被认为最合适的类簇数量。这个点在曲线上给人的感觉就像是人的胳膊肘一样，所以被形象地命名为“肘方法”。

简单地说，肘方法实际上就是对聚类个数从 1 到 k 依次枚举，然后评估聚类效果。聚类效果用所有类中的点距离各自类中心的平均距离来衡量。

3. 测定簇类质量

在确定了合理的簇数后，就可以开始聚类了。聚类方法有很多种，不同的聚类方法其结果几乎可以肯定是不同的。那么哪一种聚类方法生成的聚类结果更好一些呢？这就提出了如何对聚类结果进行评估的问题。

测定聚类质量的方法有很多，根据是否有基准可用，可以分为“外在方法”和“内在方法”两类。基准是一种理想的聚类，通常由专家构建。

如果有可用的基准，则使用外在方法（Extrinsic Method），也就是将聚类结果与基准进行比较；否则，可以使用内在方法（Intrinsic Method），也就是根据簇的分离情况来评估聚类的优劣。

外在方法是一种依靠类别基准的方法，即已经有比较严格的类别定义时再讨论聚类是否足够准确。而聚类是一种无监督的学习，通常是在不知道基准的状况下进行的，所以更倾向于使用内在方法。事实上，如果有基准可用，可以采用类似分类中使用的指标评价。

内在方法使用轮廓系数（Silhouette Coefficient）进行度量。

计算轮廓系数的思路：对于有 n 个对象的数据集 D，假设它被划分成 k 个类簇，即 $C_1, C_2, \cdots, C_k$。对于任何一个对象 $v \in D$，计算 v 到本簇中其他各对象的距离的平均值 $a(v)$，还可以计算 v 到其他所有各簇的最小平均距离（即从每个簇里挑选一个离 v 最近的对象，然后计算距离，再求这些距离的平均值，得到 $b(v)$），对象 v 的轮廓系数 $s(v)$ 的定义为，对于其中的一个数据对象 $v \in D$，

$a(v) = \mathrm{average}$（v 到本簇中其他各对象的距离）

$b(v) = \min$（v 到所有非本簇各对象的平均距离）

$$s(v)=\frac{b(v)-a(v)}{\max[a(v),b(v)]}=\begin{cases}1-\frac{a(v)}{b(v)} & \text{如果 } a(v)<b(v)\\ 0 & \text{如果 } a(v)=b(v)\\ \frac{b(v)}{a(v)}-1 & \text{如果 } a(v)>b(v)\end{cases}$$

轮廓系数$s(v)$的值在-1和1之间；$a(v)$表示的是对象v所在簇内部的紧凑性，$a(v)$越小越紧凑；$b(v)$表示该簇与其他簇之间的分离程度。

如果轮廓系数$s(v)$的值接近于1，即$a(v)$比较小而$b(v)$比较大，说明包含v的簇非常紧凑，而且远离其他簇，这是可取的情况。相反，如果轮廓系数$s(v)$的值为负数，则说明$a(v)>b(v)$，v距离其他簇比距离本簇的其他对象更近，那么这种情况就不太好，应该尽可能避免。

为了让聚类中簇的划分更合理，可以计算簇中所有对象的轮廓系数的平均值。将所有对象的轮廓系数求平均，这就是该聚类结果总的轮廓系数。如果轮廓系数是负数，可以直接淘汰；如果是正数，则可以在多个方案中进行比较，选择一种轮廓系数接近1的方案。

总之，希望分类结果中，同类之间平均距离越小越好，不同类之间的平均距离越大越好。轮廓系数越大，分类效果越好。

8.2 性能评估

效果评估针对的是数据处理质量的测量，而性能评估主要是针对数据处理速度和稳定性的测量。

注意 算法的性能与硬件设备、配置的软件、数据量有很大关系，因此对算法的性能作评价需要在相同的条件下进行。

衡量一个算法性能优劣的主要指标有响应数据、吞吐量和并发数等。

大数据应用系统的测试工作与传统的系统测试的最大差别就是前者在测试过程中需要产生海量的测试数据！这些数据显然是不能如从前一样在测试方案中准备好，也无法用人工输入来完成，需要依靠软件工具自动产生。所以，数据挖掘系统的性能测试几乎无一例外地需要借助自动化测试工具。

现在市面上有很多种类的自动化测试工具，包括Web自动化测试工具selenium、QTP，性能自动化测试工具loadrunner、JMeter，接口自动化测试工具SoapUI、postman，手机自动化测试工具robotium、appium等。

JMeter是一款开源的自动化测试工具，也是Apache组织开发的基于Java的测试工具，应用较多。JMeter最初是针对Web应用的测试而设计的，后来逐步扩展到其他应用领域。另外，JMeter还可以对应用程序进行功能回归测试，通过创建带有断言的脚本来验证程序是否返回所期望的结果。

JMeter的主要功能如下所述。

☺ 对动态、静态资源和服务的性能进行测试。

☺ 对服务器、网络等对象模拟繁重负载来测试其强度。

☺ 分析不同压力类型下的服务或资源的整体性能。
☺ 支持对性能进行图形分析。

JMeter 的主要优势如下所述。

☺ 支持对多种资源进行测试，如静态文件、Java 小服务程序、CGI 脚本、Java 对象、数据库、FTP 服务器等。
☺ 可移植性高。
☺ 轻量级组件支持，使得安装部署简单高效。
☺ 开放源代码，具有高可扩展性和高定制性。
☺ 数据分析和可视化插件提供个性化设定。
☺ 多平台支持，如 Linux、Windows、Mac 等。

思考与练习

(1) 如何对信息检索进行较为全面的评价？

答案：在不考虑检索结果的先后顺序的情况下，度量信息检索系统效果的最常用两个基本指标是召回率和正确率。

召回率 R 是指返回结果中相关文档的数量与所有相关文档的数量之比，也称查全率；正确率 P 是指返回结果中相关文档的数量与返回结果的数量之比，也称查准率。

召回率 R 和正确率 P 两个指标通常需要统筹考虑才能全面地评价一个检索系统的质量。

$$R=\frac{\mathrm{tp}}{\mathrm{tp}+\mathrm{fn}},\quad P=\frac{\mathrm{tp}}{\mathrm{tp}+\mathrm{fp}}$$

F 值是指召回率 R 和正确率 P 的调和平均值（β 为控制二者相对权重的参数），即

$$F=\frac{(\beta^2+1)PR}{\beta^2 P+R}$$

$$\beta\begin{cases}<1 & \text{表示强调正确率}\\ =1 & \text{表示同等重要}\\ >1 & \text{表示强调召回率}\end{cases}$$

(2) 阐述分类器的 4 个评估度量的定义。

答案：被分类器正确标记为 A 类的正元组，称为真正例，用 TP 表示真正例的个数；被分类器错误标记为 A 类的负元组（即“混入的”真品），称为假正例，用 FP 表示假正例的个数；被分类器正确标记成非 A 类的负元组，称真负例，用 TN 表示真负例的个数；被分类器错误标记成非 A 类的正元组（即“漏掉的”真品），称为假负例，用 FN 表示假负例的个数。

(3) 简述聚类评估的主要任务。

聚类评估的任务有三项：估计聚类趋势、确定聚类集中的簇数、测定聚类质量。

附录　Hadoop 编年史

2002 年 10 月，道格·卡廷（Doug Cutting）和米凯·卡法雷拉（Mike Cafarella）创建了开源网页爬虫项目 Nutch。

2003 年 10 月，Google 发表关于 Google File System 的论文。

2004 年 7 月，道格·卡廷和米凯·卡法雷拉在 Nutch 中实现了类似 GFS 的功能，即后来的 HDFS 的前身。

2004 年 10 月，Google 发表关于 MapReduce 的论文。

2005 年 2 月，米凯·卡法雷拉在 Nutch 中实现了 MapReduce 的最初版本。

2005 年 12 月，开源搜索项目 Nutch 移植到新框架，使用 MapReduce 和 NDFS（Nutch Distributed File System）在 20 个节点上稳定运行。

2006 年 1 月，道格·卡廷加入雅虎（Yahoo!），雅虎成立专门的团队，将 Hadoop 发展成一个可在网络上运行的系统。

2006 年 2 月，Apache Hadoop 项目正式启动，以支持 MapReduce 和 HDFS 的独立发展。

2006 年 2 月，雅虎的网格计算团队采用 Hadoop。

2006 年 3 月，雅虎建设了第一个 Hadoop 集群用于开发。

2006 年 4 月，第一个 Apache Hadoop 发布。

2006 年 4 月，在 188 个节点上（每个节点 10GB）运行排序测试集需要耗费 47.9h。

2006 年 5 月，雅虎建立了一个 300 个节点的 Hadoop 研究集群。

2006 年 5 月，在 500 个节点上运行排序测试集需要耗费 42h（硬件配置比 4 月的更好）。

2006 年 11 月，研究集群增加到 600 个节点。

2006 年 11 月，Google 发表关于 BigTable 的论文，这最终激发了 HBase 的创建。

2006 年 12 月，排序测试集在 20 个节点上运行 1.8h，在 100 个节点上运行 3.3h，在 500 个节点上运行 5.2h，在 900 个节点上运行 7.8h。

2007 年 1 月，研究集群增加到 900 个节点。

2007 年 4 月，研究集群增加到两个 1000 个节点的集群。

2007 年 10 月，第一个 Hadoop 用户组会议召开，社区贡献开始急剧上升。

2007 年，百度开始使用 Hadoop 进行离线处理。

2007 年，中国移动开始在“大云”研究中使用 Hadoop 技术。

2008 年，阿里巴巴开始研究基于 Hadoop 的系统——云梯，并将其用于处理电子商务相关数据。

2008 年 1 月，Hadoop 成为 Apache 顶级项目。

2008 年 2 月，雅虎运行了世界上最大的 Hadoop 应用，宣布其搜索引擎产品部署在一个拥有 1 万个内核的 Hadoop 集群上。

2008 年 4 月，在 900 个节点上运行 1TB 排序测试集仅需 209s。

2008 年 6 月，Hadoop 的第一个 SQL 框架——Hive 成为 Hadoop 的子项目。

2008 年 7 月，Hadoop 打破 1TB 数据排序基准测试记录。雅虎的一个 Hadoop 集群用 209s 完成 1TB 数据的排序 ，比 2007 年 297s 的纪录快了将近 90s。

2008 年 8 月，第一个 Hadoop 商业化公司 Cloudera 成立。

2008 年 10 月，研究集群每天装载 10TB 的数据。

2008 年 11 月，Apache Pig 的最初版本发布。

2009 年 3 月，17 个集群总共 24000 台服务器。

2009 年 3 月，Cloudera 推出世界上首个 Hadoop 发行版——CDH（Cloudera's Distribution including Apache Hadoop）平台，它完全由开源软件组成。

2009 年 4 月，Hadoop 在 59s 内排序 500GB（在 1400 个节点上）、在 173min 内排序 100TB 数据（在 3400 个节点上），遥遥领先其他对手。

2009 年 5 月，雅虎的团队使用 Hadoop 对 1 TB 的数据进行排序只花了 62s 时间。

2009 年 6 月，Cloudera 的工程师汤姆 · 怀特（Tom White）编写的《Hadoop 权威指南》出版，这本书被誉为 Hadoop“圣经”。

2009 年 7 月，Hadoop Core 项目更名为 Hadoop Common。

2009 年 7 月，MapReduce 和 HDFS（Hadoop Distributed File System）成为 Hadoop 项目的独立子项目。

2009 年 7 月，Avro 和 Chukwa 成为 Hadoop 新的子项目。

2009 年 8 月，Hadoop 创始人道格 · 卡廷加入 Cloudera 担任首席架构师。

2009 年 10 月，首届 Hadoop World 大会在纽约召开。

2010 年 5 月，Avro 脱离 Hadoop 项目，成为 Apache 顶级项目。

2010 年 5 月，HBase 脱离 Hadoop 项目，成为 Apache 顶级项目。

2010 年 5 月，IBM 提供了基于 Hadoop 的大数据分析软件——InfoSphere BigInsights（包括基础版和企业版）。

2010 年 9 月，Hive（ Facebook）脱离 Hadoop，成为 Apache 顶级项目。

2010 年 9 月，Pig 脱离 Hadoop，成为 Apache 顶级项目。

2010—2011 年，扩大的 Hadoop 社区忙于建立大量的新组件（Crunch、Sqoop、Flume、Oozie 等）来扩展 Hadoop 的使用场景和可用性。

2011 年 1 月，ZooKeeper 脱离 Hadoop，成为 Apache 顶级项目。

2011 年 3 月，Apache Hadoop 获得媒体卫士创新奖（Media Guardian Innovation Awards）。

2011 年 3 月，Platform Computing 宣布在它的 Symphony 软件中支持 Hadoop MapReduce API。

2011 年 5 月，Mapr Technologies 公司推出分布式文件系统和 MapReduce 引擎——MapR Distribution for Apache Hadoop。

2011 年 5 月，HCatalog 1. 0 发布。HCatalog 是 Apache 开源的对于表和底层数据进行统一管理的服务平台。之所以推出 HCatalog，是因为使用 HDFS 的项目很多（如 Hive、Pig、Spark 等），当它们访问同一个 HDFS 数据时，会分别将其解析成不同的数据类型。HCatalog 屏蔽了底层数据存储的位置和格式等信息，为上层计算处理流程提供统一的、共享的元数据管理，用户仅需提供表名即可访问底层数据。

2011 年 4 月，SGI（Silicon Graphics International）推出基于 SGI Rackable 和 CloudRack

服务器的产品线，提供 Hadoop 优化的解决方案。

2011 年 5 月，EMC 为客户推出一种新的基于开源 Hadoop 解决方案的数据中心设备——GreenPlum HD，以助其满足客户日益增长的数据分析需求，并加快利用开源数据分析软件。Greenplum 是 EMC 在 2010 年 7 月收购的一家开源数据仓库公司。

2011 年 5 月，在收购了 Engenio 之后，NetApp 推出与 Hadoop 应用结合的产品 E5400 存储系统。

2011 年 6 月，Calxeda 公司发起了“开拓者行动”，一个由 10 家软件公司组成的团队将为基于 Calxeda 即将推出的 ARM 系统上芯片设计的服务器提供支持，并为 Hadoop 提供低功耗服务器技术。

2011 年 6 月，数据集成供应商 Informatica 发布了其旗舰产品，产品设计的初衷是处理当今事务和社会媒体所产生的海量数据，同时支持 Hadoop。

2011 年 7 月，雅虎和硅谷风险投资公司 Benchmark Capital 创建了 Hortonworks 公司，旨在让 Hadoop 更加可靠，并让企业用户更容易安装、管理和使用 Hadoop。

2011 年 8 月，Cloudera 公布了一项有益于合作伙伴生态系统的计划——创建一个生态系统，以使硬件供应商、软件供应商和系统集成商可以一起探索如何使用 Hadoop 更好的洞察数据。

2011 年 8 月，Dell 与 Cloudera 联合推出 Hadoop 解决方案——Cloudera Enterprise。Cloudera Enterprise 基于 Dell PowerEdge C2100 机架服务器和 Dell PowerConnect 6248 以太网交换机。

2012 年 3 月，重要的 HDFS NameNode HA 功能被加入 Hadoop 主版本。

2012 年 8 月，另外一个重要的企业适用功能 YARN 成为 Hadoop 子项目。

2012 年 10 月，第一个 Hadoop 原生 MPP 查询引擎 Impala 加入 Hadoop 生态圈。

2014 年 2 月，Spark 逐渐代替 MapReduce 成为 Hadoop 的默认执行引擎，并成为 Apache 基金会顶级项目。

2015 年 2 月，Hortonworks 和 Pivotal 共同提出“Open Data Platform”倡议，并受到传统企业如 Microsoft、IBM 等的支持，但其他两大 Hadoop 厂商 Cloudera 和 MapR 则拒绝参与。

2015 年 10 月，Cloudera 公布继 HBase 后的第一个 Hadoop 原生存储替代方案——Kudu。

2015 年 12 月，Cloudera 发起的 Impala 和 Kudu 项目加入 Apache 孵化器。

参 考 文 献

[1] 林子雨．大数据技术原理与应用［M］．2版．北京：人民邮电出版社，2017.

[2] 黄史浩．大数据原理与技术［M］．北京：人民邮电出版社，2018.

[3] 黄申．大数据架构商业之路［M］．北京：机械工业出版社，2017.

[4] 阮彤，王昊奋，陈为，等．大数据技术前沿［M］．北京：电子工业出版社，2016.

[5] 高彦杰．Spark 大数据处理技术、应用与性能优化［M］．北京：机械工业出版社，2015.

[6] 张安站．Spark 技术内幕：深入解析 Spark 内核架构设计与实现原理［M］．北京：机械工业出版社，2015.

[7] 刘鹏．大数据库［M］．北京：电子工业出版社，2017.

[8] Sean T Allen，Matthew Jankowski，Peter Pathirana. Storm 应用实践［M］．罗聪翼，龚成志，译．北京：机械工业出版社，2018.

[9] 陈为，沈则潜，陶煜波，等．数据可视化［M］．北京：电子工业出版社，2013.

[10] 刘鹏，张燕．大数据可视化［M］．北京：电子工业出版社，2018.

[11] Jiawei Han、Micheline Kamber、Jian Pei. 数据挖掘概念与技术［M］．范明，孟小峰，译．北京：机械工业出版社，2017.

[12] 王振武．数据挖掘算法原理与实现［M］．2版．北京：清华大学出版社，2017.

[13] 贾双成，王奇．数据挖掘核心技术揭秘［M］．北京：机械工业出版社，2016.

[14] 高扬，卫峥，尹会生．白话大数据与机器学习［M］．北京：机械工业出版社，2017.

[15] 黄申．大数据架构商业之路［M］．北京：机械工业出版社，2017.

[16] 吴军．数学之美［M］．2版．北京：人民邮电出版社，2014.

[17] Christopher D. Manning、Prabhakar Raghavan、Hinrich Schütze. 信息检索导论［M］．王斌，译．北京：人民邮电出版社，2010.

[18] 简祯富，许嘉裕．大数据分析与数据挖掘［M］．北京：清华大学出版社，2016.

[19] 李帅．世界是随机的　大数据时代的概率统计学［M］．北京：清华大学出版社，2017.

[20] Mariette Awad、Rahul Khanna. 高效机器学习理论、算法及实践［M］．李川，林旺群，郭际香，李征，等译．北京：机械工业出版社，2017.

[21] ［日］杉山将．图解机器学习［M］．许永伟，译．北京：人民邮电出版社，2015.

举报电话：（010）88254396；（010）88258888
传　　真：（010）88254397
E-mail：dbqq@ phei. com. cn
通信地址：北京市海淀区万寿路 173 信箱
　　　　　电子工业出版社总编办公室
邮　　编：100036